普通高等教育机电类系列教材

计 算 机 绘 图

主　编　缪　君　张桂梅
副主编　刘　毅　鲁宇明
参　编　王艳春　张平生　王利霞

机 械 工 业 出 版 社

本书是在计算机绘图课程改革的基础上，总结多年实际教学经验编写而成的。全书以 Inventor 2019 和 AutoCAD 2019 中文版为教学平台，主要介绍了 Inventor 2019 的三维建模和 AutoCAD 2019 的二维绘图功能，并结合画法几何与工程制图课程，精选实例，使计算机绘图和工程制图的教学内容紧密结合，相互促进。

本书内容针对性强，采用命令讲解和实例结合的编写方法，并辅以实例的操作视频，使读者能用最短时间掌握 Inventor 的三维建模和 AutoCAD 的二维绘图功能，同时结合创新设计的思想，开拓学生的思维。

本书可作为大专院校相关专业计算机工程图学课程的学生用书和社会相关机构的培训教材，也可作为广大 CAD 爱好者以及计算机产品造型设计人员的自学参考书。

图书在版编目（CIP）数据

计算机绘图/缪君，张桂梅主编．—北京：机械工业出版社，2020.8（2025.1 重印）

普通高等教育机电类系列教材

ISBN 978-7-111-66346-1

Ⅰ.①计…　Ⅱ.①缪…　②张…　Ⅲ.①机械设计—计算机辅助设计—应用软件—高等职业教育—教材　②AutoCAD 软件—高等职业教育—教材　Ⅳ.①TH122　②TP391.72

中国版本图书馆 CIP 数据核字（2020）第 152626 号

机械工业出版社（北京市百万庄大街 22 号　邮政编码 100037）
策划编辑：舒　恬　责任编辑：舒　恬
责任校对：王　欣　封面设计：张　静
责任印制：常天培
北京机工印刷厂有限公司印制
2025 年 1 月第 1 版第 4 次印刷
184mm×260mm · 14.25 印张 · 349 千字
标准书号：ISBN 978-7-111-66346-1
定价：39.80 元

电话服务　　网络服务
客服电话：010-88361066　机　工　官　网：www.cmpbook.com
010-88379833　机　工　官　博：weibo.com/cmp1952
010-68326294　金　书　网：www.golden-book.com
封底无防伪标均为盗版　机工教育服务网：www.cmpedu.com

前　言

近年来，教育部开展了高等教育质量工程建设工作，要求把实践教学的重点转移到对学生综合素质，特别是实践创新能力的培养中去。计算机绘图作为一种工程技能，有强烈的社会需求，正成为我国大学生就业中的新亮点。为了引导学生计算机绘图实践和培养创新设计能力，各高校迫切需要一批独具特色的教材。在多年计算机工程图学教学实验改革的基础上，我们编写了本书。

本书的特色是将 Autodesk 公司的三维 Inventor 软件与二维 AutoCAD 相结合。AutoCAD 是一款出色的、应用广泛的计算机辅助设计软件，具有强大的二维绘图功能，但三维建模功能相对欠缺；Inventor 软件融合了直观的三维建模环境与功能设计，并且生成的二维工程图更符合我国的机械制图国家标准，对于不符合标准的工程图可以导入 AutoCAD 进行修改。同时，Inventor 软件可以直接读写 AutoCAD 文件，与其协同建模，无需转换文件格式。

本书以 Inventor 2019 简体中文版和 AutoCAD 2019 简体中文版为基础，结合编者多年的教学和设计经验编写而成，具有图文并茂、结构清晰、重点突出、实例典型、应用性强、直观性强的特色，能够激发读者的学习兴趣，有助于快速掌握绘图方法。

本书吸收现代工程制图教学改革的新成果，将计算机绘图与工程制图有机融合，并将二维绘图软件和三维绘图软件紧密结合，面向培养新世纪工科类专业学生而编写，以适应当前创新创业人才的培养。全书具有以下特点：

1. 将计算机绘图与工程制图相结合

选取了以工程制图为主线的体系结构，将紧密结合工程制图的案例和经典习题贯穿全书，以适应工科学生专业学习的需求，培养学生创新设计和运用计算机解决工程实际问题的能力。全书内容均有利于学生当前学习与未来发展。

2. 将三维建模软件 Inventor 与二维绘图软件 AutoCAD 相结合

本书前半部分为三维建模软件 Inventor，后半部分为二维绘图软件 AutoCAD，这两款软件均由 Autodesk 公司开发设计，三维与二维能更好地进行无缝对接，并能取长补短。

3. 快速入门，编排新颖，突出实用性特点

本书不是传统的计算机工具书，而是一本通过命令讲解和实例操作相结合，使读者熟悉软件的书籍。全书按照教学内容、实训和课后练习三部分编写，使教学条理清晰、教学目的明确。此外，每章都有学习导读，给出本章的学习目的与要求、学习内容。

4. 图文并茂，范例独特

本书的实例按照画法几何与机械制图的教学思路来编排。这样，软件学习不仅能紧密结合机械制图和机械设计的课堂教学，符合学生的接受能力，同时也能巩固课堂知识。

参加本书编写的人员有缪君、张桂梅、刘毅、鲁宇明、王艳春、张平生、王利霞。

由于时间紧迫，限于编者水平，本书难免有错误及不足之处，欢迎广大读者批评指正。

编　者

目　录 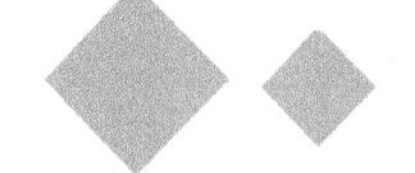

第一章

Inventor 2019简介及二维草图技术

本章学习导读

目的与要求：了解 Inventor 2019 的运行环境及工作界面。掌握二维草图绘制方法。

内容：Inventor 简介、二维草图绘图环境概要（新建二维草图、“快速访问”工具栏、“绘图”工具面板、“约束”工具面板、“阵列”工具面板、“修改”工具面板、“插入”工具面板及“格式”工具面板等）、应用实训（绘制简单平面图形）。

第一节 Inventor 2019 简介

Autodesk Inventor 是美国 AutoDesk 公司推出的一款三维可视化实体模拟软件 Autodesk Inventor Professional（AIP），在 2018 年推出 Inventor 2019 版本。Inventor 软件包括：零件造型、钣金、装配、表达视图和工程图等设计模块。由于具有简单易用、二维三维数据无缝转换等特性，使其在教育、制造、电子、汽车、航空等领域得以迅猛发展和普及。

Autodesk Inventor 2019 支持 Windows 7 SP1 64 位、Windows 8. 1 64 位和 Windows 10 64 位操作系统。有关 Autodesk Inventor 产品的系统要求详细信息，见表 1-1 和表 1-2。

表 1-1　Inventor 2019 Windows 系统安装基本要求

Inventor 2019 Windows 系统要求	
操作系统	64 位 Microsoft windows 10 64 位 Microsoft windows 8. 1 64 位 Microsoft windows 7 SP1
CPU	建议：3. 0GHz 或更高，四个或更多内核 最低要求：2. 5GHz 或更高
磁盘空间	安装程序以及完整要求：40GB
内存	建议：20GB 或更大 RAM 最低要求：8GB RAM（少于 500 个零件）
显卡	建议：4GB GPU，具有 106GB/s 带宽，与 Directx11 兼容 最低要求：1GB GPU，具有 29GB/s 带宽，与 Directx11 兼容
显示器分辨	建议：3840×2160（4K）：首选缩放比例：100%、125%、150%或 200% 最低要求：1280×1024

表 1-2 Inventor 2019 Windows 系统复杂模型要求

对于复杂模型、复杂模具部件和大型部件（通常多于 1000 个零件）	
CPU 类型	建议：3.0GHz 或更高，四个或更多内核
磁盘空间	安装程序以及完整要求：40GB
内存	建议：24GB 或更大 RAM
显卡	建议：4GB GPU，具有 106GB/s 带宽，与 Directx11 兼容

第二节 基本环境用户界面

启动 Inventor 2019 软件，如图 1-1 所示，进入“我的主页”。用户可根据个人需求进行启动、打开或浏览最近访问的文件等操作。

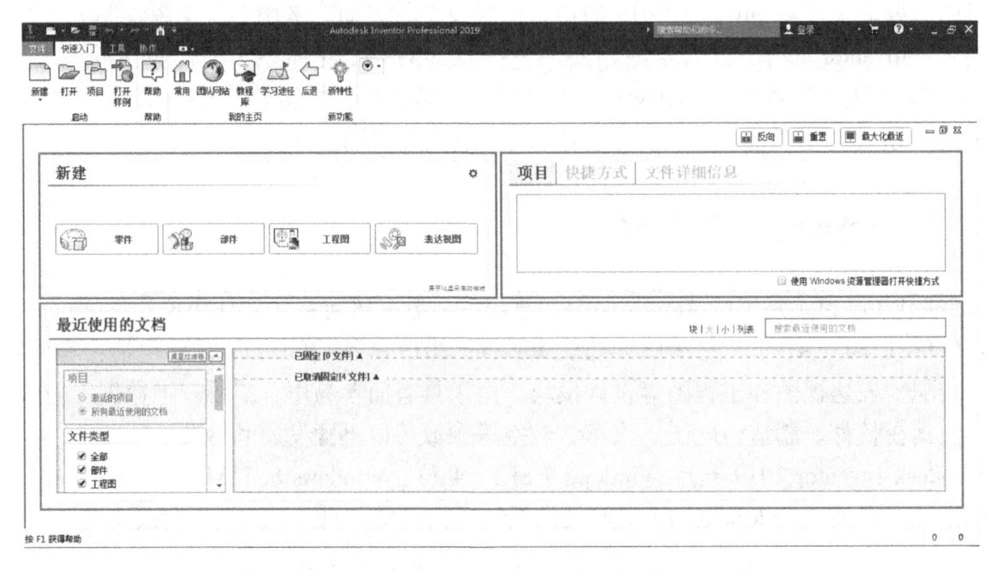

图 1-1 Inventor 2019 软件启动初始界面

主页界面默认打开“快速入门”选项卡，该选项卡提供的工具如图 1-2 所示。和以往版本一样，“快速入门”选项卡提供了方便用户自主学习的“教程库”、“帮助”等工具按钮，若想了解 Inventor 2019 相对上一版本增加了哪些具体功能，可单击“新特性”工具按钮进行查看。

图 1-2 “快速入门”选项卡

在“快速入门”选项卡提供的界面中，用户无法进行任何有关图形绘制的操作，用户若想进行二维草图绘制、三维建模、部件装配、表达视图操作，则须通过新建项目制定一个模块进行。

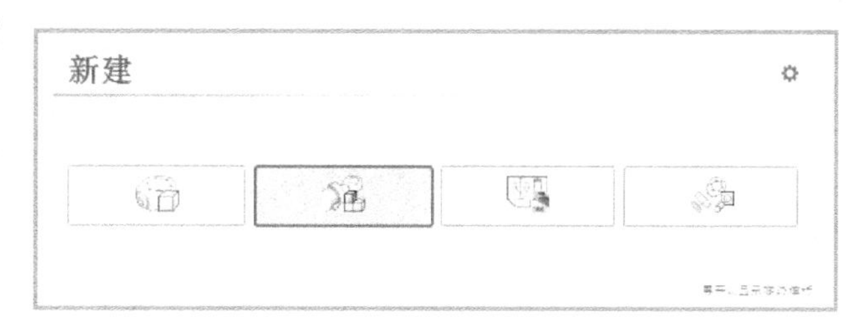

图 1-3 “新建”对话框

用户可以在如图 1-3 所示的“新建”对话框中单击相应的按钮进入模块。例如，用户要进行三维建模，即可单击 按钮，进入零件模块，特别强调应注意零件模块的度量单位。用户可单击“新建”对话框右上角的“设置”按钮，进入“配置默认模板”对话框（图 1-4），进而对零件模块的度量单位、绘图标准进行初始化。注意：零件模块只需一次初始化，今后使用过程中不用再重新设定。

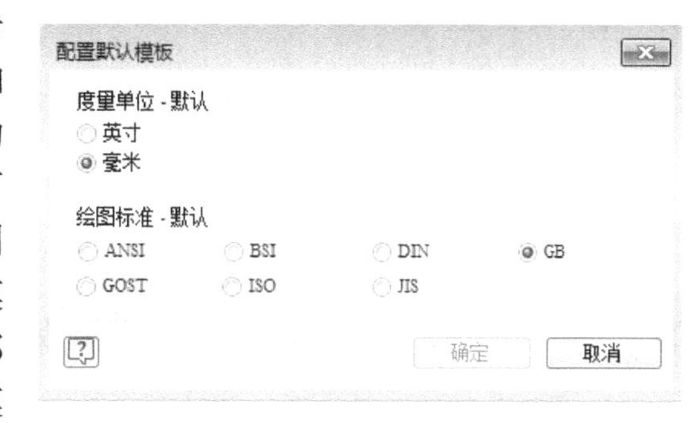

图 1-4 “配置默认模板”对话框

用户也可以单击“快速入门”选项卡（图 1-2）提供的“新建”命令，打开如图 1-5 所示的“新建文件”对话框。默认的新建文件是英制的，如图 1-5a 所示。用户可以在对话框左侧的模板列表中选择“公制 Metric ”，将英制模板改成公制模板，如图 1-5b 所示。模板包括“零件”“部件”“工程图”“表达视图”模块。每个模块又包含了不同的绘图环境。例如，在“零件”模块中，“Sheet Metal”为钣金零件建模环境，“Standard”为普通零件建模环境。文件扩展名“. DIN”表示模板符合德国标准化学会制定的标准，扩展名“. ipt”表示模板符合国际标准化组织 ISO 制定的标准。

a) 英制模板

b) 公制模板

图 1-5 “新建文件”对话框

双击按钮“Standard(mm). ipt”，进入零件绘制模块，如图 1-6 所示。用户可通过“工具▷应用程序”选项设置绘制模型的外观、行为和文件位置等全局参数。

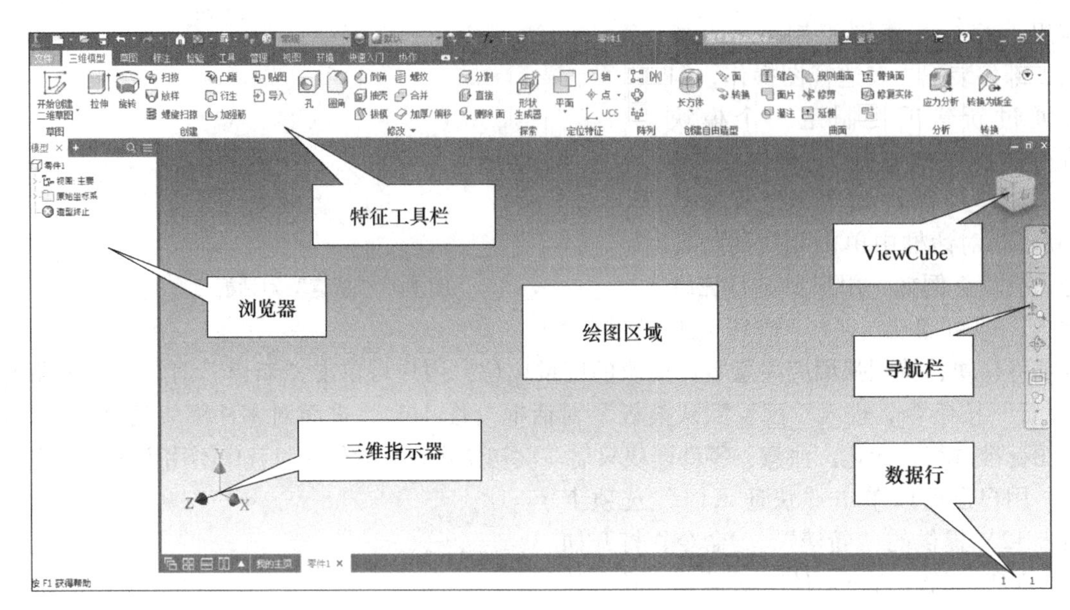

图 1-6　零件绘制模块

第三节　二维草图工作环境概要

二维草图是三维建模的基础，大多数零件造型都是从绘制二维草图开始的。熟练掌握草图工作环境，使用二维草图工具面板中的各草图绘图工具进行草图几何图元的创建和编辑，可为三维零件模型的创建奠定基础。

一、新建二维草图

创建二维草图的方法有三种：①在原始坐标系平面上创建；②在已有零件特征平面上创建；③在工作平面上创建。这几种方法均有一个共同特点，即新建的草图必须有一个依附平面。本章只针对方法①进行简单介绍，方法②、方法③将在后面章节阐述。

单击“开始创建二维草图”按钮，绘图区域选定草图依附平面（图 1-7），进入二维草图绘图环境，如图 1-8 所示。

二、“快速访问”工具栏

“快速访问”工具栏选项包括：新建、打开、保存、放弃、重做、常用、更新、选择优先设置、外观替代、设计医生、自定义等按钮，如图 1-9 所示。

其具体功能如下：

1）新建：新建模板文件环境。如零件、装配、工程图、表达视图等。

2）打开：打开并使用现有的一个或多个文件；在需要同时打开多个文件时，按住<Shift>键按顺序打开多个文件，也可以按住<Ctrl>键不按顺序选择多个文件。

3）保存：将激活的文档内容保存到窗口标题中指定的文件，并且文件保持打开状态。

此外，单击 Inventor 菜单栏上 文件 ▷ 另存为 还有三种文件保存方式：

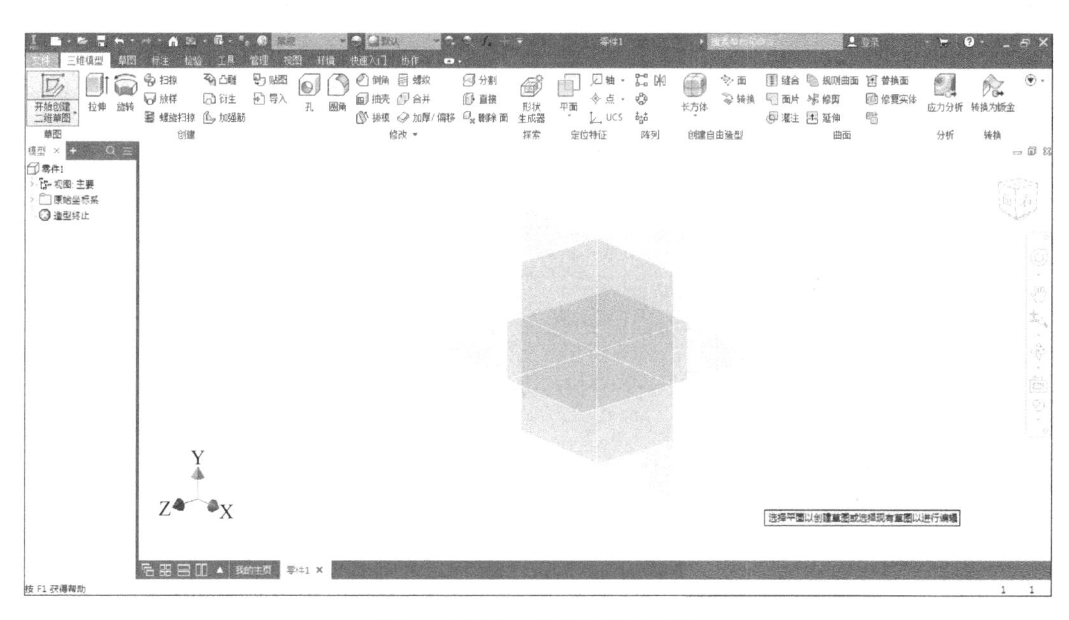

图 1-7　创建二维草图绘图环境

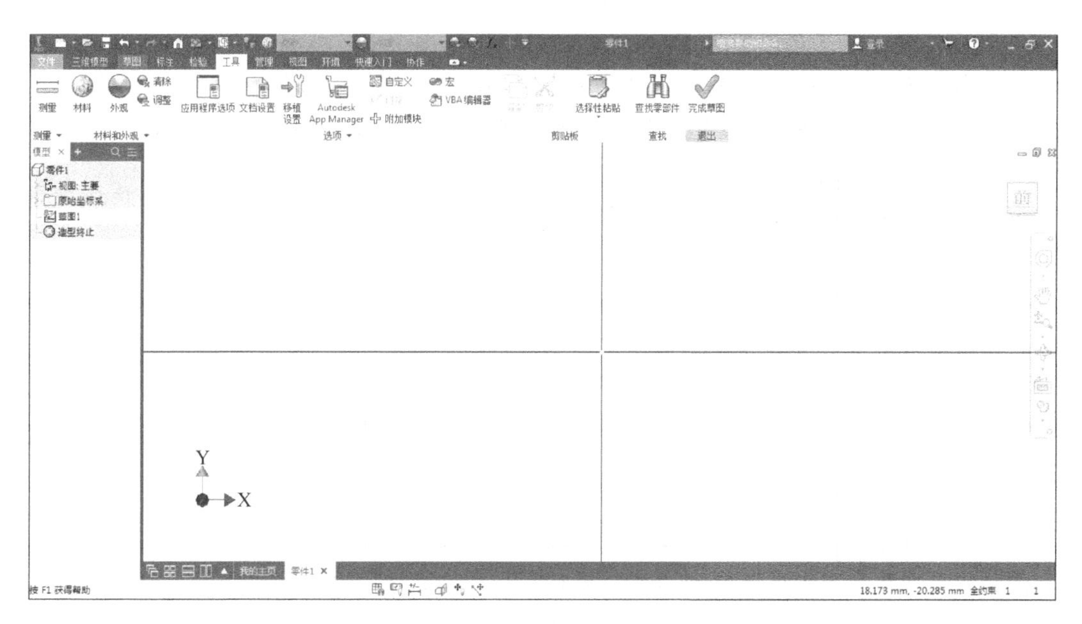

图 1-8　二维草图绘图环境

◇ 另存为：将激活的文档内容保存到“另存为”对话框中指定的文件。原始文档关闭，新保存的文档打开，原始文档的内容保持不变。

◇ 保存副本为：将激活的文档内容保存到“保存副本为”对话框中指定的文件，并且原始文件保持打开状态。

◇ 保存副本为模板：直接将文件作为模板文件进行保存，保存目录为：Windows 系统盘符：用户 \ 公用 \ 公用文档 \ Autodesk \ Inventor 2019 \ Templates。

4）放弃：撤销上一功能命令。

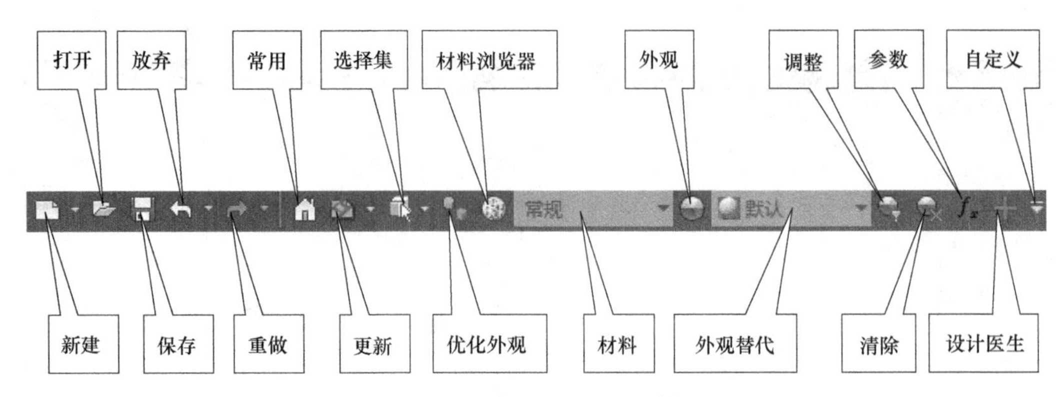

图 1-9 “快速访问”工具栏

5）重做：取消最近一次撤销操作。

6）常用：返回基本环境用户界面。

7）更新：获取最新的零件特性。

◇ 本地更新：仅重新生成激活的零件或子部件及其从属子项。

◇ 全局更新：所有零部件（包括顶级部件）都将更新。

8）选择优先设置：在零件造型中设置选择模式并选择要操作的元素。

◇ 特征优先：将工具设置为选择零件上的特征。

◇ 选择面和边：将工具设置为选择零件上的面和边（特征环境默认选项）。

◇ 选择草图特征：将工具设置为选择用于创建特征的草图几何图元（草图环境默认选项）。

9）优化外观：在启用粗糙镶嵌面时，使用该命令可以平滑外观。

10）材料浏览器：用来访问“材料编辑器”对话框。

11）材料：指定零件的材料。

12）外观：用来访问“外观浏览器”对话框。

13）外观替代：为选定的对象指定外观。

注：材料具有指定的默认外观。当替代外观时，在“快速访问”工具栏中名称的前面将会添加一个星号标记。标记的目的是为了说明指定的外观不是默认外观。

14）调整：更改颜色或方向。

15）清除：所选的外观将恢复指定材料所使用的外观。

16）参数：用来添加、定义、编辑和复制模型参数。

17）设计医生：对有问题的关系进行诊断，并标识出现问题的零部件和关系。

18）自定义：对“快速访问”工具栏进行自定义。

三、“草图”工具面板功能介绍

二维“草图”绘图工具面板包括“创建”“修改”“阵列”“约束”“插入”“格式”和“退出”，如图 1-10 所示。各工具面板的具体功能简介如下：

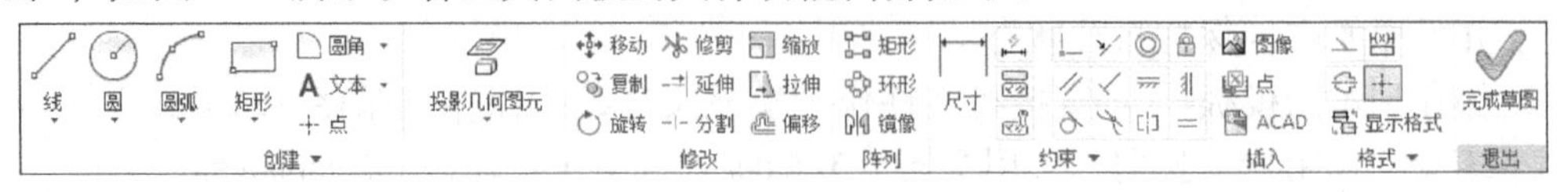

图 1-10 “草图”工具面板

1. 创建

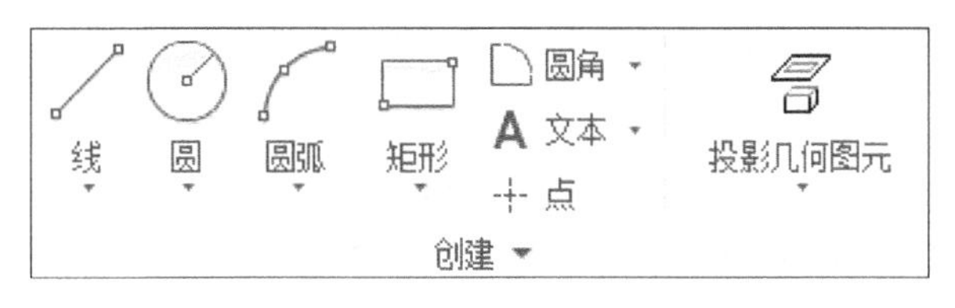

图 1-11　“创建”工具面板

“创建”工具面板如图 1-11 所示，单击各工具下方的下拉箭头还可选择其包含的嵌套工具。其各种常用工具介绍如下：

（1）直线

功能：绘制直线、与直线相切圆弧及圆心位于直线的圆弧。

举例：直线绘制“键槽孔”操作步骤。

“创建”工具面板中单击“直线”按钮；在绘图区域确定直线的第一点；沿水平方向确定直线的第二点，绘制一条直线；把光标移回第二点位置，光标中心由黄色亮显变为灰色亮显时，按住鼠标左键移动光标，移动方向为半圆弧路径，确定半圆弧的终点，需与第一条直线的第二点处于同一竖直线上；移动光标绘制第二条直线的终点，需与第一条直线的第一点处于同一竖直线上，依次画出即可。

注：“直线”命令除了可以画直线外，还可以通过按住左键拖动光标来感应鼠标的运动轨迹，从而绘制出与直线相切圆弧或圆心位于直线上的圆弧，此技巧很实用，建议多练习熟练掌握之。

（2）样条曲线

功能：按非均匀有理 B 样条（NURBS）的规则创建二维曲线。

操作步骤：单击“样条曲线 ”按钮，在绘图区单击左键确定样条曲线起始点；移动光标，单击左键确定下一个样条曲面拐点。Inventor 将用每个光标点（拐点）作为样条曲线的控制点，绘制二维样条曲线，并动态显示所绘样条曲线；双击结束点或单击右键，在快捷菜单中选择“创建”，完成开口样条曲线绘制。

（3）圆

功能：创建半径已知的圆或相切圆。

操作步骤：

1）“圆心+半径”绘制方法。单击按钮，在绘图区单击鼠标左键指定圆心所在位置，单击圆上一点，完成圆绘制。用通用尺寸“标注”命令约束圆半径大小。

2）“相切圆”绘制方法。单击按钮，将鼠标放于绘图区现有直线上，Inventor 会自动感应可以充当相切对象的线，单击拾取，依次选择另两条圆的相切直线，完成操作。

（4）椭圆

功能：通过定义中心点、长轴和短轴来构造椭圆。

操作步骤：单击“椭圆”按钮，在绘图区单击左键确定椭圆圆心位置；移动光标，依次单击鼠标确定椭圆长轴和短轴的距离。

（5）圆弧

1）三点圆弧。

功能：以三个点画圆弧。

操作步骤：在“创建”工具面板中单击“三点圆弧”按钮；在绘图区拾取圆弧起点，移动光标，Inventor 会用虚线显示拉出圆弧的弦长，单击左键确定圆弧终点；再次移动光标，确定圆弧的经过点，完成操作。

2）相切圆弧。

功能：绘制与线相切的圆弧（线可以是直线、圆弧或样条曲线）。

操作步骤：单击“相切圆弧”按钮；将光标悬停在绘图区现有几何图元上，单击拾取；移动光标，以光标点作为圆弧的经过点；单击“确认”按钮，操作完成。

3）中心点圆弧。

功能：以中心、起点和终点画圆弧。

操作步骤：单击“中心点圆弧”按钮；在绘图区绘制（或拾取）圆弧的圆心点；移动光标，以光标点作为圆弧的经过点，确定圆弧的半径和起点；再移动光标，确定弧的圆心角；完成操作。

（6）矩形

1）两点矩形。

功能：通过绘制矩形对角线的两个点来绘制矩形。

操作步骤：在工具面板中单击“两点矩形”按钮；在绘图区单击鼠标左键设定绘制矩形对角线的第一个角点；沿对角移动光标，单击确定对角线的另一个角点。

2）三点矩形。

功能：以两边长度绘制矩形。

操作步骤：单击“三点矩形”按钮；在绘图区单击鼠标左键设定绘制矩形的一个角点；移动光标，单击鼠标设定矩形一条边的长度和方向；移动光标，单击设定相邻边的长度和方向。

（7）多边形

功能：根据给出的边数，在指定位置绘制内接或外切于圆的正多边形。

操作步骤：单击“矩形”按钮下方下拉箭头，单击“多边形”按钮；在弹出的对话框中，选择内接或外接于圆按钮；输入边数（边数为3~120）；在绘图区域选定多边形的中心，拖动光标以确定多边形的大小。

（8）圆角/倒角

功能：在直线拐角或两条直线相交处添加圆角/倒角。

（9）点

功能：用于定义点的精确位置或用于放置孔特征时的定位，并且可以被标注尺寸或约束到草图内的其他几何图元上。

（10）文本A

功能：添加所需文字，如零件的编号、商标和产地等内容。

操作步骤：单击“文本A”按钮A，绘图区单击左键打开文本编辑界面，其中大部分功能与Word相同，这里不做过多介绍。

（11）投影几何图元/投影切割边

1）投影几何图元。

功能：将现有草图中的边、顶点、定位特征和曲线等图元投影到当前草图平面上。投影所得到的几何图元可用作零件造型的截面轮廓或路径，或用来约束曲线或顶点，或为其添加标注。

2）投影切割边。

功能：可将零部件被剖切平面剖切出来的模型边投影到激活的草图平面。“投影切割边”命令将切割边节点放置到浏览器中的“草图”图标下。

2. 修改

“修改”工具面板如图 1-12 所示，其各种工具介绍如下：

（1）移动

功能：移动所选几何图元。

操作步骤：单击“移动”按钮，弹出“移动”对话框，如图 1-13 所示。单击“选择”按钮，选择要移动的几何图元后，单击“基准点”按钮，选定移动几何图元的基点，或选择“精确输入”选项，输入基点的精确位置；移动光标，即可对所选图元进行移动。

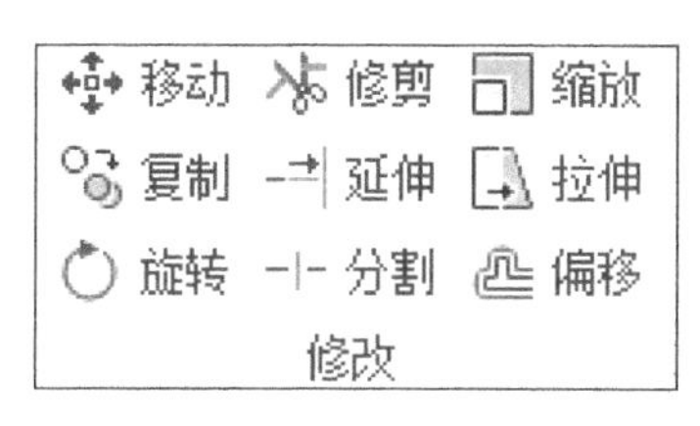

图 1-12　“修改”工具面板

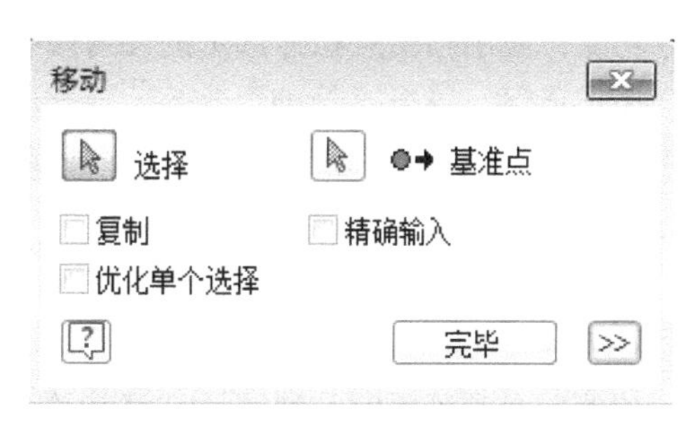

图 1-13　“移动”对话框

（2）复制

功能：复制所选几何图元。

操作步骤：单击“复制”按钮打开“复制”对话框；选择要复制的几何图元后，单击对话框中的“基点”按钮选定基点，或使用“精确输入”选项输入基点的精确位置，移动光标到用户选择的位置，单击鼠标左键即可复制图元。

（3）旋转

功能：旋转所选几何图元。

操作步骤：单击“旋转”按钮，弹出“旋转”对话框，如图 1-14 所示。选择要旋转的几何图元，单击对话框中的“中心点”下方“选择”按钮，选定中心点，或选择“精确输入”选项，输入中心点的精确位置；移动光标即可旋转几何图元。

图 1-14　“旋转”对话框

（4）修剪

功能：修剪所选几何图元。

操作步骤：单击“修剪”按钮后，将光标悬停在要修剪掉的几何图元上，Inventor 会自动计算出所选图元修剪至最近相交点的可能性，并用虚线显示出修剪效果。

（5）延伸

功能：使处于开放状态的草图闭合。

操作步骤：单击“延伸”按钮后，将光标悬停在接近“被延伸的几何图元”和“拟延伸方向”的位置上，Inventor会自动计算出所选图元延伸至其他几何图元边界的可能性，并用实线显示出延伸效果。

操作小技巧：按<Shift>键或使用右键菜单，在“修剪”和“延伸”命令之间切换。

（6）分割

功能：类似于将线段打断，但“分割”命令在打断处自动加上了连接约束。

操作步骤：单击“分割”按钮后，将光标悬停在要分割的几何图元上，Inventor会自动感应并根据现有几何图元分割之后的情况，计算所选曲线分割至最近相交点的可能性，并用红叉显示出结果。

（7）拉伸

功能：使用指定点拉伸选定的几何图元。

操作步骤：单击“拉伸”按钮，选中几何图元中要拉伸的边界，单击“拉伸”对话框中“基点”前按钮，选定基点，或选中“精确输入”选项，输入基点的精确位置。移动光标即可完成几何图元的拉伸操作。

注：当“拉伸”命令将几何图元全部选中时，拉伸操作结果与“移动”命令相同。

（8）偏移

功能：复制选定的几何图元并将其从原始位置动态偏移。

“偏移”命令用来复制选定的几何图元，并将其放置在相对原几何图元偏移一定距离的位置。默认情况下，偏移几何图元与原几何图元有等距约束（等长约束）。

图1-15 “阵列”工具面板

3. 阵列

“阵列”工具面板如图1-15所示，其各种工具介绍如下：

（1）矩形阵列

功能：以所选几何图元和阵列方向线为基础，形成矩形或菱形阵列。

注意：阵列方向线的选择。

操作步骤：单击“矩形阵列”按钮，弹出“矩形阵列”对话框，如图1-16所示。单击“几何图元”按钮，选定进行阵列的草图几何图元；单击“方向1”拾取按钮，选择几何图元阵列的第一个方向；在“数量”文本框中输入该方向阵列数量；在“间距”文本框中输入阵列图元之间的间距；单击“方向2”拾取按钮，选择几何图元阵列的第二个方向，然后指定“数量”和“间距”；单击“确定”按钮，完成操作。

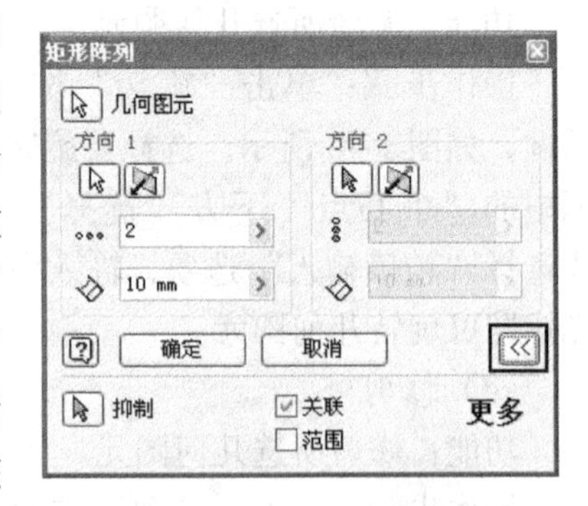

图1-16 “矩形阵列”对话框

“更多”按钮参数说明：

◇ 抑制：选择各个阵列元素，将其从阵列中删除。该几何图元将被抑制。

◇ 关联：指定更改零件时更新阵列。

◇ 范围：指定阵列元素均匀分布在指定角度范围内。如果未选中此选项，阵列间距将应用于两元素之间的角度，而不是阵列的总角度。

（2）环形阵列

功能：以所选几何图元和阵列中心点为基础，形成完整的或包角的环形阵列。

注意：阵列中心点的选择。

操作步骤：单击“环形阵列”按钮，弹出“环形阵列”对话框，如图 1-17 所示。单击“几何图元”按钮，选定进行阵列的几何图元；单击“旋转轴”按钮，选择环形阵列的中心，在“数量”文本框中输入阵列数量；在“角度”文本框中输入用于阵列的角度；单击“确定”按钮，完成操作。

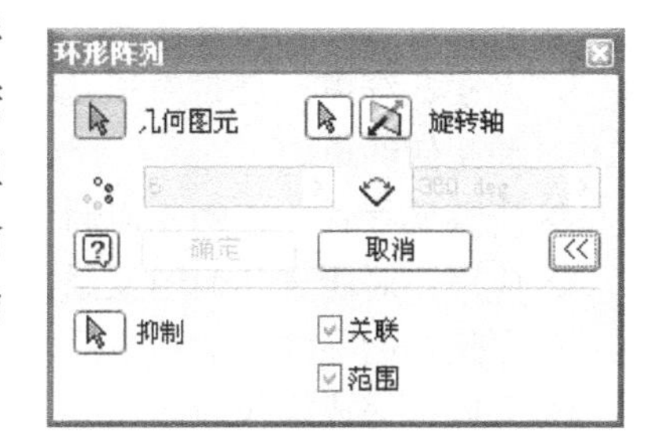

图 1-17 “环形阵列”对话框

（3）镜像

功能：创建轴对称图形，如图 1-18 所示。

注意：镜像线的选择。

操作步骤：单击“镜像”按钮；弹出“镜像”对话框，如图 1-18 所示。单击“选择”按钮，选定要镜像的所有几何图元；单击“镜像线”按钮，选定单根直线作为镜像对称轴；单击“应用”按钮，将创建对称图形的另一半；单击“结束”按钮完成操作。

4. 约束

“约束”工具面板如图 1-19 所示，其各种工具介绍如下。

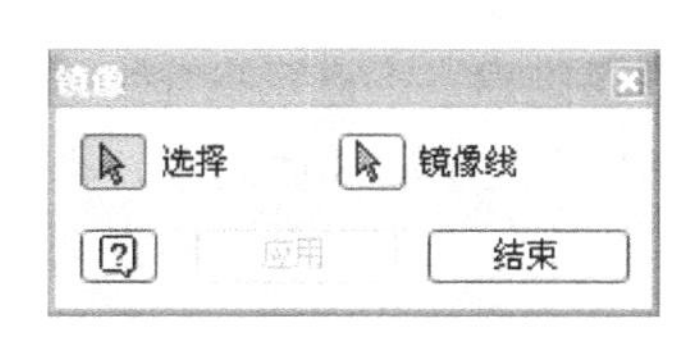

图 1-18 “镜像”对话框

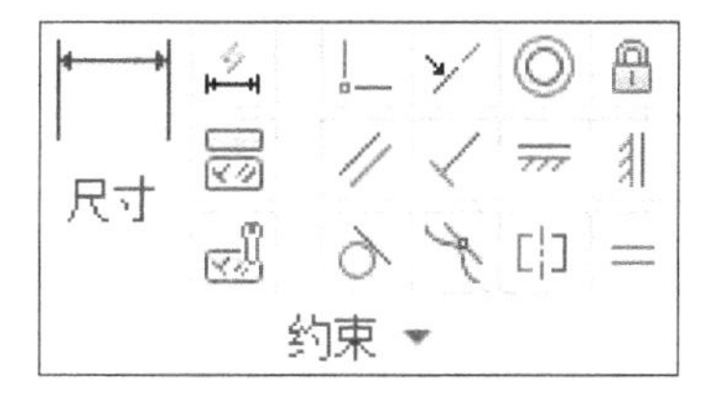

图 1-19 “约束”工具面板

（1）通用尺寸

功能：控制零件的大小，可将尺寸表示为数字常量或表达式或参数文件中的变量。在二维草图中，如果尺寸中包含中心线，则在默认情况下创建线性尺寸。

标注类型：

◇ 单个直线的线性水平、垂直尺寸。

◇ 两点之间的线性水平、垂直尺寸。

◇ 线性对齐尺寸。

◇ 平行线间距。

◇ 圆、弧的半径或直径。

◇ 角度。

◇ 轴向截面的直径。

◇ 标注到圆或弧的象限点尺寸。

(2) 自动标注尺寸

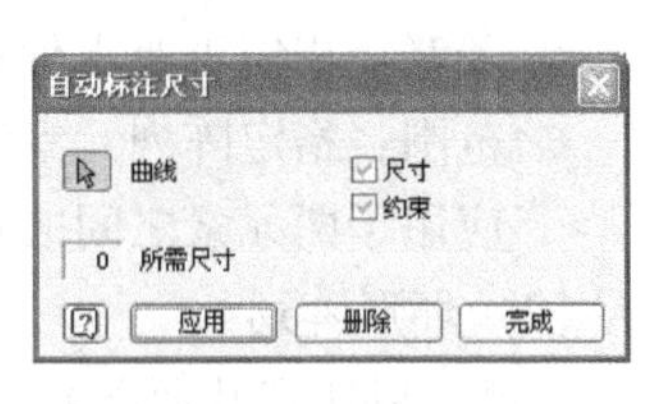

图 1-20 “自动标注尺寸”对话框

功能：使用“通用尺寸”命令仅添加用户所需的尺寸，而使用“自动标注尺寸”命令将标注所有几何图元尺寸。在“约束”工具面板上单击“自动尺寸和约束”按钮，会弹出如图 1-20 所示“自动标注尺寸”对话框，其对话框相关选项及按钮说明如下：

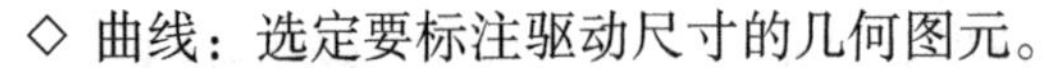

◇ 曲线：选定要标注驱动尺寸的几何图元。

◇ 尺寸、约束：是否对所选几何图元自动添加相关尺寸和几何约束。

◇ 所需尺寸：欠缺的几何约束和尺寸约束数量。

◇ 应用：对所选几何图元添加尺寸和几何约束。

◇ 删除：删除添加的约束尺寸和几何约束。

◇ 完成：完成操作。

(3) 显示约束

功能：显示选定草图几何图元的约束信息。

类型：

◇ 将光标停留在几何图元上以预览约束。

◇ 选择几何图元以显示约束。

◇ 将光标停留在约束符号上以亮显参与此约束的实体。

(4) 约束设置　单击“约束设置”按钮，弹出“约束设置”对话框如图 1-21 所示。其中“常规”选项卡（图 1-21a）下“约束”选项组中的“创建时显示约束”选项，是指在创建几何图元或约束时将会显示约束。当用户完成当前命令以及对图形进行了更改，例如，绘制新草图实体或者应用新约束等，约束显示会自动隐藏。“显示选定对象的约束”选项是指亮显在图形窗口中选择的几何图元的约束。用户对于显示的任何约束，都可以选择将其删除。“在草图中显示重合约束”选项是指创建约束时重合约束图示符的自动显示。选择“尺寸”选项组中的“在创建后编辑尺寸”选项，每当用户单击以放置尺寸时，“编辑尺寸”对话框都会自动出现，以便用户指定实际的尺寸或表达式。选择“根据输入值创建尺寸”选项，Inventor 软件将根据文本框中输入的值自动创建永久尺寸。必须使用<Tab>键在

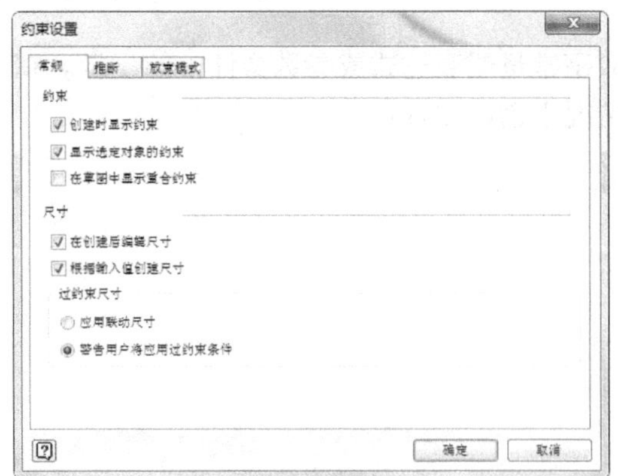

a) “常规”选项卡

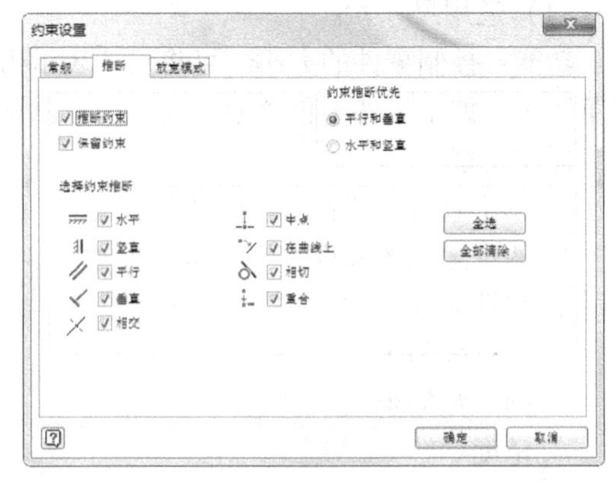

b) “推断”选项卡

图 1-21 “约束设置”对话框

各个值输入字段之间进行切换。取消选择该选项后，不会在草图几何图元上放置永久尺寸。

打开“约束设置”对话框中“推断”选项卡（图 1-21b），“推断约束”选项处于选中状态，而“保留约束”选项如处于未选中状态，完成草图后不会自动创建约束。例如，当用户绘制一条竖直线时，“竖直”图标会显示在光标旁边以指示该直线为竖直线，并且当用户完成图形时，不会自动创建竖直约束。如“保留约束”选项处于选中状态，完成草图后会自动创建约束，在光标旁边会显示约束图标。

注：只有选择“推断约束”选项时，“保留约束”选项才可用。禁用推断后，会自动禁用持续性。

（5）几何约束

◇“重合”约束：将点约束到二维草图中的其他几何图元。

◇“共线”约束：使两条或更多线段或椭圆轴位于同一直线上。

◇“水平”约束：使直线、椭圆轴或成对的点平行于草图坐标系的 X 轴。

◇“竖直”约束：使直线、椭圆轴或成对的点平行于草图坐标系的 Y 轴。

◇“平行”约束：使所选的线性几何图元相互平行。

◇“垂直”约束：使所选的线性几何图元相互垂直。

◇“对称”约束：约束选定的直线或曲线以使它们相对选定直线对称。

◇“相切”约束：约束曲线（包括样条曲线的末端）使其与其他曲线相切。

◇“同心”约束：使两个圆弧、圆或椭圆具有同一中心点。

◇“等长”约束：将选定圆和圆弧约束为相同半径，将选定线段约束为相同长度。

◇“平滑”约束：将曲线连续条件应用到样条曲线。

◇“固定”约束：将点和曲线固定在相对于草图坐标系的某个位置。

注：如果用户在绘制草图时，不想让软件自动感应添加约束，在按住<Ctrl>键的条件下绘制草图即可，但是“点重合”约束依然会被添加，其他约束将不会被添加。

5. 插入

“插入”工具面板如图 1-22 所示，应用面板中的工具可实现图像、Excel 数据表及 AutoCAD 图像的插入，其具体功能本书不再阐述。

6. 格式

“格式”工具面板如图 1-23 所示，其各工具功能介绍如下：

图 1-22 “插入”工具面板

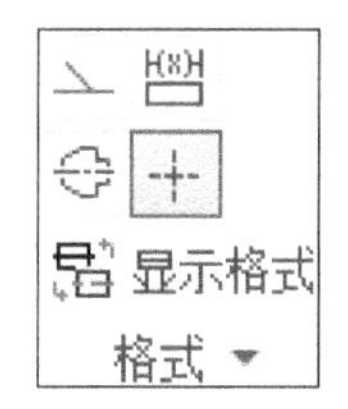

图 1-23 “格式”工具面板

（1）构造线 构造用于约束复杂草图的几何图元。简单的草图形状不需要构造几何图元，可用构造几何图元来控制截面轮廓的大小和形状。

注：在实体造型的时候构造线不起到轮廓线的作用。

（2）中心线 类似构造线，但中心线必须为直线（可辅助草图添加尺寸约束）。

（3）中心点 创建点特征（如可用于定位孔特征）。

（4）联动尺寸 使用该命令标注的尺寸随标注图形的几何变化而变化，即几何约束驱动。未使用该命令标注的尺寸则不随标注图形的几何变化而变化，即尺寸约束驱动。如图 1-24 所示，直线 1 为联动尺寸标注，直线 2 为普通尺寸（即通用尺寸）标注。用鼠标拖动红色圆圈内的一点，直线 1 长度发生变化，直线 2 不变化。

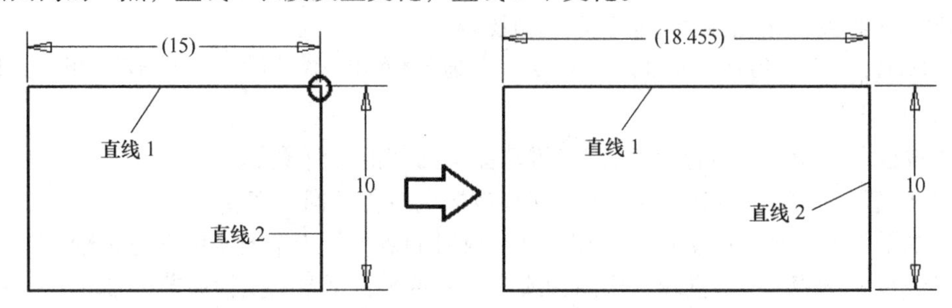

图 1-24 使用“联动尺寸”和“通用尺寸”命令对比

（5）显示格式 切换草图特性设置。在用户应用的特性设置和所有草图对象的默认线型、颜色和线宽设置之间切换。

第四节 应用实训（绘制简单平面图形）

综合运用上述二维草图绘图命令绘制如图 1-25 所示图形。绘制过程视频可通过扫描视频 1-1 二维码观看。

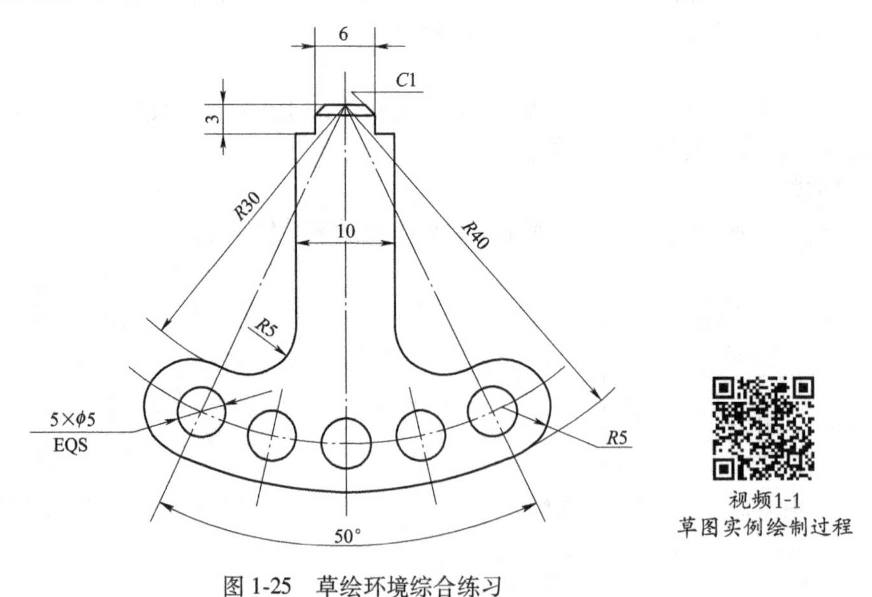

图 1-25 草绘环境综合练习

操作步骤：

1. 启动 Inventor 2019

如图 1-26 所示，选择“新建”▷“Metric”▷“零件-创建二维和三维对象”▷“Standard

（mm）. ipt”，单击“创建”进入三维模型环境。

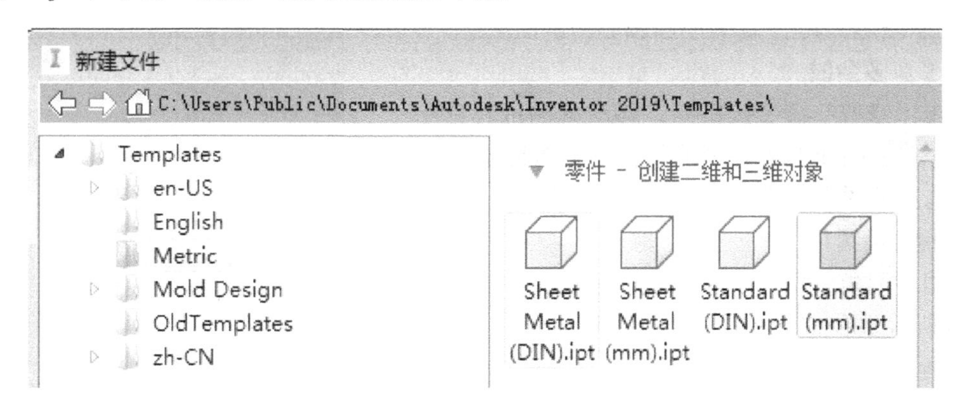

图 1-26 新建文件

2. 选择绘制平面

鼠标左键单击“开始创建二维草图”按钮，绘图区域左键单击选择“YZ”平面作为绘制二维草图时所依附的平面。

3. 画中心线

鼠标左键分别单击“直线”按钮和“中心线”按钮，绘制两条中心线，如图1-27所示，用“尺寸”命令定义尺寸约束25°。

4. 画主体部分

使用“矩形”、“圆”命令，绘制如图1-28a所示图形。注意：为保持各图线的相对位置关系，不要删除已标注尺寸。

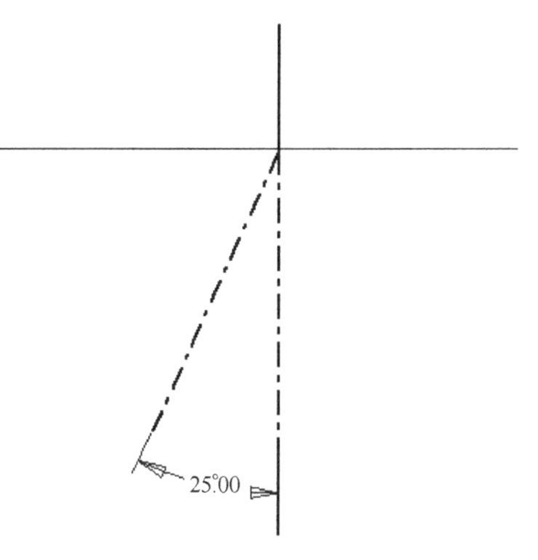

图 1-27 中心线的绘制

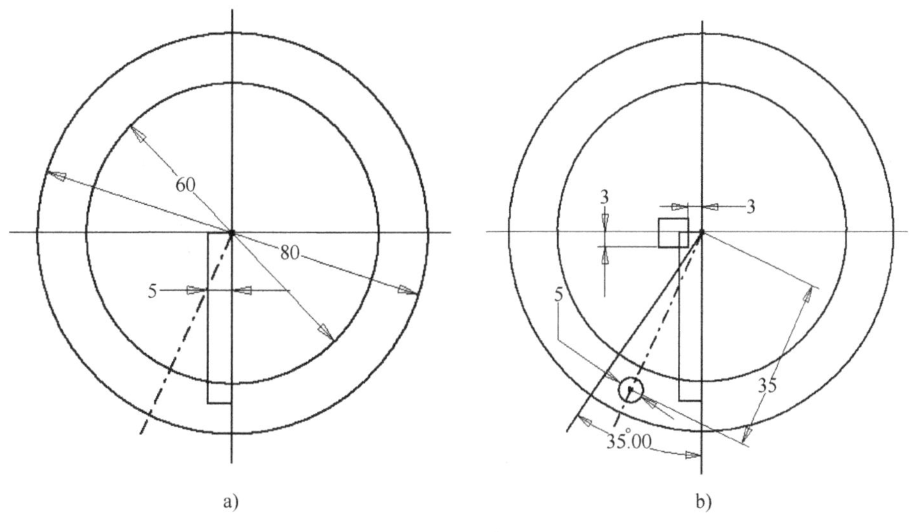

图 1-28 主体绘制

使用“直线”和“圆”命令，绘制如图1-28b所示图形，其中35为小圆圆心的定位尺寸。

5. 修剪多余线

单击“修剪”命令按钮，移动鼠标将其悬停在需要修剪的图线上方，单击鼠标左键对图形进行修剪，修剪后图形如图1-29所示。

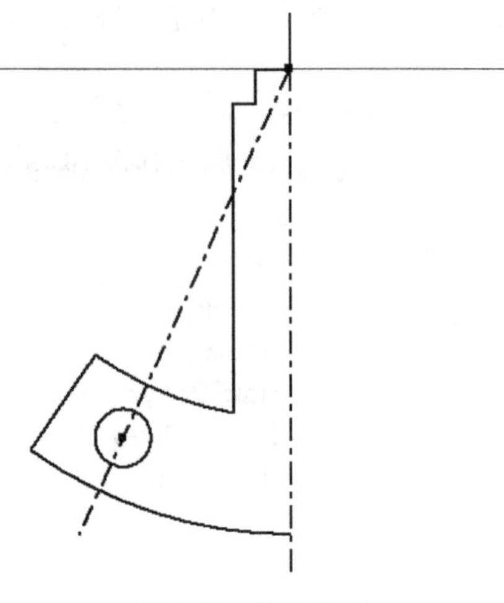

图1-29　修剪后图

6. 倒角及圆角

使用“倒角”和“圆角”命令，绘制如图1-30所示图形（倒角 $C1$，圆角 $R5$）。

7. 延伸

使用“延伸”命令，选择如图1-30所示左边的圆角，使其延长后与外圆圆弧相切。单击“修剪”按钮，对图形进行再次修剪，结果如图1-31所示。

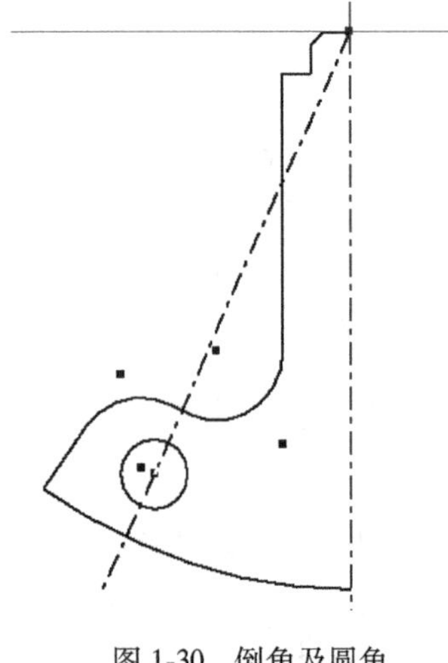

图1-30　倒角及圆角

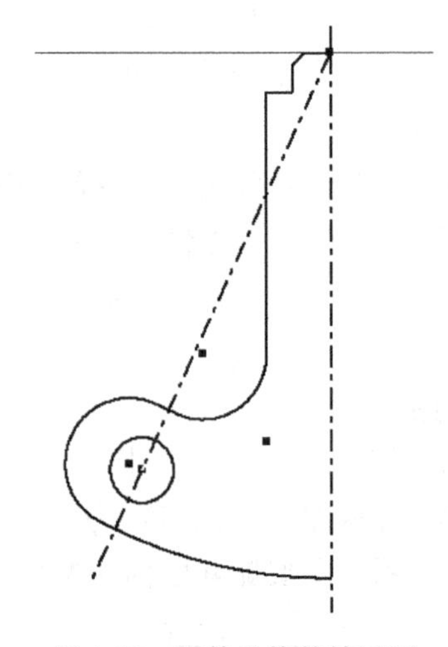

图1-31　延伸及修剪结果图

8. 镜像

补充倒角处直线，然后单击“镜像”按钮，单击“镜像”对话框（图1-32）中的“选择”按钮，选择除小圆和中心线外的所有几何图元，单击“镜像线”按钮，选择竖直中心线，先单击“应用”按钮，确定无误后，单击“完成”按钮，关闭对话框。结果如图1-33所示。

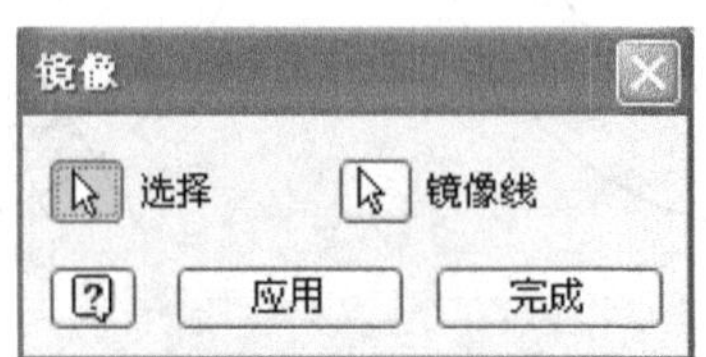

图1-32　“镜像”对话框

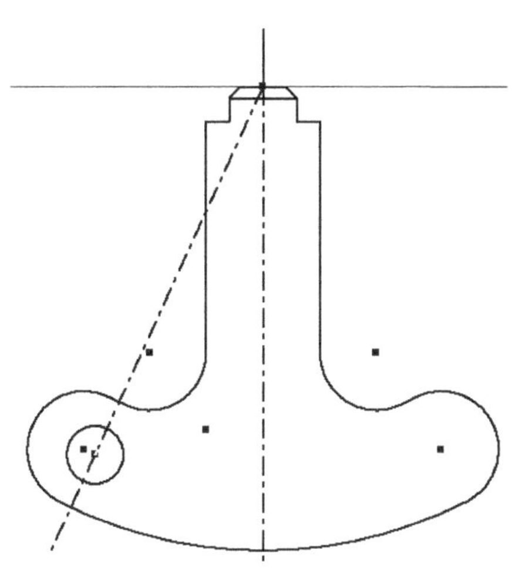

图 1-33 镜像结果

9. 阵列

单击“环形阵列”按钮，单击“环形阵列”对话框（图 1-34）中的“几何图元”按钮，选中小圆，单击“旋转轴”拾取按钮，单击坐标原点（即两条点画线的交点），阵列个数输入“5”，总角度输入“50”，单击“确定”按钮后显示结果如图 1-35 所示。

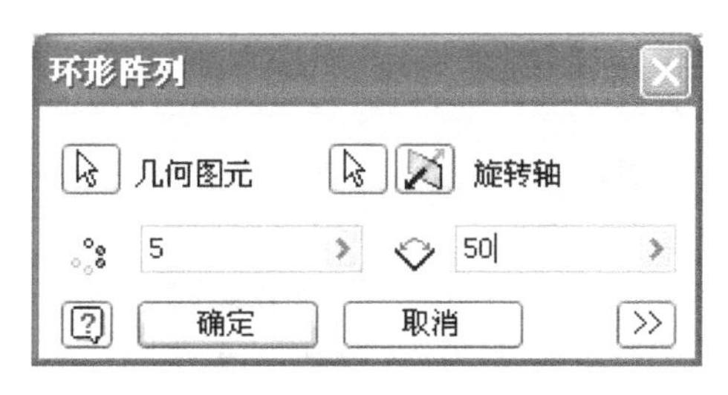

图 1-34 “环形阵列”对话框

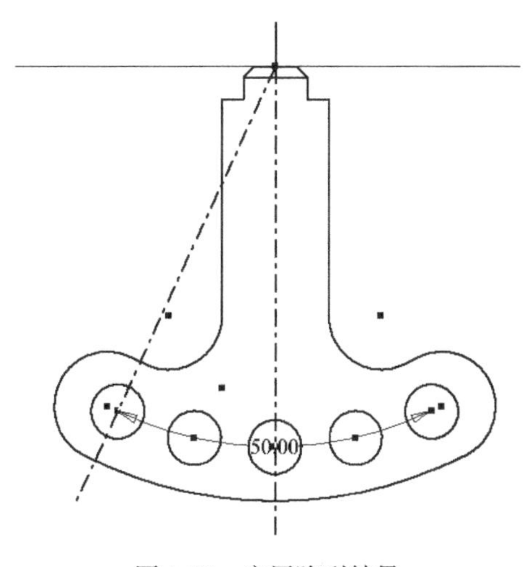

图 1-35 应用阵列结果

10. 完成图形

单击“完成草图”按钮✓，退出二维草图绘图环境。在三维建模环境“模型目录树”中，找到刚关闭的“草图”标签，单击鼠标右键，在快捷菜单中取消“尺寸可见性”选择（图 1-36a），结果如图 1-36b 所示。

需要指出的是，二维草图只是零件建模的基础，并不是工程图样，因此用户没有必要对草图尺寸标注进行烦琐的样式设置。

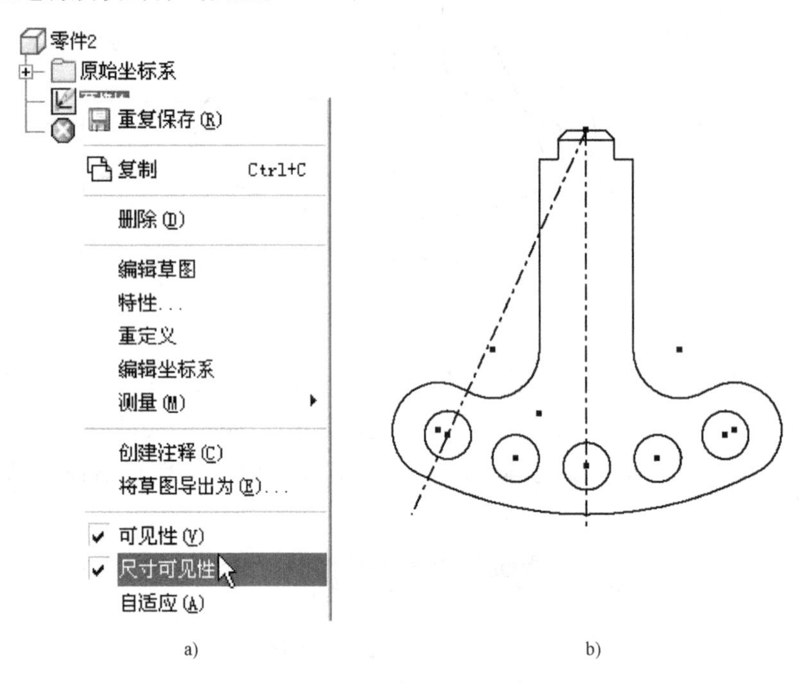

图 1-36 尺寸可见性开关

课 后 练 习

使用 Inventor 2019，绘制如图 1-37~图 1-39 所示的平面图形。

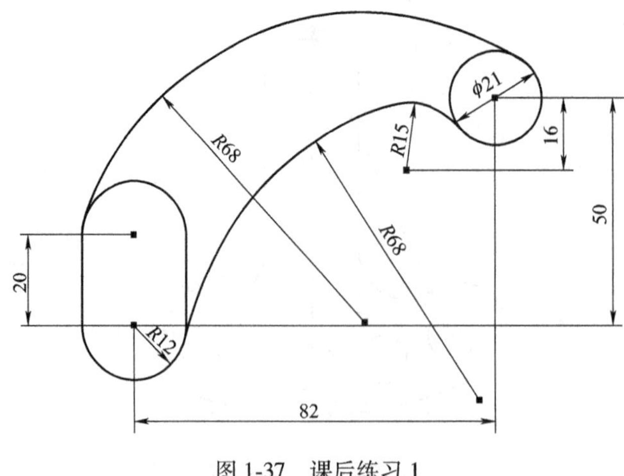

图 1-37 课后练习 1

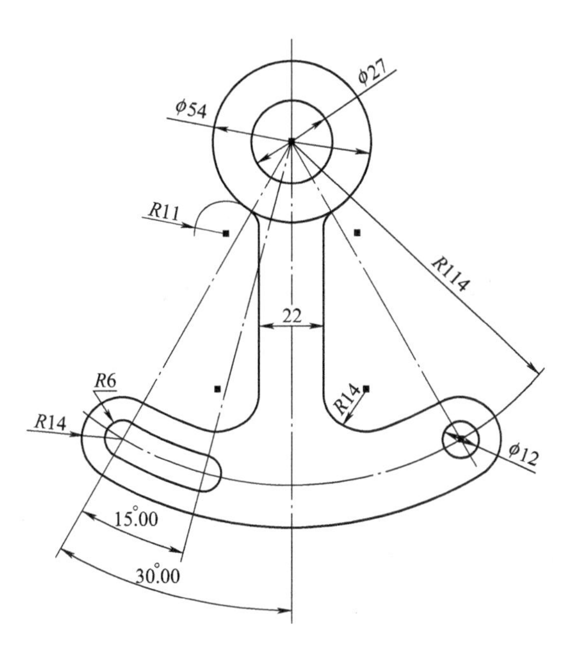

图 1-38 课后练习 2

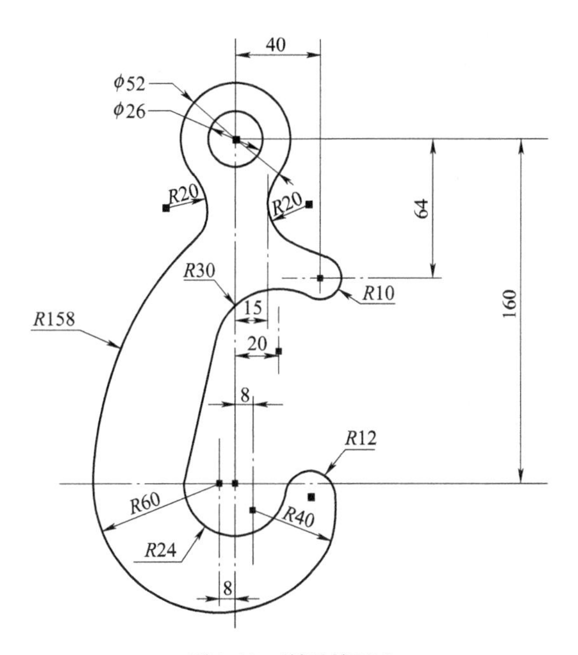

图 1-39 课后练习 3

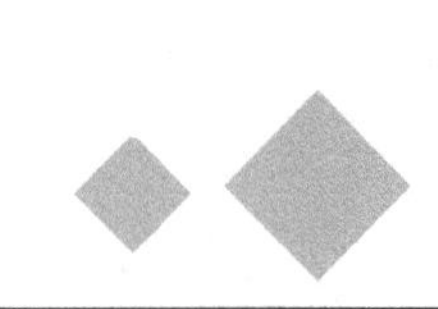

第二章

Inventor 2019创建三维实体

本章学习导读

目的与要求：熟练掌握草图特征拉伸、旋转、加强肋等，掌握三维实体设计定位特征以创建工作平面、工作轴和工作点，掌握零件特征环境下的放置特征打“孔”“螺纹”“圆角”“倒角”等命令，利用以上命令创建三维图形。会用草图特征命令放样、扫掠、螺旋扫掠等创建曲面立体图形。

内容：

1）草图特征：拉伸、旋转、加强筋、放样、扫掠、螺旋扫掠。

2）放置特征：孔、抽壳、螺纹、圆角、倒角、矩形阵列、环形阵列、镜像。

3）定位特征：工作平面、工作点、工作轴。

第一节　创建平面立体图形

一、零件特征

完成草图后，系统自动进入如图 2-1 所示三维模型环境界面。在计算机参数化造型中，

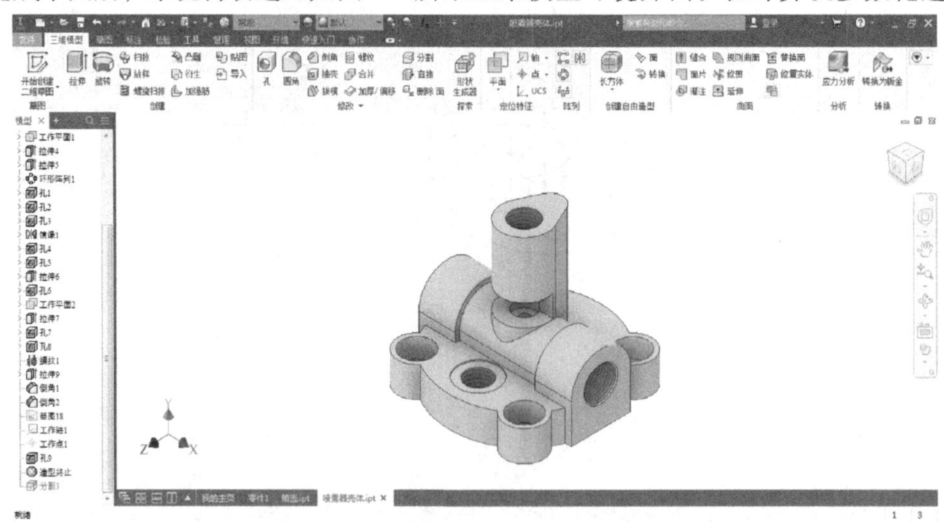

图 2-1　三维模型环境

零件通常使用特征组合生成。特征可看作与功能相关的简单几何单元，它既是零件造型的基本几何元素又是工艺元素。参数化造型也可以称为是基于特征的造型。

特征造型的特点在于：造型简单且参数化，包含设计信息，体现加工方法和加工顺序等工艺信息。因此，特征造型的任务不仅仅是创建有形状的实体造型，还应该将设计信息和工艺信息载入其中，并能够为后续的计算机辅助设计（CAD）、计算机辅助工艺规划（CAPP）、计算机辅助制造（CAM）提供正确的参数化数据。

Inventor 在三维模型环境界面的“创建”“修改”“定位特征”和“阵列”选项卡里包含了草图特征、放置特征和定位特征。本节将介绍如何利用其中的相关特征创建一个典型的平面立体。

二、拉伸

作用：将二维草图沿与草图平面垂直的方向拉伸为三维实体。

启动命令：打开“三维模型”选项卡▷“创建”面板▷“拉伸”按钮，弹出“拉伸”对话框，如图 2-2 所示。

图 2-2 “拉伸”特征对话框

“拉伸”对话框中主要选项介绍如下：

1. 截面轮廓

用以选择要拉伸的面域或截面轮廓。光标停留在截面上时可以对选中截面进行预览，预览没有问题时，可进行其他选项的设置。

2. 输出

（1）实体方式　将选择的截面轮廓拉伸成一个实体，如图 2-3b 所示。

（2）曲面方式　将选择的截面轮廓拉伸成一个曲面，如图 2-3c 所示。

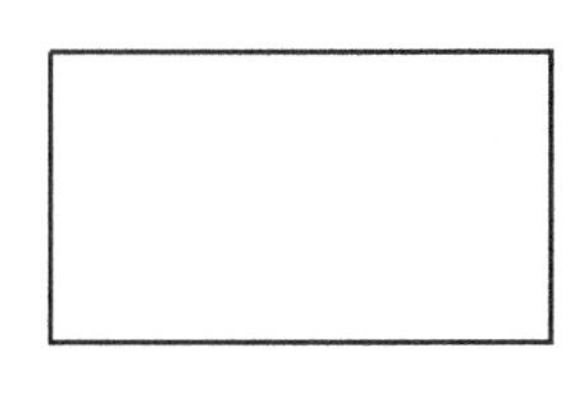

a) 拉伸草图

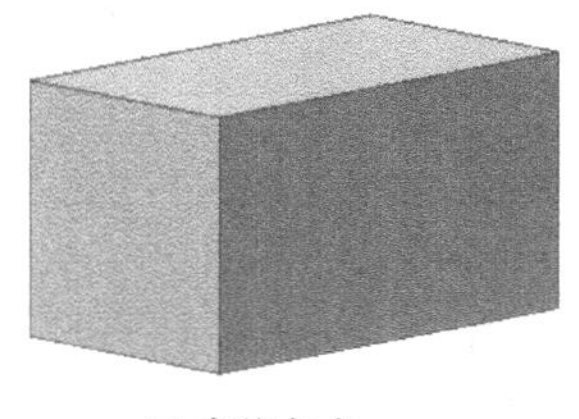

b) 实体方式

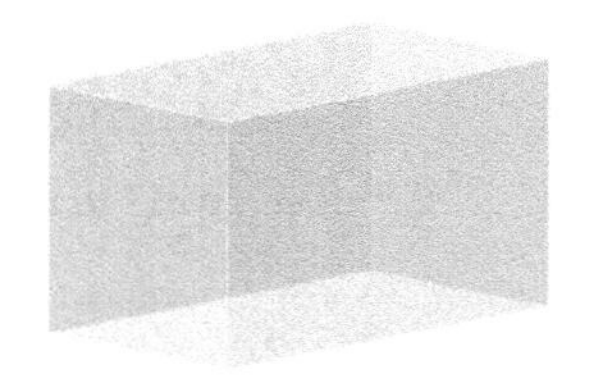

c) 曲面方式

图 2-3 拉伸-输出方式

3. 操作方式

（1）求并　由草图拉伸以添加成为实体，如图 2-4b 所示。

（2）求差　从另一个特征中去除由拉伸特征产生的体积，如图 2-4c 所示。

（3）求交　将拉伸特征和其他特征的公共体积创建为新特征，如图 2-4d 所示。

（4）新建实体　创建实体。如果拉伸是零件文件中的第一个实体特征，则此选项是

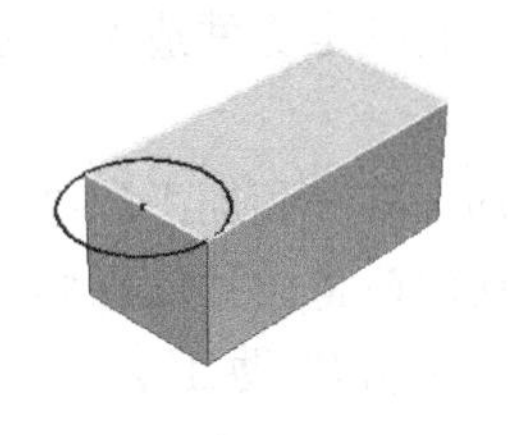
a) 拉伸草图

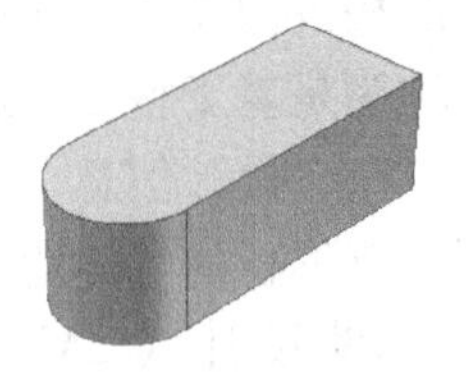
b) “求并”方式

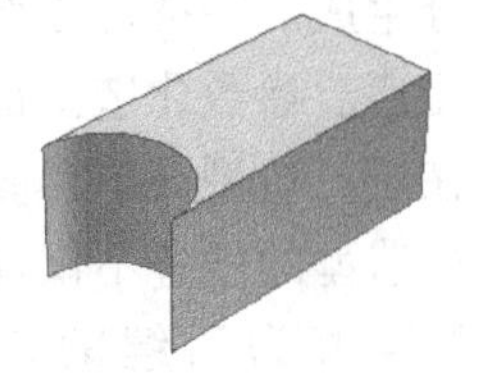
c) “求差”方式

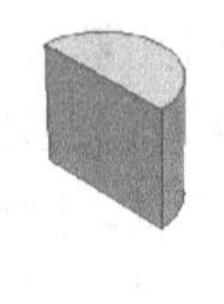
d) “求交”方式

图 2-4 拉伸-操作方式

默认选项。选择该选项可在当前含有实体的零件文件中创建新实体。每个实体均是独立的特征集合，独立于与其他实体而存在。实体可以与其他实体共享特征。

4. 范围选项

（1）距离 将草图轮廓按给定的距离拉伸成实体。如图 2-5a 所示。

（2）到表面或平面 拉伸实体到指定的平面或曲面。如图 2-5b 所示。

（3）到 对于零件拉伸，通常指拉伸到指定的终点、顶点、平面或曲面。如图 2-5c 所示。

（4）从表面到表面 对于零件拉伸，选择终止拉伸的起始面和终止面或平面。如图 2-5d 所示。

（5）贯通 在操作方式为求差和求交时，贯穿整个实体。如图 2-5e 所示。

（6）距面的距离 选择要从其开始拉伸的面、工作平面或曲面。对于面或平面，在选定的面上终止零件特征。选择“选择该选项以通过延伸面来终止特征”选项，可终止延伸到终止平面之外的面上的零件特征。

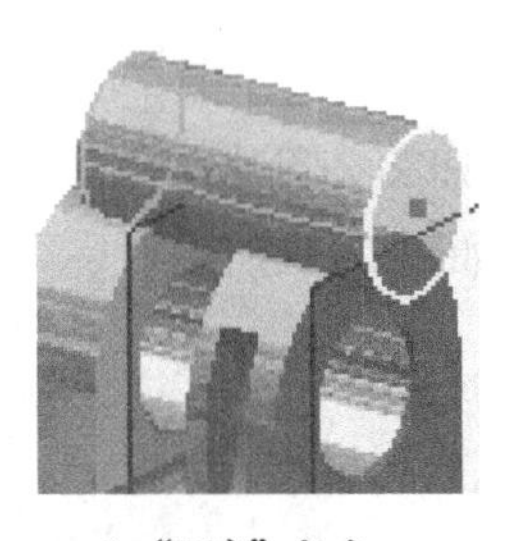
a) “距离”方式

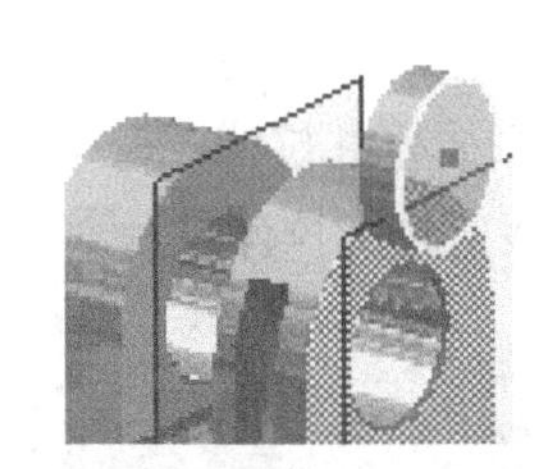
b) “到表面或平面”方式

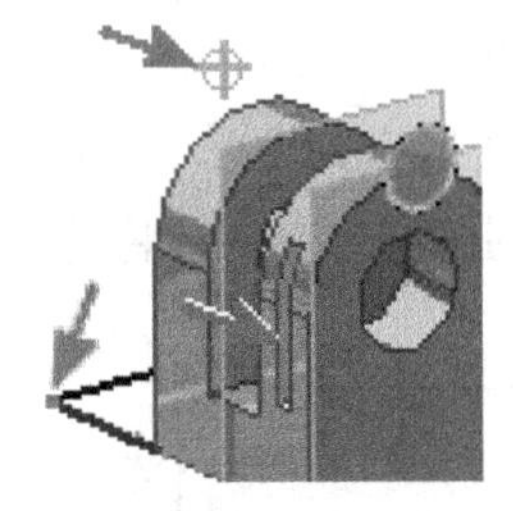
c) “到”方式

d) “从表面到表面”方式

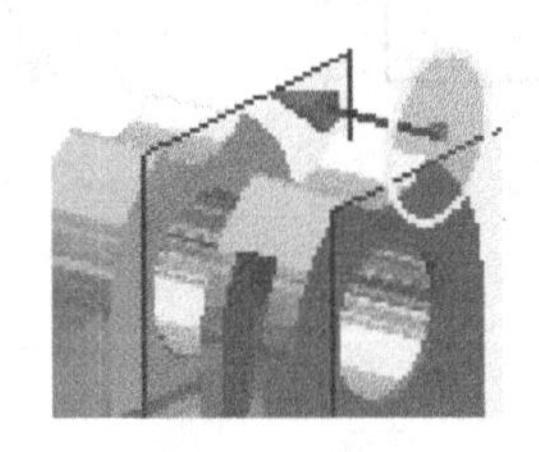
e) “贯通”方式

图 2-5 拉伸-范围

5. 拉伸方向

（1）正方向 将草图沿垂直于草图平面的正方向拉伸成实体，如图 2-6b 所示。

（2）负方向 将草图沿垂直于草图平面的负方向拉伸成实体，如图 2-6c 所示。

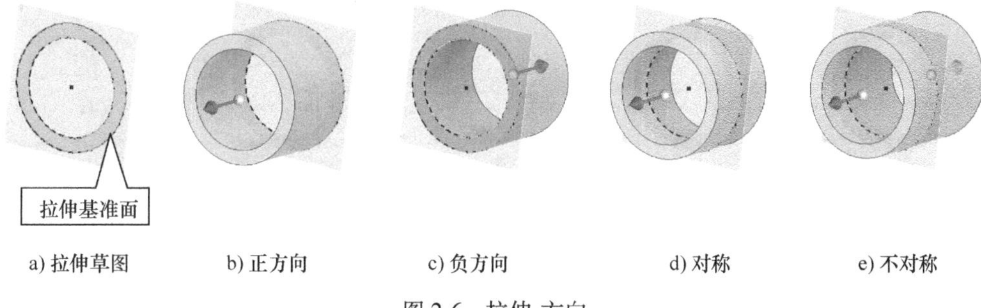

a) 拉伸草图　b) 正方向　c) 负方向　d) 对称　e) 不对称

图 2-6　拉伸-方向

（3）对称 将草图按指定的距离向两个方向拉伸成实体。如图 2-6d 所示。

（4）不对称 沿两个方向以不同的值拉伸。输入正向距离值并输入负向距离第二个值。单击按钮可使方向反向。

6. “更多”选项卡

（1）替换方式　对于“到表面”和“从表面到表面”终止方式，如果终止方式不明确（如在圆柱面或不规则曲面上），可以指定替换的终止平面。对于“距离”“到表面或平面”和“贯通”终止方式则不可用。

（2）拉伸角度　拉伸角度有正角度和负角度，如图 2-7b、c 所示。

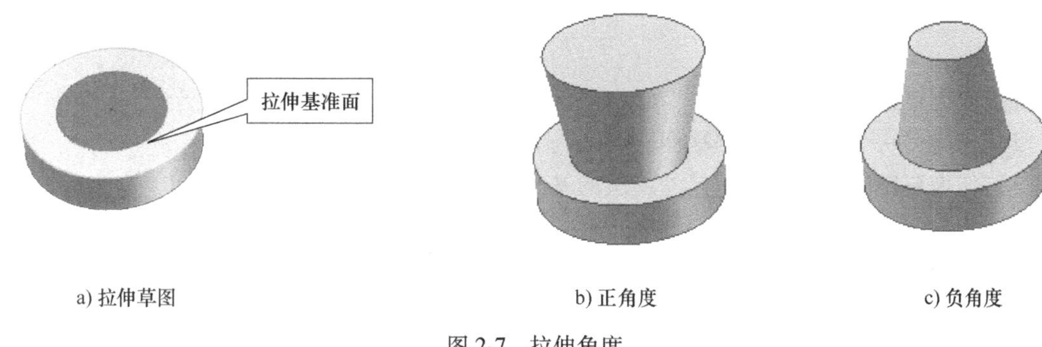

a) 拉伸草图　b) 正角度　c) 负角度

图 2-7　拉伸角度

三、镜像

作用：将指定的特征以一平面为对称面复制，形成新的特征。

启动命令：打开“模型”选项卡▷“阵列”面板▷“镜像”按钮，弹出“镜像”对话框，如图 2-8 所示。

图 2-8　“镜像”对话框

◇ ：表示镜像各个特征。用以镜像各个实体特征、定位特征和曲面特征。镜像各个特征过程如图 2-9 所示。

◇ ：表示镜像几何实体。用以镜像整个零

件实体。

◇ [icons]：分别表示绘图环境默认给定的基准“YZ 平面”“XZ 平面”“XY 平面”。

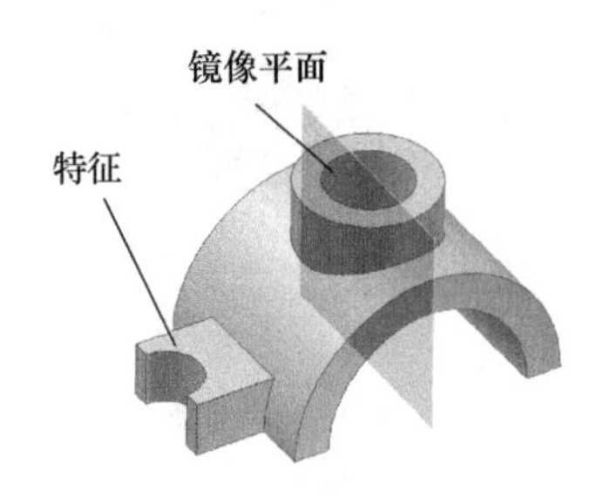

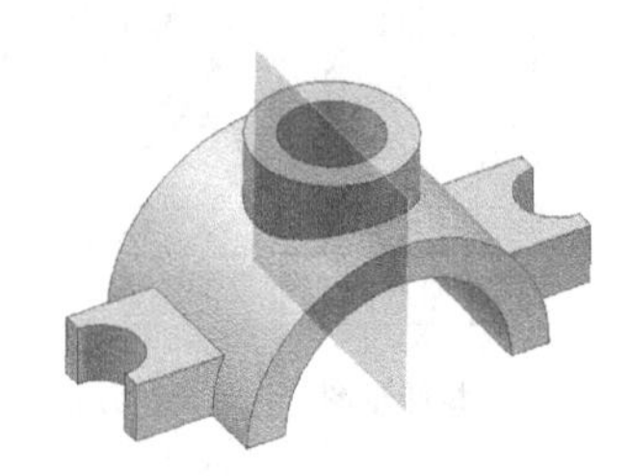

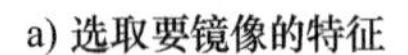

a) 选取要镜像的特征　　b)“镜像”特征对话框　　c) 镜像结果

图 2-9　镜像特征

四、定位特征

定位特征是一种辅助特征图元，主要为构造新特征提供定位对象。定位特征包括：工作平面、工作轴和工作点。

1. 工作平面

启动命令：打开“模型”选项卡▷“定位特征”面板▷“平面”按钮，即可建立各种类型的工作平面。

作用：

1）作为草图平面。

2）作为另一个平面的参照平面。

3）作为草图的几何约束、尺寸约束的基准面。

4）作为生成特征时的起始面和终止面。

5）作为将一个零件分割成两个零件的分割面。

6）用来生成一个工作轴（两个平面的交线）。

7）在装配环境下，用于定位零部件或作为新零件的终止平面或草图平面。

8）在装配环境下，用来约束零部件。

9）在工程图环境下，作为生成剖视图的剖切平面。

工作平面的创建方法见表 2-1。

表 2-1　工作平面的创建方法

已知条件	建立工作平面示意图
过两条直线（边或工作轴）	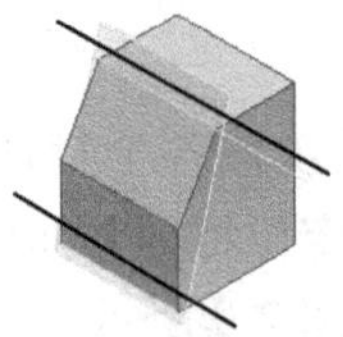

（续）

已知条件	建立工作平面示意图
过三点（特征上的点或者工作点）	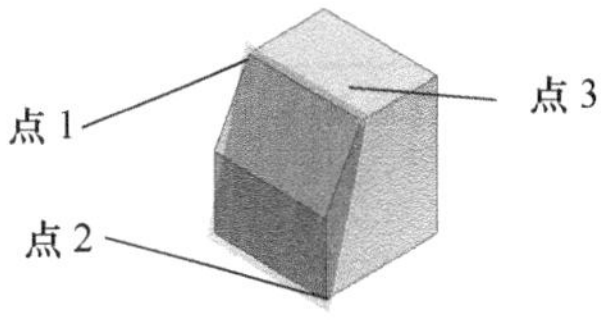 点 1 点 2 点 3
基于原始坐标系或基于特征的基准面偏移工作平面	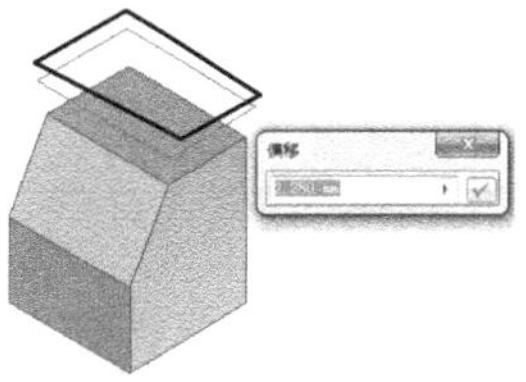
基于原始坐标系或基于特征的基准面旋转工作平面（必须指定旋转轴，旋转轴为特征上的直线或工作轴）	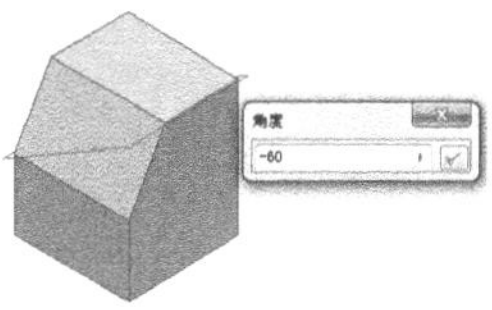
创建与曲面相切的工作平面（与已知工作平面平行）	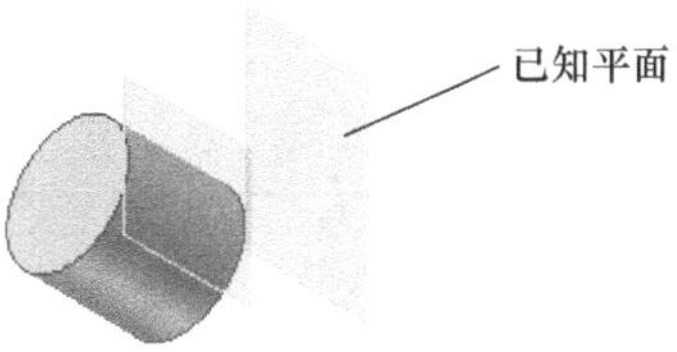 已知平面
过一点并与平面平行创建工作平面	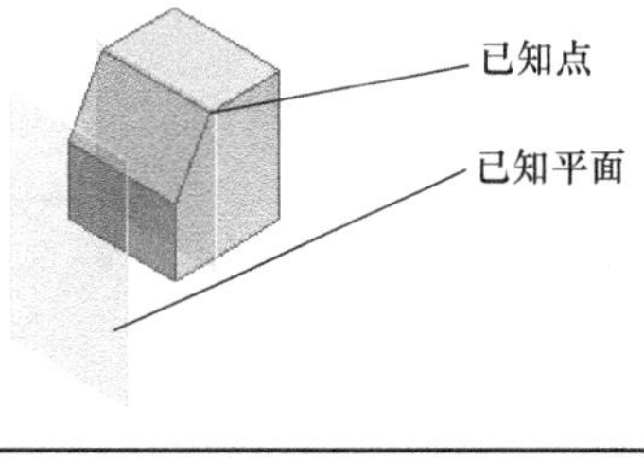 已知点 已知平面

2. 工作轴

启动命令：单击“模型”选项卡▷“定位特征”面板▷“工作轴”按钮，即可建立各种类型的工作轴。

作用：

1）为回转体添加轴线。

2）作为旋转特征的旋转轴。

3）指定环形阵列的轴线。

4）作为草图的几何约束、尺寸约束的基准线。

5）创建对称直线。

6）为三维草图提供参考。

7）投影到二维草图以创建截面轮廓、几何图元或参考曲线。

工作轴的创建方法见表 2-2。

表 2-2　工作轴的创建方法

已知条件	建立工作平面示意图
基于圆柱或圆环特征（选择“工作轴”命令，选定回转体特征，即可创建）	
基于点和正交面（创建过一个点并与一个面垂直的工作轴，单击工作轴，选定点和面，完成创建）	已知点 已知平面
基于草图线	草图线
基于两个点	点 1 点 2
基于两个平面的交线	

3. 工作点

启动命令：打开“模型”选项卡▷“定位特征”面板▷“点”按钮，即可建立各种类型的工作点。

作用：

1）创建工作轴和工作平面。

2）投影到二维草图以创建参考点。

3）为装配约束提供参考。

4）为工程图尺寸提供参考。

5）为三维草图提供参考。

6）定义坐标系。

工作点的创建方法见表 2-3。

表 2-3　工作点的创建方法

已知条件	建立工作平面示意图
以已知点创建工作点	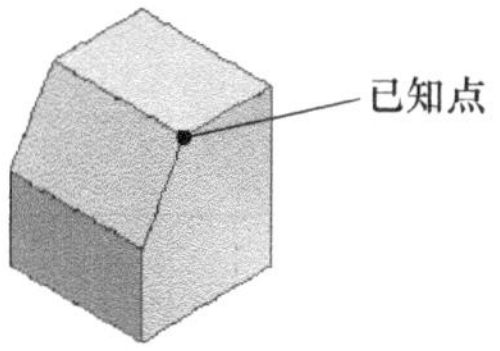 已知点
面与线的交点	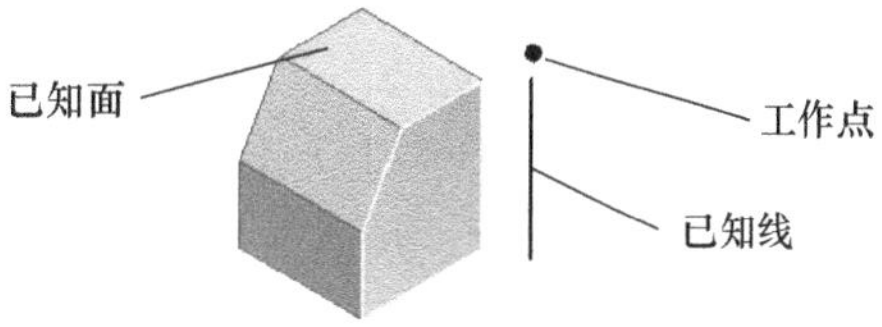 已知面、工作点、已知线
线与线的交点	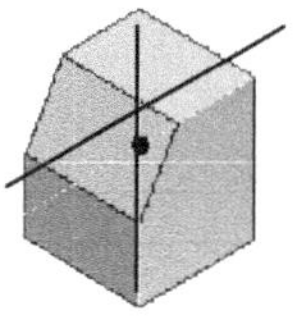
三面交点（原始坐标系下的三个面）	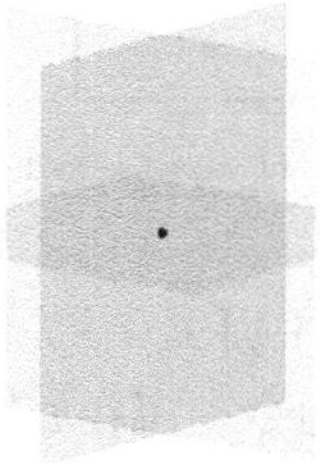

五、综合演示

已知组合体的三视图如图 2-10 所示，为该组合体建模，尺寸自拟。建模过程视频通过扫描视频 2-1 的二维码观看。

操作步骤：

1）启动 Inventor 2019，进入“我的主页”，单击“新建”对话框内的“新建零件”按钮，进入零件工作环境。

2）单击“创建二维草图”按钮，选择基准平面“YZ Plane”，进入草图绘制环境。

3）利用“绘图”工具面板上的“两点矩形”命令，绘制一矩形，利用“通用尺寸”命令，将其长约束为 22，宽约束为 15。如图 2-11 所示。

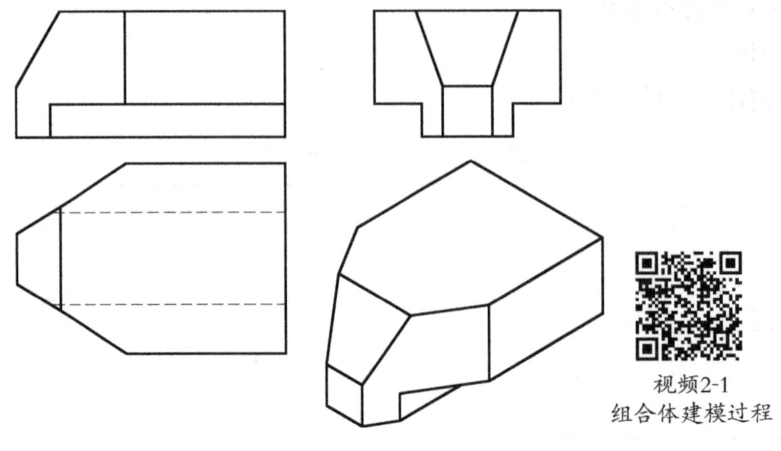

图 2-10　平面立体

4）单击“草图”工具栏右侧的“完成草图”按钮 退出草图环境。单击“创建”选项卡中的“拉伸”命令，输入拉伸“距离”10，自动生成实体的预览，单击“拉伸”对话框的“确认”按钮，完成矩形拉伸。其效果如图 2-12 所示。

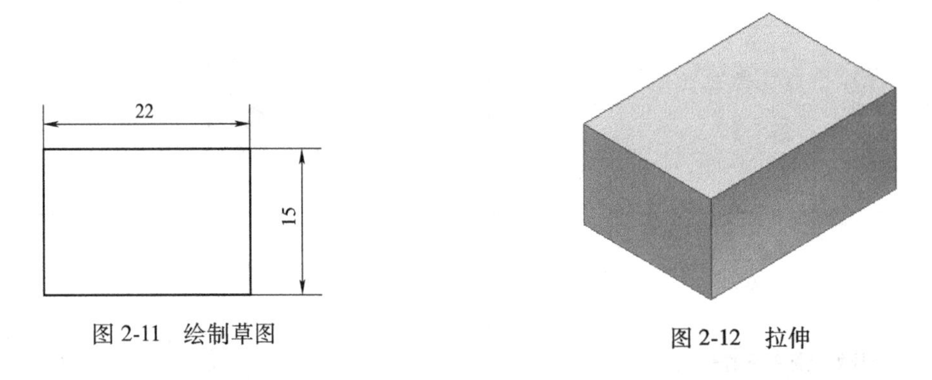

图 2-11　绘制草图

图 2-12　拉伸

5）旋转工作平面 1。首先单击特征的底面作为基面，然后单击“定位特征”选项卡中的“工作平面”命令，再在如图 2-13 所示的旋转轴处单击。此时，在弹出的“角度”对话框中输入旋转角度值“−60”，观察预览方向，如果和要求的不一样，则输入“60”。预览无误后将其选中即可，如图 2-13 所示。

6）创建工作平面 2。首先，选择工作平面 1 作为基面，然后选择“定位特征”选项卡中的“工作平面”命令，用鼠标左键一直拖住工作平面 1。此时，在弹出的“偏移”对话框中输入偏移值“2”，观察预览方向，如果和要求的不一样，则输入“−2”。预览无误后将其选中即可，如图 2-14 所示。

7）拉伸切除。以工作平面 2 为草图面，创建草图。然后使用“绘图”选项卡中的“投影几何图元”命令，把图 2-14 中所示顶面和左前侧面都投影到草图面上。右键单击，在弹出的快捷菜单中选择“完成草图”命令。

选择“创建”选项卡中的“拉伸”命令。选择顶面和左前侧面的投影面，然后选择“拉伸去除”选项，调整方向，距离选择“贯通”，单击“拉伸”对话框中的“确定”按钮完成拉伸。

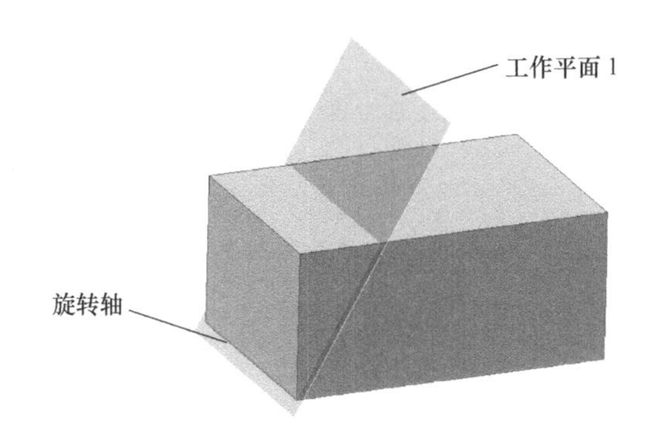

图 2-13 创建工作平面 1

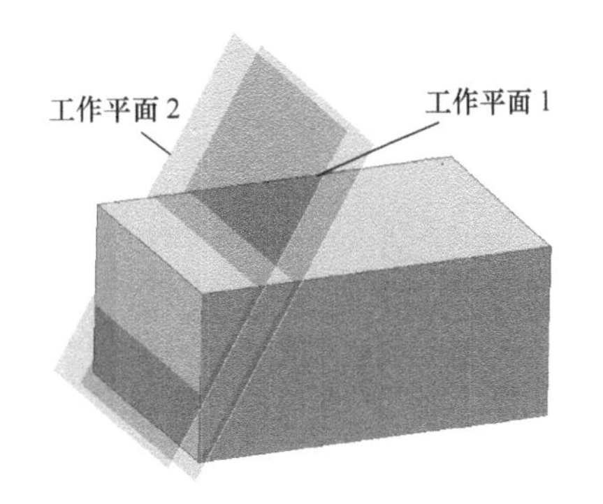

图 2-14 创建工作平面 2

在“浏览器”窗口，找到“工作平面 2”，右键单击，在弹出的快捷菜单中取消“可见”选项的选中状态，将工作平面 2 调整为不可见，如图 2-15 所示。

8）拉伸切除。以顶面作为草图面，创建草图。然后使用“绘图”选项卡中的“投影几何图元”命令把底面投影到草图面上。使用“绘图”选项卡中的“多边形”命令绘制一个多边形，尺寸大小如图 2-16 所示，所绘制多边形一定要将特征的左前面都包含在内。右键单击，在弹出的快捷菜单中选择“完成草图”命令。选择“创建”选项卡中的“拉伸”命令，选择刚才绘制的四边形，然后选择“拉伸去除”选项，调整方向，距离选择“贯通”，单击“拉伸”对话框中的“确定”按钮完成拉伸。如图 2-17 所示。

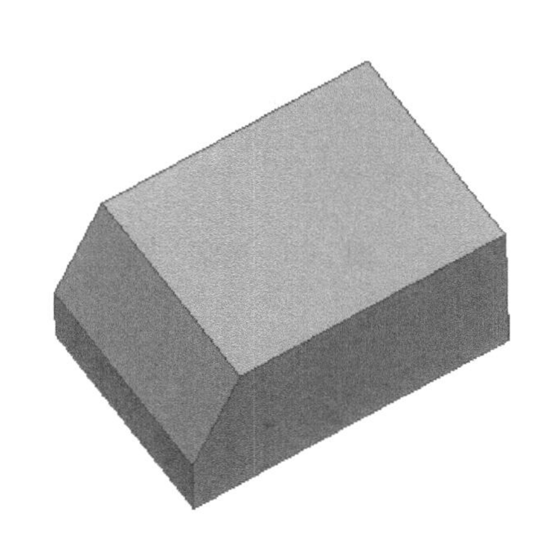

图 2-15 拉伸切除

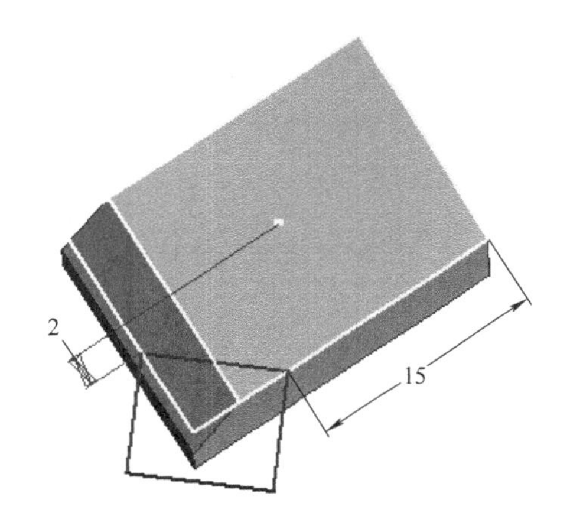

图 2-16 拉伸切除草图（多边形）

9）设置工作平面 3。在“浏览器”窗口，单击“原始坐标系”下的“XZ 平面”按钮，这时平面会处于预览可见状态，如图 2-18 所示。

选择“定位特征”选项卡中的“工作平面”命令，捕捉图 2-19 中所示的立体边缘的中点，建立一个该特征的前后对称的工作平面 3，如图 2-19 所示。

10）镜像。选择“阵列”选项卡中的“镜像”命令，在弹出的“镜像”对话框中，选择第 8）步中的拉伸切除特征为镜像特征，单击工作平面 3 为镜像平面，单击“确定”按钮，完成镜像。如图 2-20 所示。

图 2-17　拉伸切除

图 2-18　*XZ* 平面

11）拉伸切除。以背面作为草图面建立草图，绘制四边形草图，如图 2-21 所示。然后右键单击，在弹出的快捷菜单中选择“完成草图”命令。选择“创建”选项卡中的“拉伸”命令。选择刚才绘制的两个四边形草图，然后选择“拉伸去除”选项，调整方向，距离选择“贯通”，单击“拉伸”对话框中的“确定”按钮完成拉伸，如图 2-22 所示。

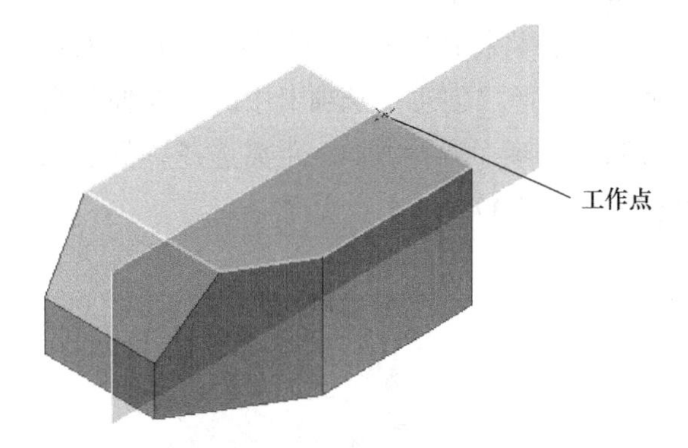

图 2-19　工作平面 3

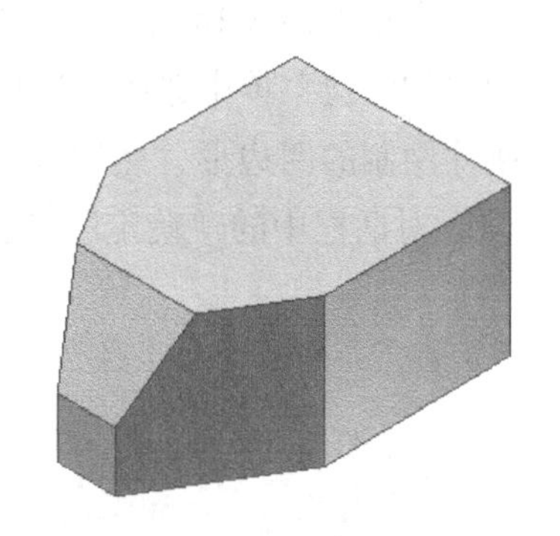

图 2-20　镜像

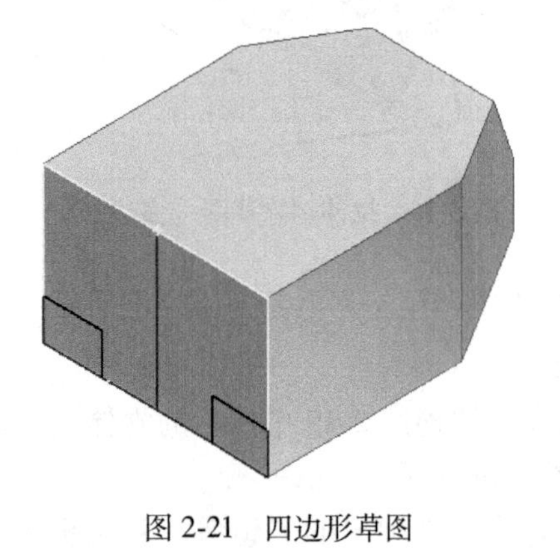

图 2-21　四边形草图

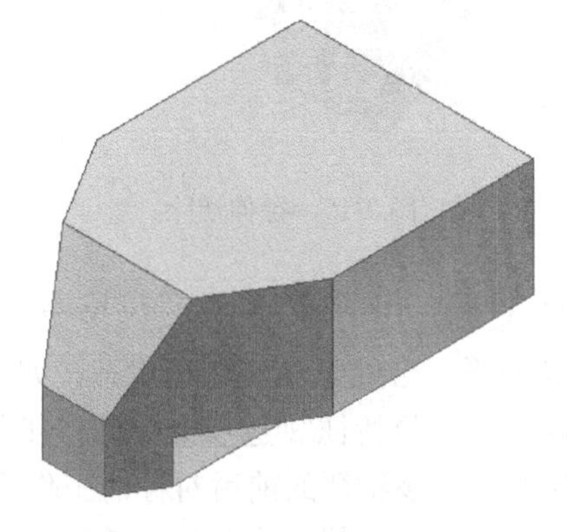

图 2-22　拉伸切除

12）单击以保存文件，完成该平面立体的创建。

课 后 练 习

使用 Inventor 2019，绘制如图 2-23 和图 2-24 所示的平面立体图形，尺寸自拟。

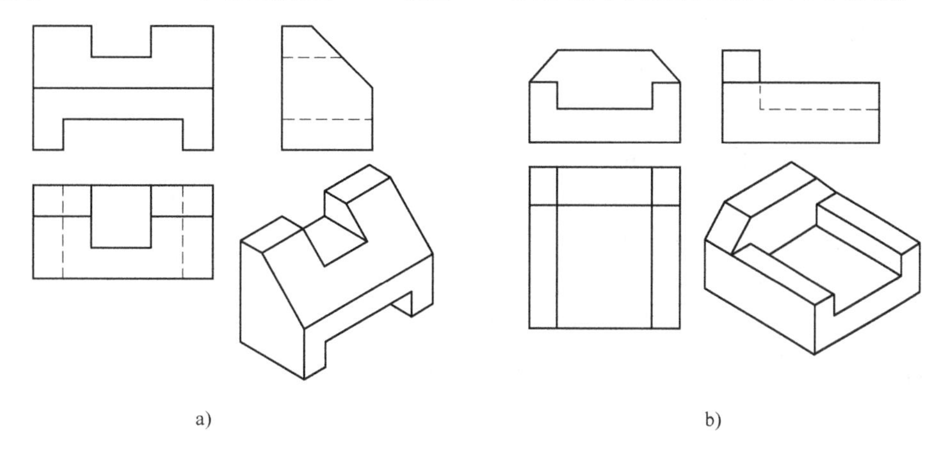

a)　　　　b)

图 2-23 平面立体图形

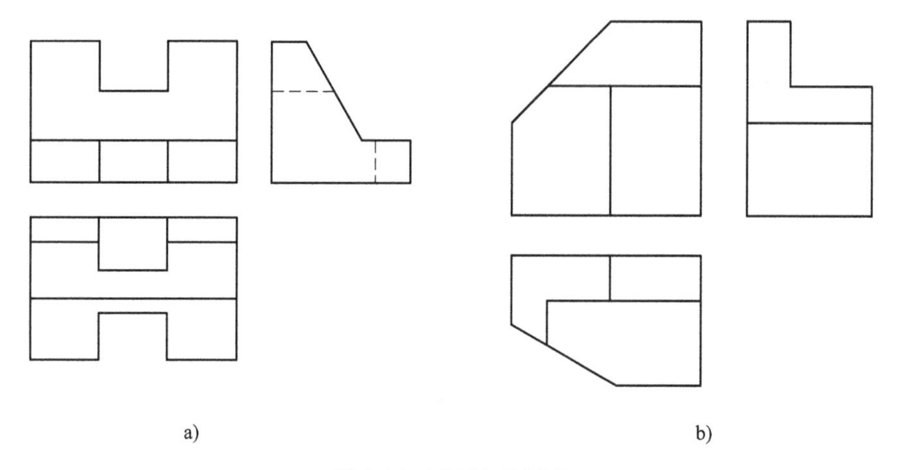

a)　　　　b)

图 2-24 平面立体图形

第二节 创建曲面立体图形

一、旋转

作用：将二维草图绕指定的轴线旋转成实体。

启动命令：打开“三维模型”选项卡▷“创建”面板▷“旋转”按钮，弹出“旋转”对话框，如图 2-25 所示。

旋转有“全部”（整周）和“角度”等终止方式，如图 2-25 所示。其操作方式和拉伸特征一样有求并、求差和求交三种。旋转特征如图 2-26 所示。

图 2-25 “旋转”对话框

二、抽壳

作用：从实体的内部去除材料，生成带有指定壁厚的空心或开口壳体。

启动命令：打开“三维模型”选项卡▷“修改”面板▷“抽壳”按钮，弹出“抽壳”对话框，如图 2-27 所示。

壳体的开口面可以是一个，也可以是多个。如图 2-28 所示。

厚度是指形成腔体的壁厚，壳体的厚度可以等壁厚，也可以是不等壁厚，如图 2-29 所示。

方向是指抽壳的厚度方向：“向内”是指厚度方向作用在面的内部，“向外”是指厚度方向作用在面的外部，“双向”是指每个方向作用一半。

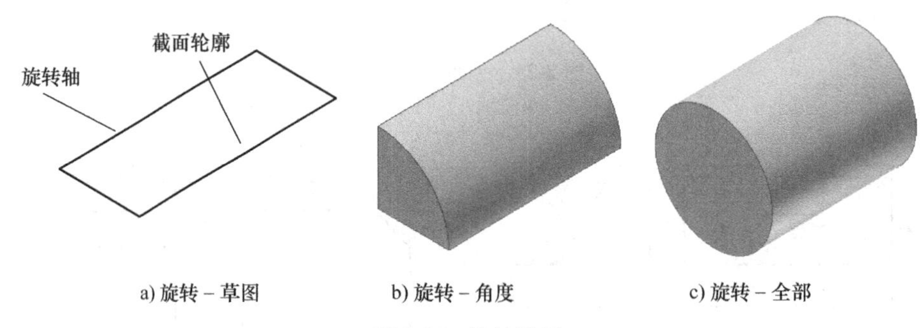

a) 旋转 – 草图　　b) 旋转 – 角度　　c) 旋转 – 全部

图 2-26 旋转特征

图 2-27 “抽壳”对话框

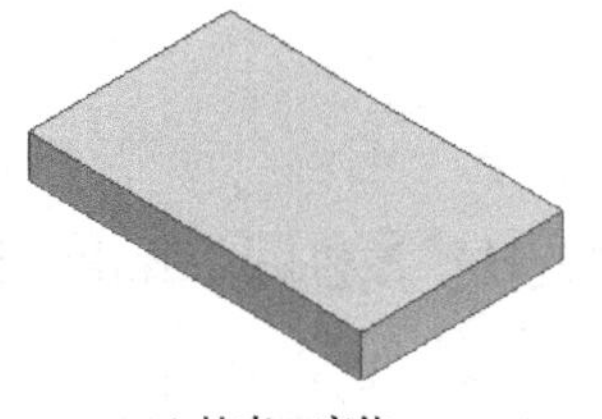

a) 抽壳 – 实体

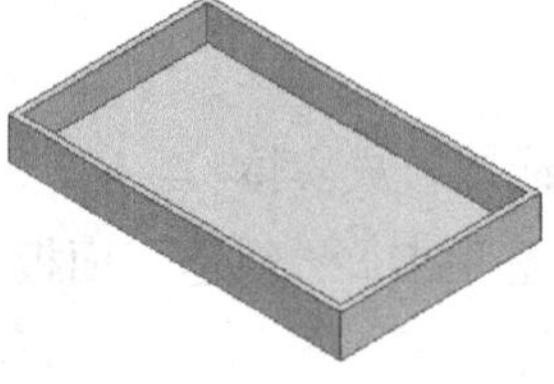

b) 抽壳 – 一个开口面，等壁厚

c) 抽壳 – 两个开口面

图 2-28 抽壳特征-开口面

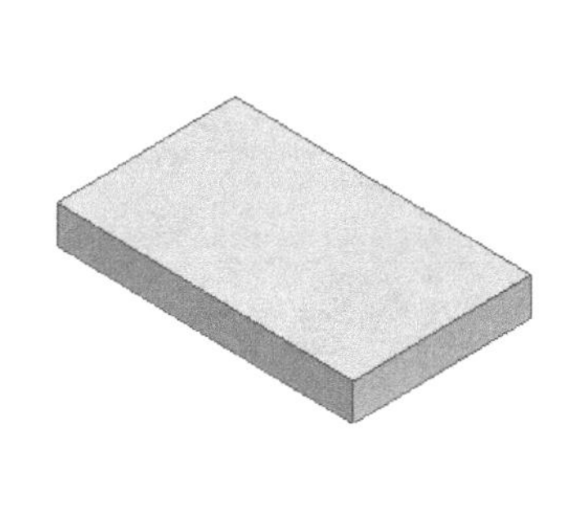

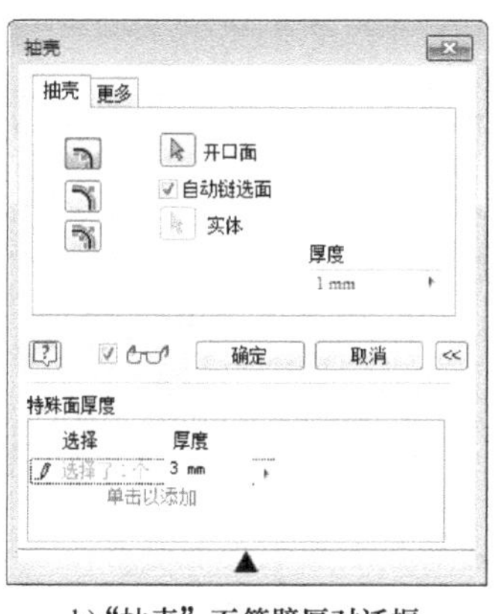

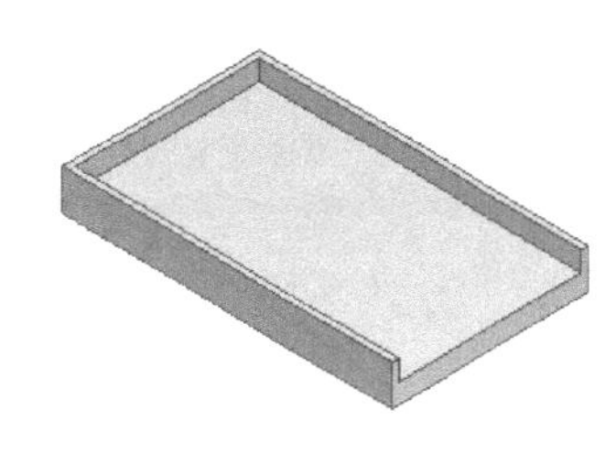

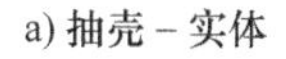

a) 抽壳－实体　　b)“抽壳”不等壁厚对话框　　c) 抽壳－不等壁厚

图 2-29　抽壳特征-不等壁厚

三、放样

作用：在两个或多个封闭截面之间进行转换过渡，产生光滑复杂形状实体。

启动命令：打开“三维模型”选项卡▷“创建”面板▷“放样”按钮，弹出“放样”对话框，如图 2-30 所示。

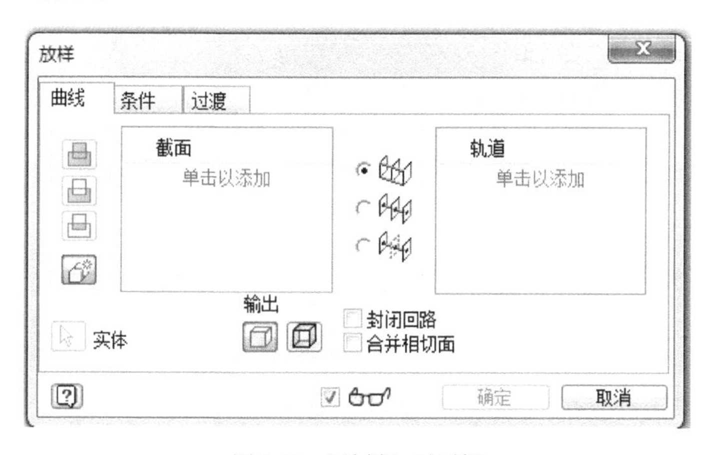

图 2-30　“放样”对话框

单击“截面”，然后按照光滑过渡的顺序单击要放样的截面轮廓。单击“轨道”，然后单击要添加的用于控制形状的二维或三维曲线。当指定轨道曲线时，不能使用“轨道”选项。当然，在执行“放样”命令时，也可以不添加轨道曲线。放样效果如图 2-31 所示。

四、扫掠

作用：将截面轮廓草图沿一条路径移动，其草图移动的轨迹构成一个实体特征。

启动命令：打开“三维模型”选项卡▷“创建”面板▷“扫掠”按钮，弹出“扫掠”对话框，如图 2-32 所示。

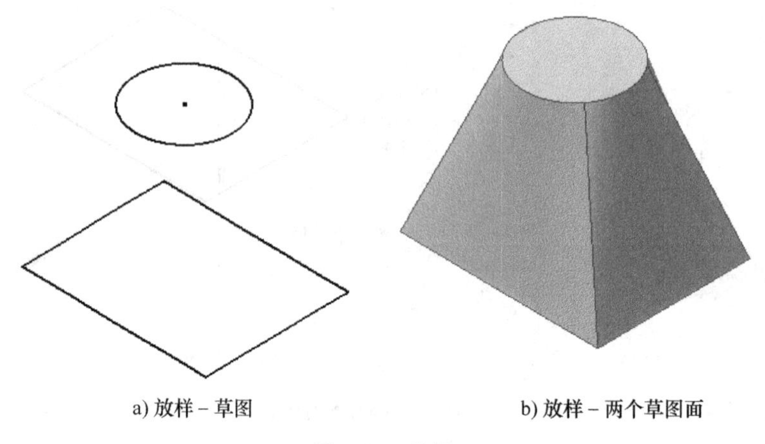

a) 放样－草图　　b) 放样－两个草图面

图 2-31　放样

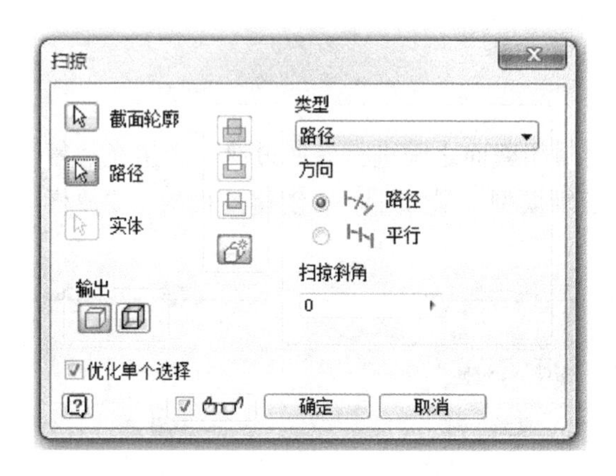

图 2-32　“扫掠”对话框

路径可以是开放回路，也可以是闭合回路，但必须穿透截面轮廓平面。扫掠特征的效果如图 2-33 所示。

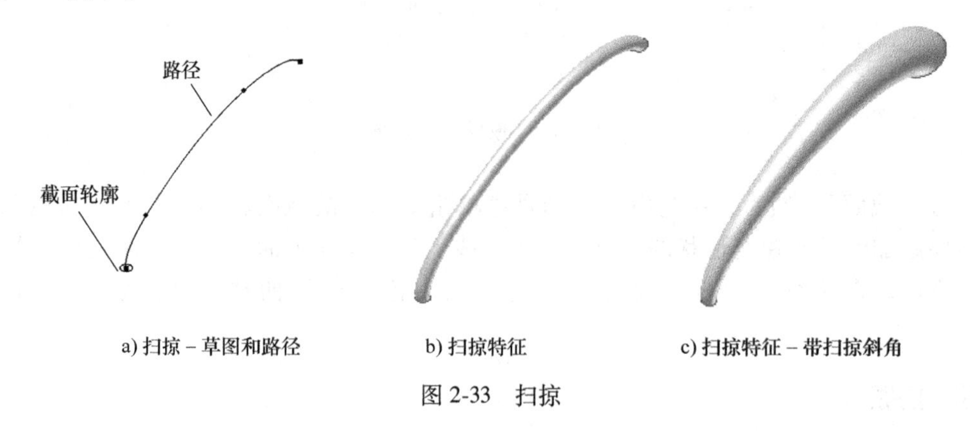

a) 扫掠－草图和路径　　b) 扫掠特征　　c) 扫掠特征－带扫掠斜角

图 2-33　扫掠

五、螺旋扫掠

作用：将截面轮廓沿一条螺旋路径移动，轮廓草图移动的轨迹构成一个螺旋特征。螺旋扫掠路径经常用来构造弹簧和丝杠类零件。

启动命令：打开“三维模型”选项卡▷“创建”面板▷“螺旋扫掠”按钮，弹出“螺旋扫掠”对话框，如图 2-34 所示。

a) “螺旋形状”选项卡

b) “螺旋规格”选项卡

c) “螺旋端部”选项卡

图 2-34　“螺旋扫掠”对话框

螺旋扫掠效果如图 2-35 所示。

六、螺纹

作用：在圆柱的外表面或圆柱孔上创建螺纹效果图像。

启动命令：打开“三维模型”选项卡▷“修改”面板▷“螺纹”按钮，弹出“螺纹”对话框，如图 2-36 所示。

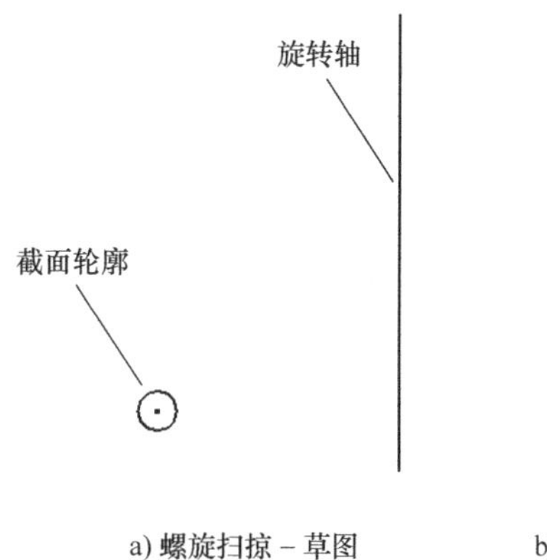

a) 螺旋扫掠－草图

b) 螺旋扫掠效果图

图 2-35　螺旋扫掠

图 2-36　“螺纹”对话框

在零件环境下用“螺纹”工具命令生成的螺纹特征转至二维工程视图中时，螺纹图形将按照螺纹规定画法显示，标注尺寸时系统自动识别螺纹特征。螺纹效果如图 2-37 所示。

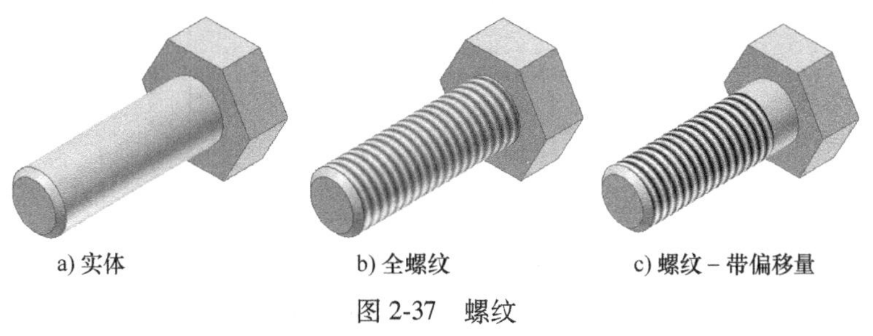

a) 实体　　b) 全螺纹　　c) 螺纹－带偏移量

图 2-37　螺纹

七、圆角

作用：用于在实体的转折处生成圆角。

启动命令：打开“三维模型”选项卡▷“修改”面板▷“圆角”按钮，弹出“圆角”对话框，如图 2-38 所示。

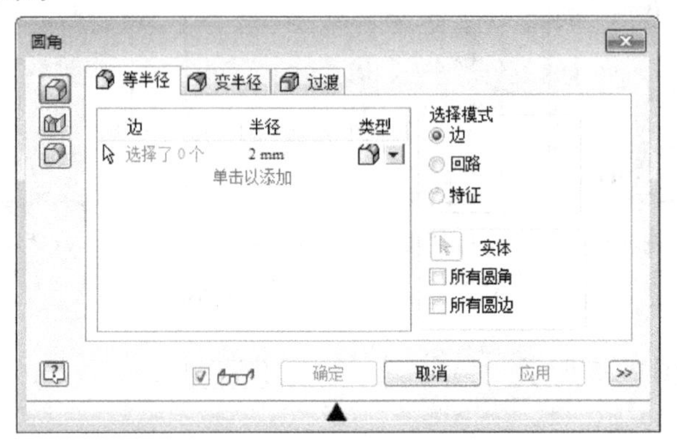

图 2-38 “圆角”对话框

1. 创建等半径边圆角

分别选取要倒圆角的边，并且指定倒圆角半径，过程如图 2-39 所示。

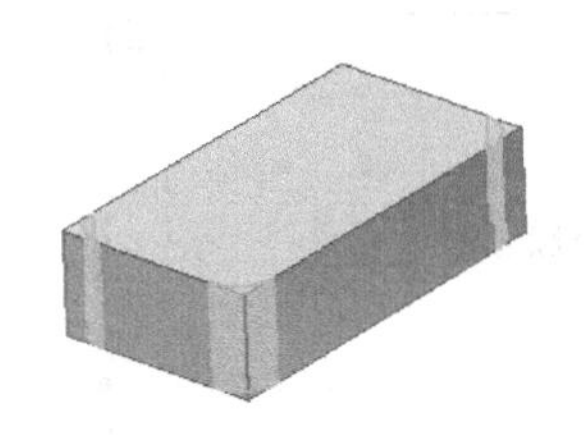

a) 选取要倒圆角的边

b) “等半径”选项卡

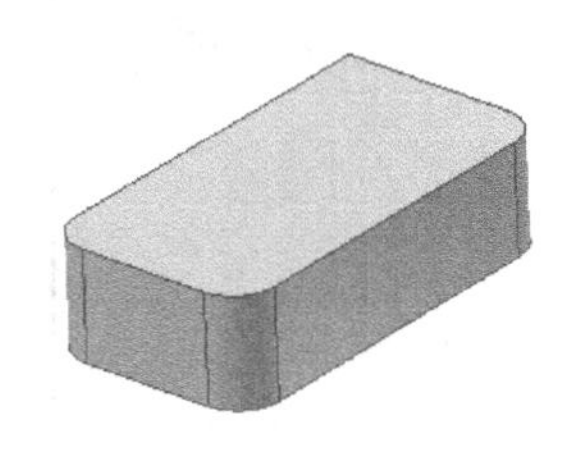

c) 生成边圆角

图 2-39 生成等半径边圆角

2. 创建变半径边圆角

分别选取要倒圆角的边，并且指定圆角开始半径和结束半径，过程如图 2-40 所示。

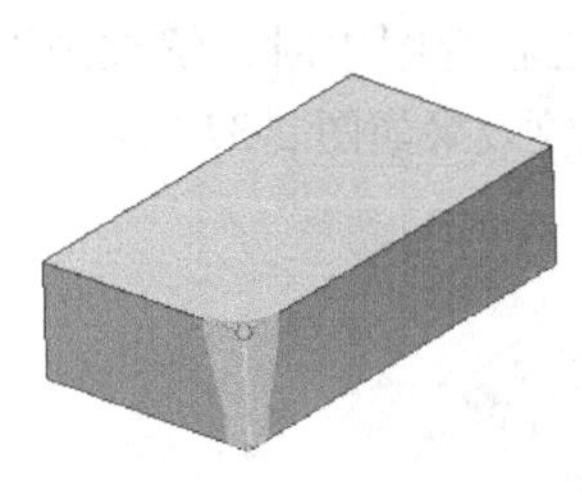

a) 选取要倒圆角的边

b) “变半径”选项卡

c) 生成边圆角

图 2-40 生成变半径边圆角

3. 创建面圆角

作用：在不需要共享边的两个所选面集之间创建圆角。在两个不相关的面（面 1 和面 2）上创建圆角。创建面圆角过程如图 2-41 所示。

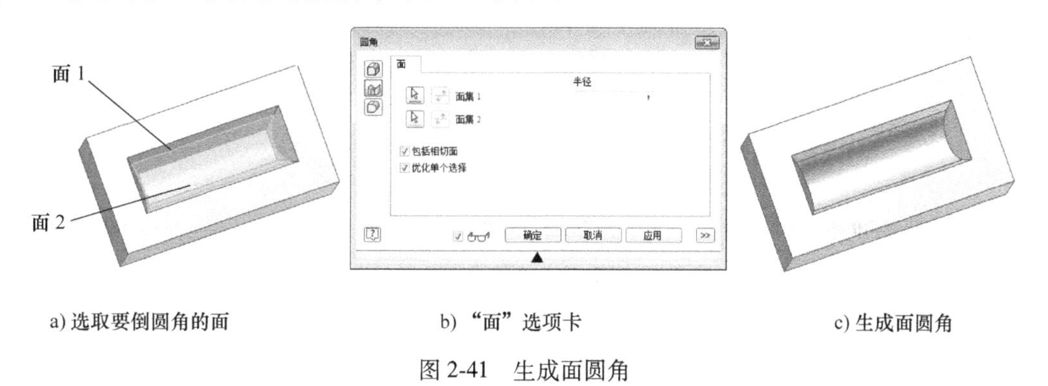

a) 选取要倒圆角的面　　b) “面”选项卡　　c) 生成面圆角

图 2-41　生成面圆角

4. 创建全圆角

作用：在三个相邻的面集之间创建圆角。创建全圆角过程如图 2-42 所示。

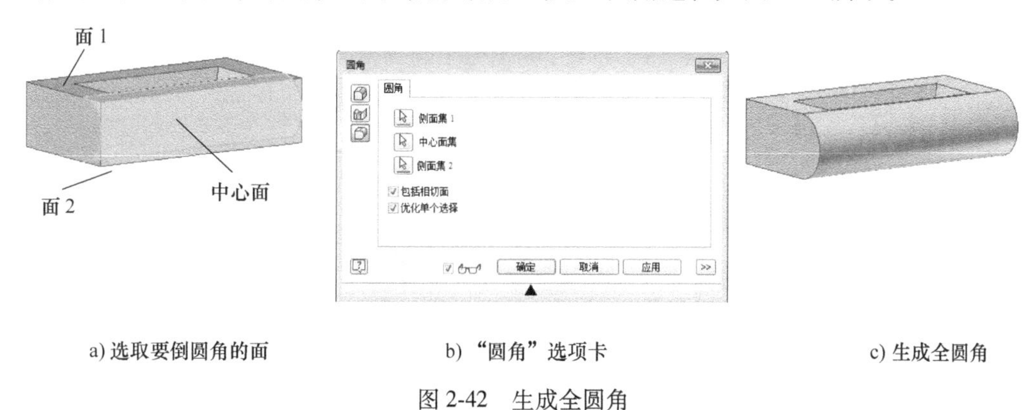

a) 选取要倒圆角的面　　b) “圆角”选项卡　　c) 生成全圆角

图 2-42　生成全圆角

八、倒角

作用：在所选择的实体边上生成倒角。

启动命令：打开“三维模型”选项卡 ▷“修改”面板▷“倒角”按钮，弹出“倒角”对话框，如图 2-43 所示。倒角方式有“距离”、“距离和角度”、“两个距离”。

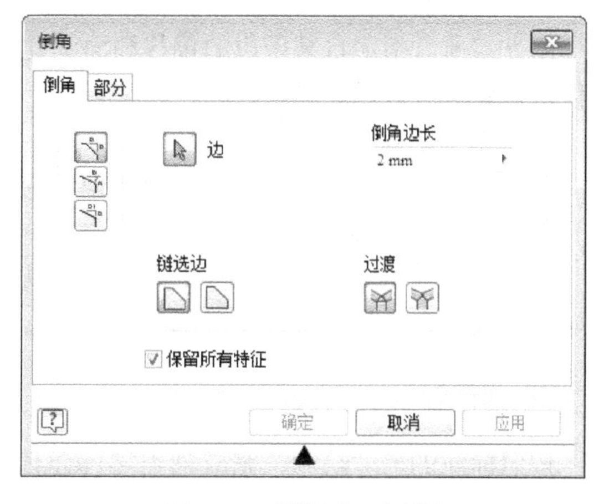

图 2-43　“倒角”对话框

1. “距离”方式

该方式通过指定与两个面的交线偏移同样的距离来定义倒角。如图 2-44 所示。打开“倒角”对话框，选择“距离”方式，输入倒角距离，选择倒角边即可。

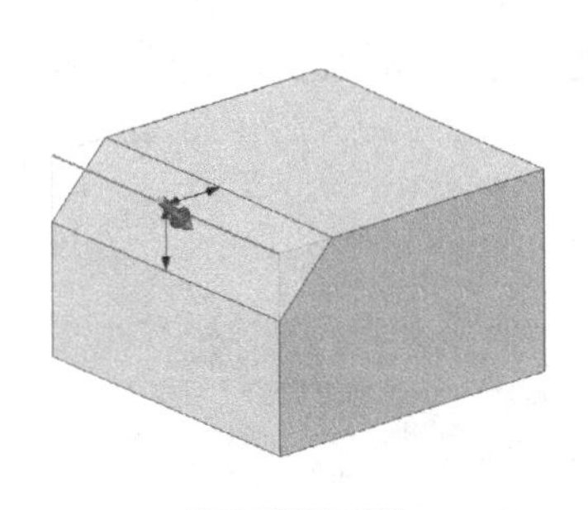

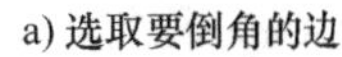

a) 选取要倒角的边　　b) “倒角”选项卡　　c) 生成倒角

图 2-44　单条边倒角

“倒角”命令支持选择单条边、多条边或相连的边界链以创建倒角。选择多条边时，可以指定拐角有无过渡。当选择错误时，可以按住<Shift>或<Ctrl>键重新选择边，取消该边的倒角。多条边倒角如图 2-45 所示。输入倒角距离后，选择长方体上方三条边，当选择“过渡” 方式时，在展平交点处有连接，如图 2-45b 所示；若选择“无过渡” 方式，如图 2-45c 所示，在倒角边相交处形成角点，就像对三条边进行铣削。

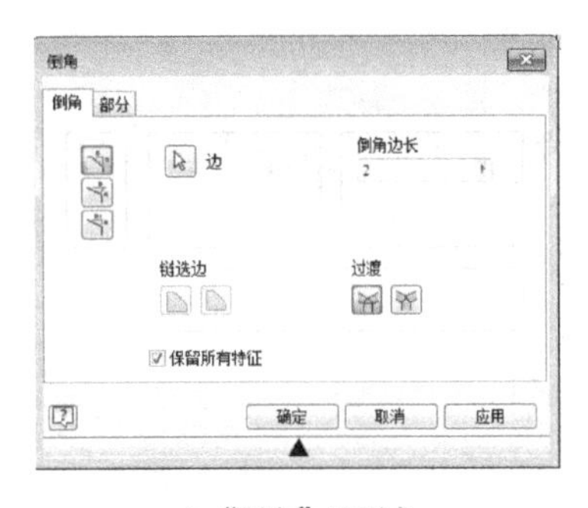

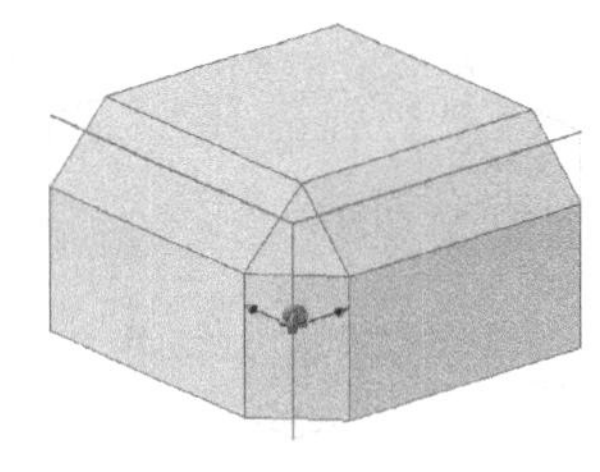

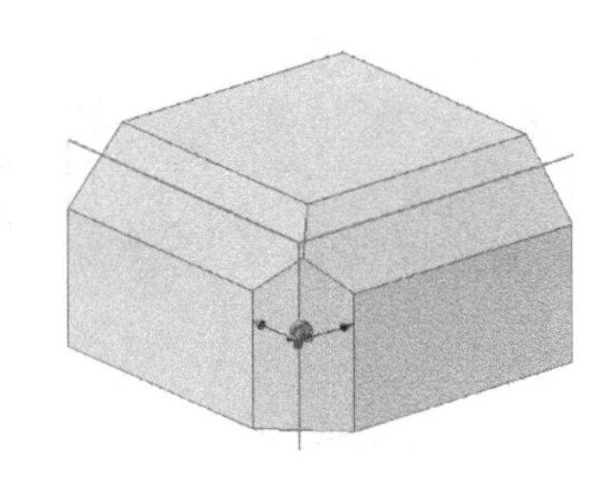

a) “倒角”选项卡　　b) “过渡”方式　　c) “无过渡”方式

图 2-45　多条边倒角

2. “距离和角度”方式

该方式通过指定自某条边的偏移和面到此偏移边的角度来定义倒角。可以一次为选定面的任何边或所有边创建倒角。

3. “不等距离”方式

在单条边上以到每个面的指定距离创建倒角。

4. 创建局部倒角

如图 2-46 所示，在定义现有的倒角边的基础上，可通过“部分”选项卡定义倒角边的起始和结束顶点的位置来创建局部倒角。

九、综合演示

按照标注的尺寸绘制，完成轴类零件建模，如图 2-47 所示。建模过程视频通过扫描视频 2-2 的二维码观看。

操作步骤：

a）“部分”选项卡

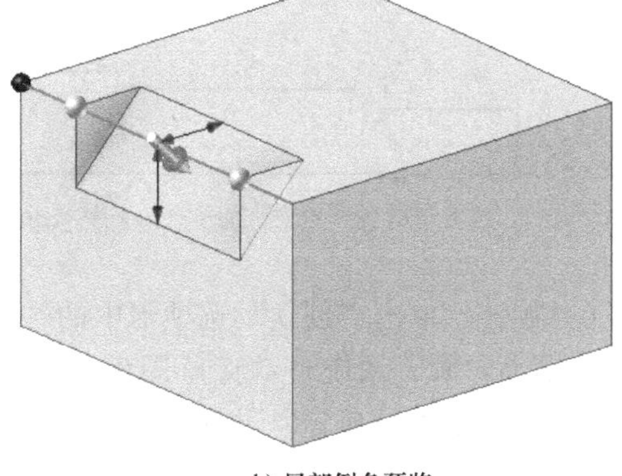

b) 局部倒角预览

图 2-46 创建局部倒角

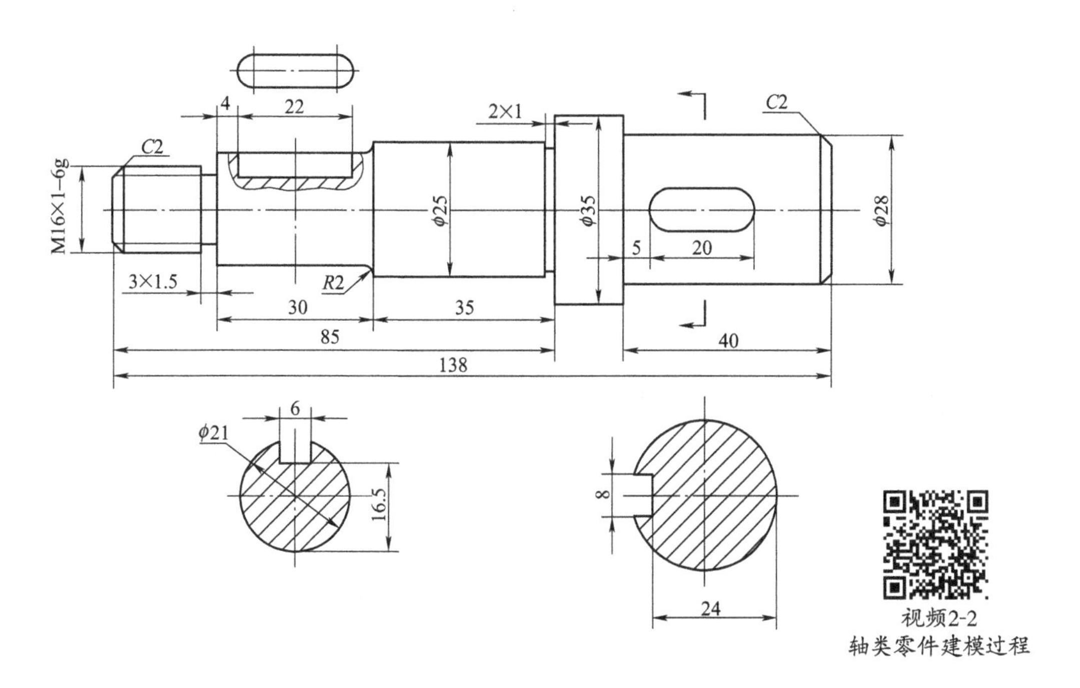

图 2-47 轴类零件

1）启动 Inventor 2019，选择“新建”$\triangleright$“Metric”$\triangleright$“Standard（mm）. ipt”，单击“创建”按钮进入三维模型绘制环境。

2）单击“开始创建草图”命令，在绘图区域选择“XY Plane”，进入草图绘制。

3）绘制中心线。单击“中心线”和“直线”命令，绘制一条中心线，如图 2-48 所示。

图 2-48 绘制中心线

4）绘制外形线。在水平中心线上方，按照图 2-47 所示的尺寸，运用“绘图”选项卡中的“直线”命令勾画出轴的半外边图形，如图 2-49 所示。

5）结束草图的绘制。右键单击，在快捷菜单中选择“完成二维草图”。

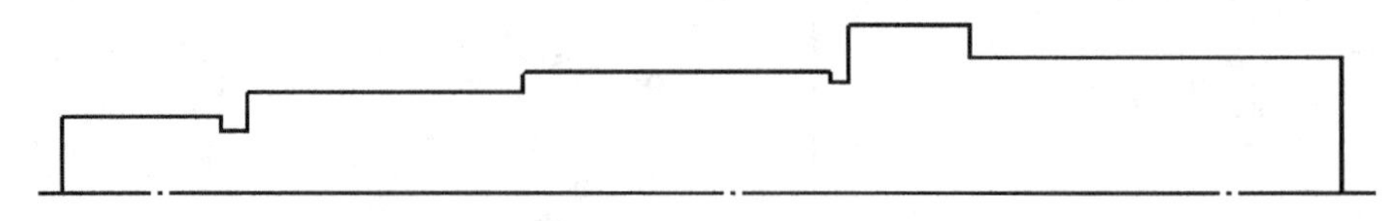

图 2-49　绘制草图 1

6）旋转。单击“创建”选项卡中的“旋转”按钮，由于零件是基础草图，则不用再选择截面轮廓，系统自动将草图生成绕中心线旋转的实体预览，如图 2-50 所示。单击“旋转”对话框的“确定”按钮，完成轴零件的造型。

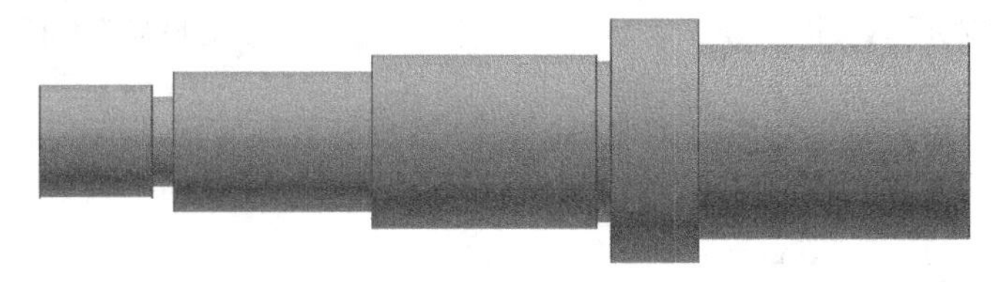

图 2-50　旋转

7）倒角。使用“修改”选项卡中的“倒角”命令，选择“等距倒角”，拾取倒角的边，倒角距离设置为“2”，单击“倒角”对话框的“确定”按钮完成倒角。如图 2-51 所示。

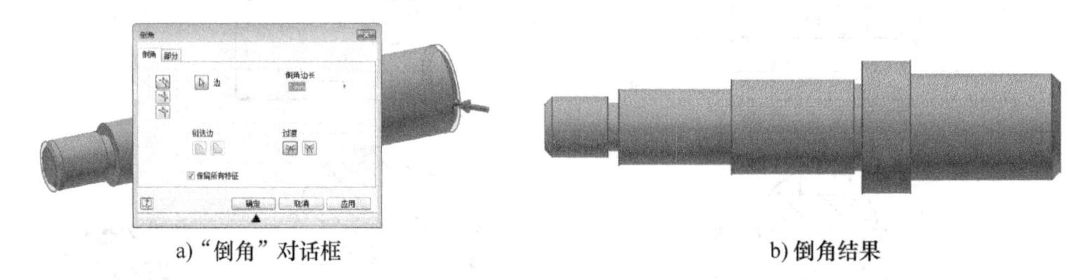

a)“倒角”对话框　　b) 倒角结果

图 2-51　倒角

8）创建工作平面 1。首先，设置工作平面，将“浏览器”窗口中的原始坐标系下的 *XZ* 平面设为可见，然后单击“定位特征”面板中的“平面”按钮，接下来单击 *XZ* 平面，再单击相应的轴段，这样即创建了与相应轴段相切的工作平面 1。如图 2-52 所示。

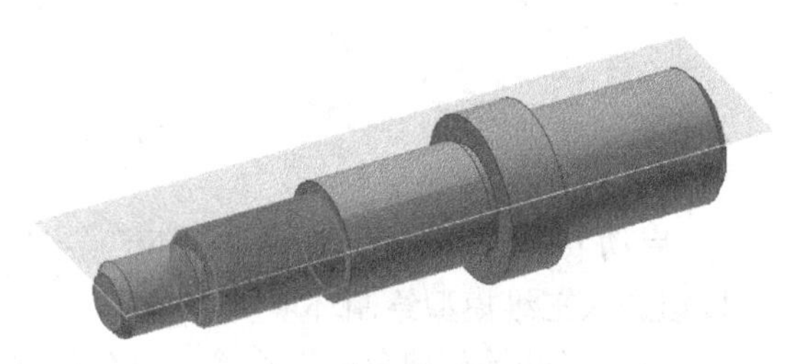

图 2-52　创建工作平面 1

9）绘制键槽草图面。选择工作平面 1，单击“开始创建二维草图”命令创建键槽的草图。单击“创建”面板处的“槽”按钮（默认在“矩形”下拉箭头处打开），绘制键槽的外形，使用尺寸约束其大小，如图 2-53 所示。右键单击，在弹出的快捷菜单中选择“完成草图”。

10）拉伸切除键槽。使用“创建”面板中的“拉伸”命令，选择“求差”方式，生成

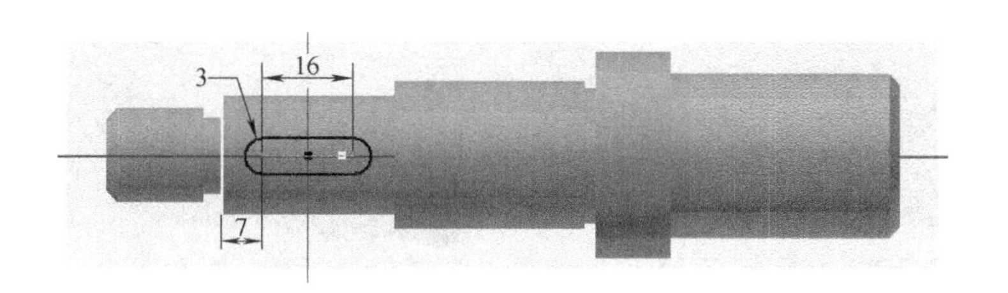

图 2-53 绘制草图 2

键槽，深度为“4.5”，如图 2-54 所示。

11）创建工作平面 2。将“浏览器”窗口中的原始坐标系下的 *XY* 平面设为可见，然后单击“定位特征”面板中的“平面”按钮，单击 *XY* 平面，再单击相应的轴段，这样即创建了与相应轴段相切的工作平面 2。如图 2-55 所示。

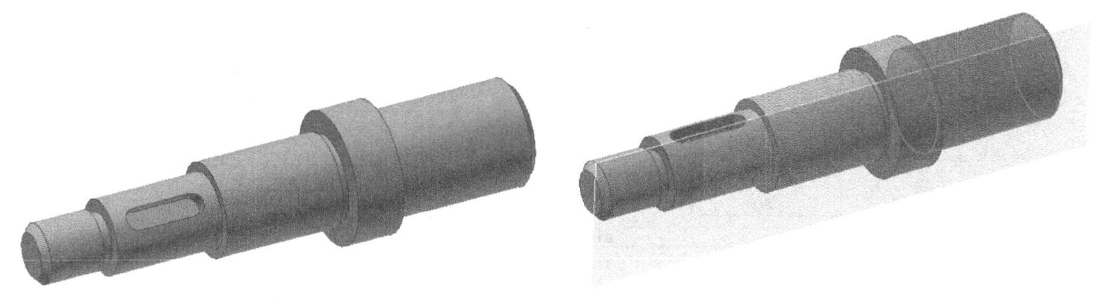

图 2-54 拉伸切除 1

图 2-55 创建工作平面 2

12）重复第 9）步和第 10）步的过程，绘制轴右侧键槽草图，如图 2-56 所示。拉伸切除深度为 4 的键槽，如图 2-57 所示。

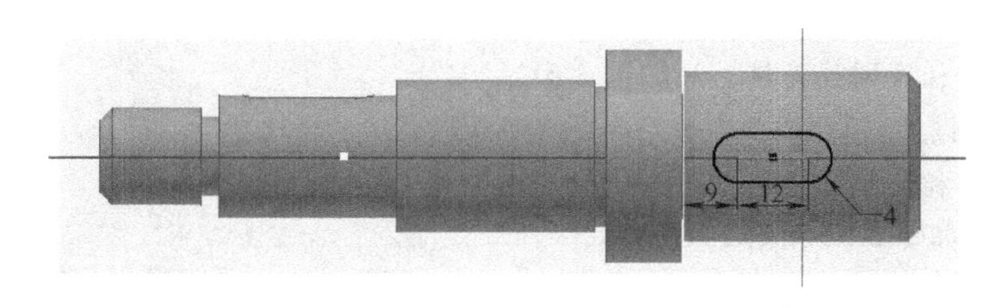

图 2-56 绘制草图 3

13）圆角。单击“修改”面板中的“圆角”命令，设置圆角半径为“2”，选取要圆角的边，单击“确定”按钮，创建的圆角如图 2-58 所示。

14）生成螺纹。使用“修改”面板中的“螺纹”命令，单击直径为 16 的圆柱面，生成 M16 的全螺纹，如图 2-59 所示。

15）单击以保存文件，完成该轴零件的创建。

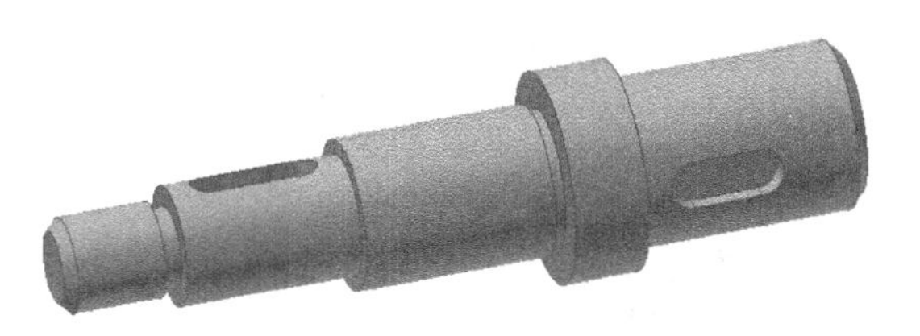

图 2-57 拉伸切除 2

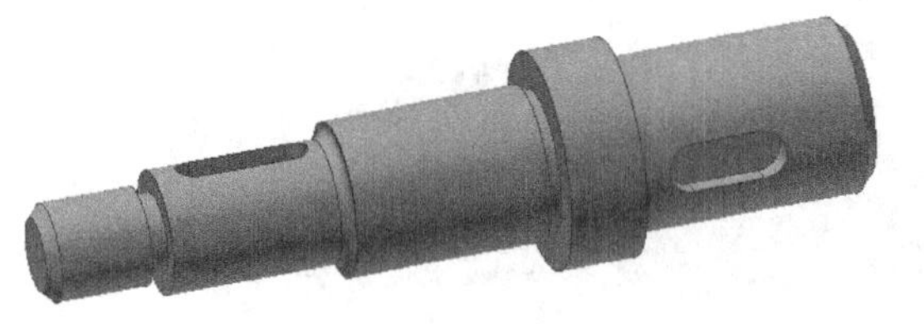

图 2-58　生成圆角

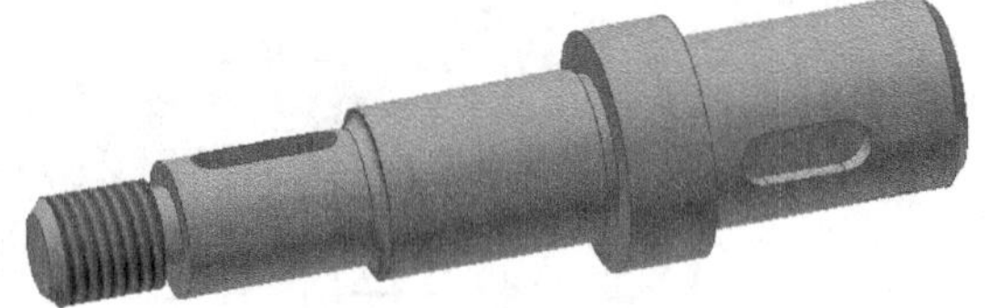

图 2-59　生成螺纹

课 后 练 习

1. 使用 Inventor 2019 完成如图 2-60 所示的轴类零件建模，按照 1 : 1 的比例绘制。

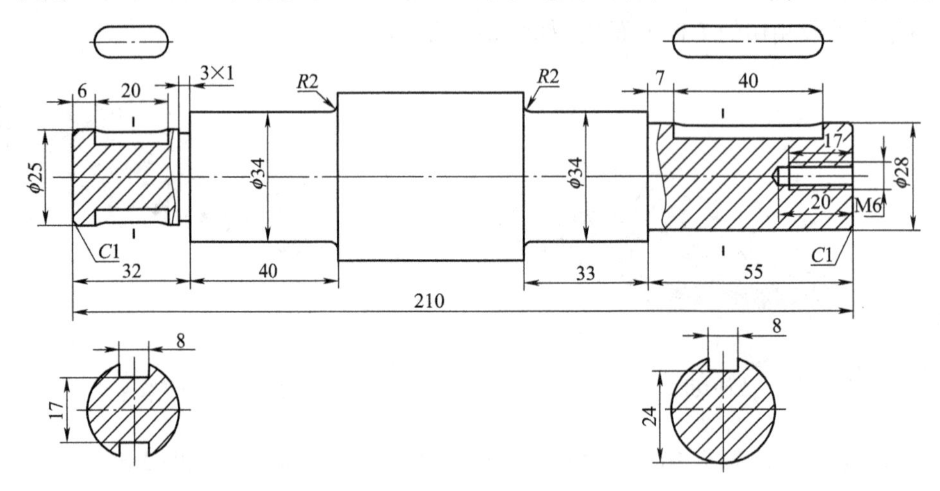

图 2-60　轴类零件

2. 运用抽壳和阵列等工具，对如图 2-61 所示的壳体进行设计。

3. 运用放样和拉伸等工具，进行下列三维模型的绘制，如图 2-62 和图 2-63 所示。

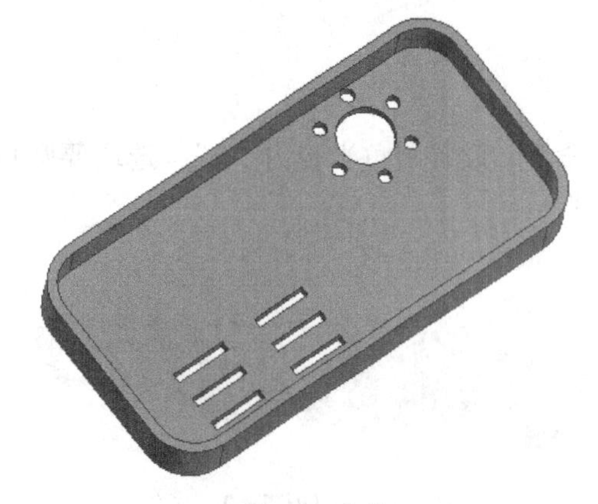

图 2-61　壳体

图 2-62　星形火炬（顶部）

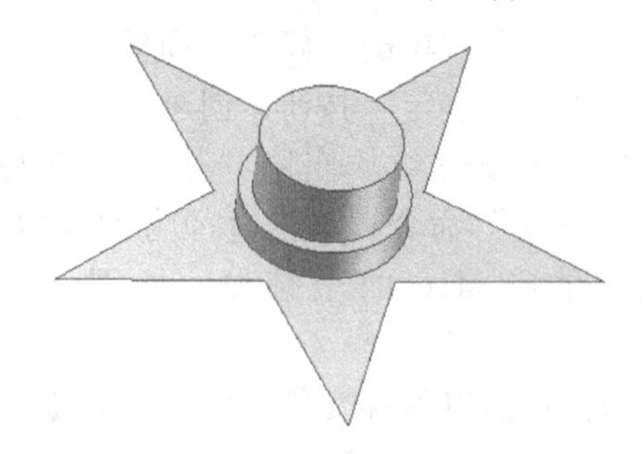

图 2-63　星形火炬（底部）

第三节 创建组合体

一、加强肋

作用：创建加强肋（封闭的薄壁支撑形状，软件中称之为："加强筋"）和腹板（开放的薄壁支撑形状）。

启动命令：打开"三维模型"选项卡▷"创建"面板▷"加强筋"按钮，弹出如图 2-64 所示"加强筋"对话框。

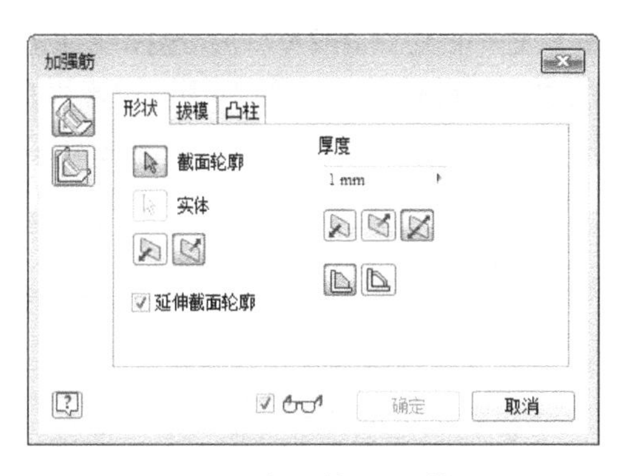

图 2-64 "加强筋"对话框

加强肋有两种形式，第一种形式"垂直于草图平面"。创建的加强肋是指使用开放的或封闭的截面轮廓来创建与草图平面垂直的支撑形状，也称腹板。如图 2-65 所示，使用该种方式指定的加强肋厚度平行于草图平面，并在草图的垂直方向上拉伸材料。第二种形式"平行于草图平面"。创建的加强肋是指使用开放的截面轮廓来创建单一支撑形状。如图 2-66 所示，使用该种方式指定的加强肋厚度垂直于草图平面，并在草图的平行方向上拉伸材料。

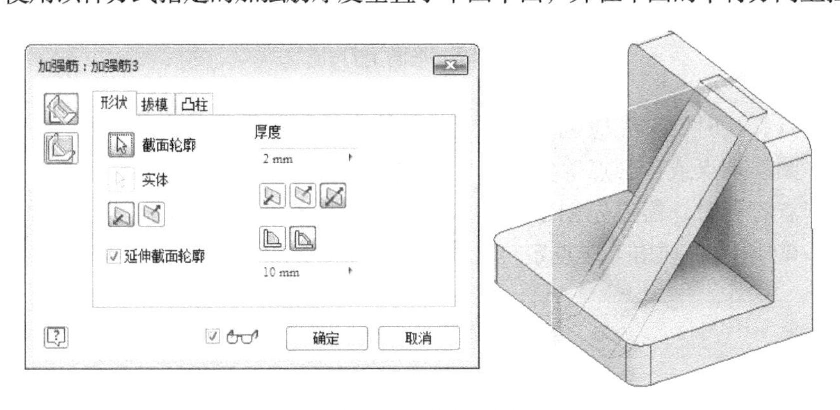

图 2-65 创建腹板

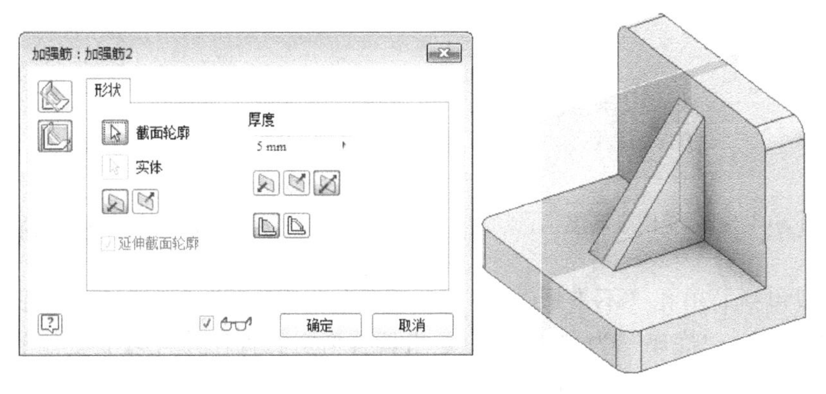

图 2-66 创建加强肋厚度垂直于草图平面

二、孔

作用：可以创建光孔、螺纹孔等特征。

启动命令：打开“三维模型”选项卡▷“修改”面板▷“孔”按钮，弹出“孔”对话框，如图 2-70 所示。

孔放置的位置可以是平面、草图点（端点或中心点）或工作点。在平面上打孔时，可通过选择实体的边来定位线性孔或中心孔。如图 2-67 所示，当定位线性孔时，在选择完孔的放置平面后（图 2-67a），选择线性边，便会弹出“孔的定位”对话框，用户可输入定位尺寸完成孔的定位（图 2-67b）；若用户选择的实体边是圆弧时，孔便自动定义为中心孔；用户也可连续选择多个孔的放置位置实现多个孔同时创建（图 2-67c）。

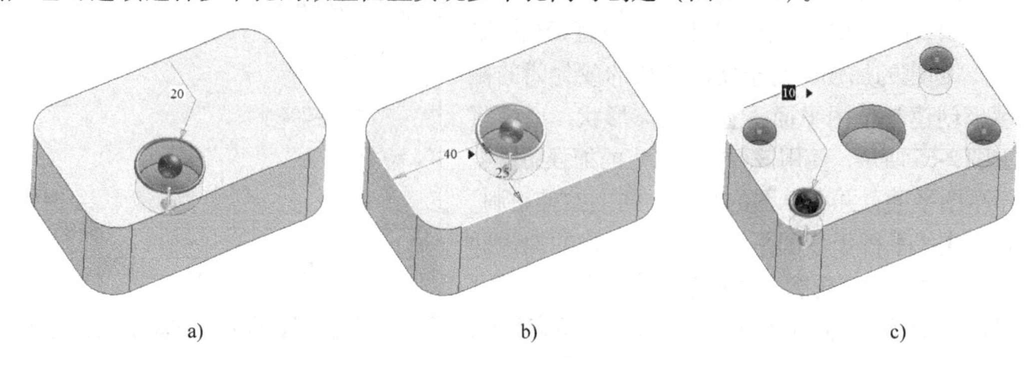

图 2-67 平面上打孔

利用草图点打孔时，首先应创建点或适合孔位置的草图，如图 2-68 所示。然后选择相应的草图点、图线端点或中心点等实现孔的定位。

利用工作点打孔时，需要先创建工作点，并利用平面、工作平面、边或工作轴控制打孔方向。如图 2-69 所示，利用工作点定位孔中心，工作轴控制打孔方向，在平面上钻倾斜孔。

图 2-68 孔的草图点定位

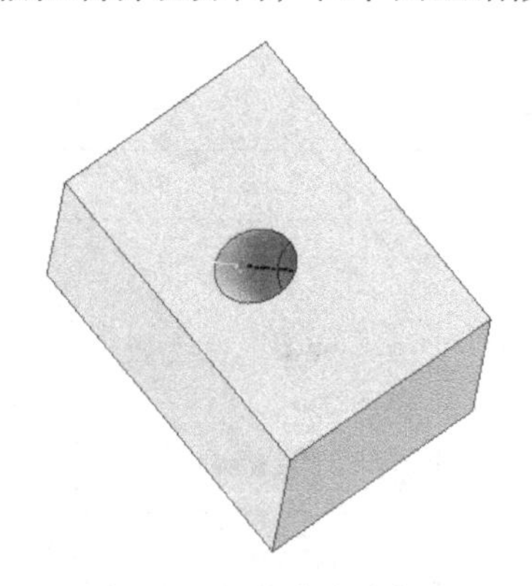

图 2-69 工作点方式打孔

孔的类型包括简单孔（不带螺纹的孔），配合孔，螺纹孔，锥螺纹孔。用户可对孔的“底座”进行设置。“底座”为“无”是指具有指定的直径并且与平面齐平的简单的直孔。“沉头孔”具有指定的直径、沉头孔直径和沉头孔深度，该种底座不能应用于锥螺纹孔。“沉头平面孔”具有指定的直径、沉头平面直径和沉头平面深度。“倒角孔”具有指定的孔直径、倒角孔直径、倒角孔深度和倒角孔角度。

“终止方式”选项用于指定孔的终止方式，其包括“距离”“贯通”“终止面”。“距离”是指用一个正值来定义孔的深度。“贯通”可使孔延伸穿透所有面。“终止面”可在指定的平面处终止孔，如图 2-70 所示。

“方向”选项控制孔进入选定面时孔的方向。当终止方式是“终止面”时，该选项不可用。

“底座”选项用以控制孔底平面的角度。“平底”可创建平底孔底。“角度”可创建指定锥度的孔。当终止方式处于贯通状态时，该选项不可用。

当孔的类型选择“螺纹孔”或“锥螺纹孔”时，如图 2-71 所示，将启用“螺纹”选项。用户可以通过软件自带的各种标准（如 ANSI、GB 等）提供的类型、参数等选择所需要的螺纹规格尺寸。

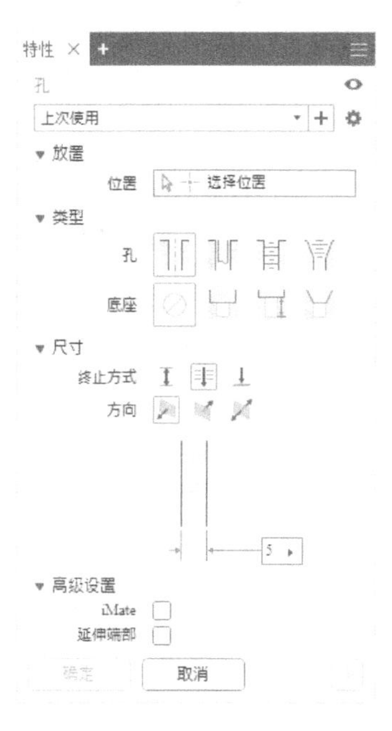

图 2-70 “孔”特性对话框

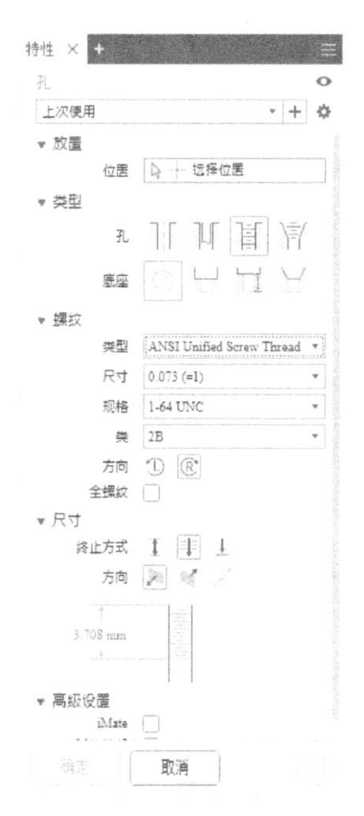

图 2-71 “螺纹孔”特性对话框

三、矩形阵列

作用：将已有特征在指定的一个或两个方向的路径排列复制多个。

启动命令：打开“三维模型”选项卡▷“阵列”面板▷“矩形阵列”按钮，弹出“矩形阵列”对话框，如图 2-72 所示。

◇ ：表示阵列特征，用以阵列各个实体特征、定位特征和曲面特征。阵列各个特征过程如图 2-73 所示。

◇ ：表示阵列几何实体。用以阵列整个零件实体，包括不能单独阵列的特征。阵列实体过程如图 2-74 所示。

注：阵列的两个方向用鼠标拾取与阵列方向一致的实体的边，不同时可单击“反向”按钮；若希望双向阵列，可单击“中间面”按钮。

图 2-72 “矩形阵列”对话框

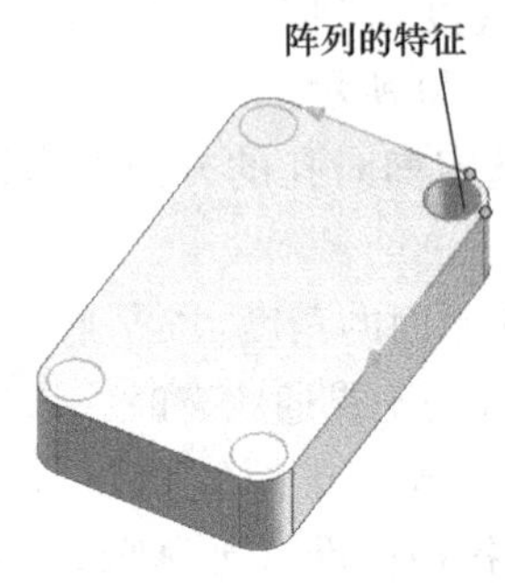

a) 选取要阵列的特征

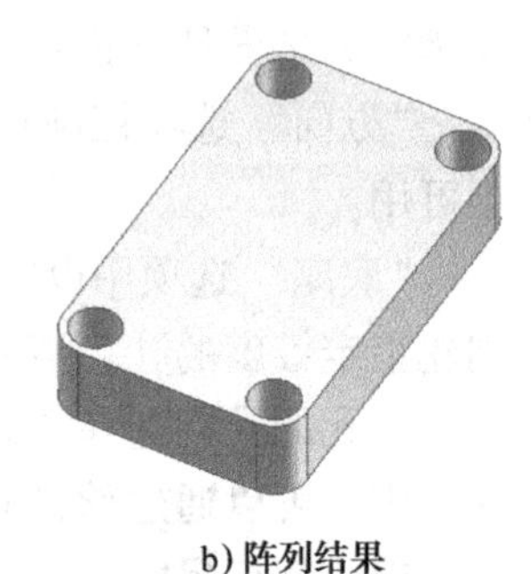

b) 阵列结果

图 2-73 生成矩形阵列 1

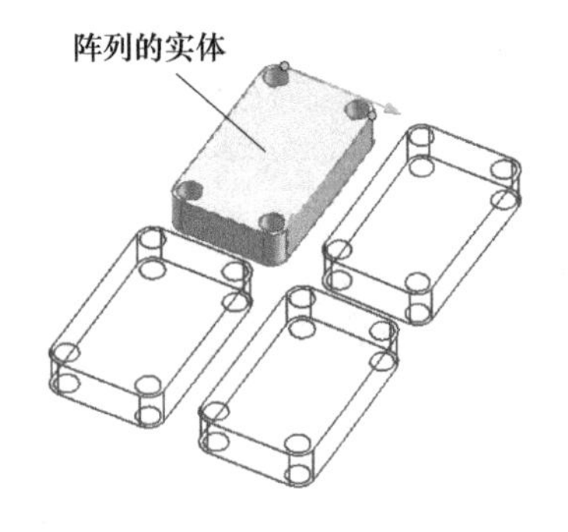

a) 选取要阵列的实体

b)“矩形阵列”对话框

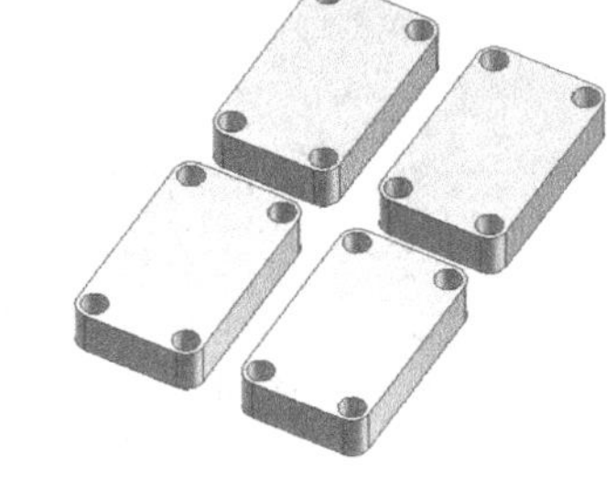

c) 阵列结果

图 2-74 生成矩形阵列 2

四、环形阵列

作用：将指定的特征沿圆周方向复制多个。

启动命令：打开“三维模型”选项卡▷“阵列”面板▷“环形阵列”按钮，弹出“环形阵列”对话框，如图 2-75 所示。

◇ ：表示阵列特征，用以阵列各个实体特征、定位特征和曲面特征。阵列各个特征过程如图 2-76 所示。

◇ ：表示阵列几何实体。用以阵列整个零件实体，包括不能单独阵列的特征。与矩形阵列实体用法大致相同，不同的是要指定旋转轴。

图 2-75 “环形阵列”对话框

注：若希望实体或特征集在绕轴移动时更改方向，可单击

“旋转”按钮；若希望实体或特征集在绕轴移动时其方向与父选择集相同，可单击“固定”按钮，如图 2-77 所示。

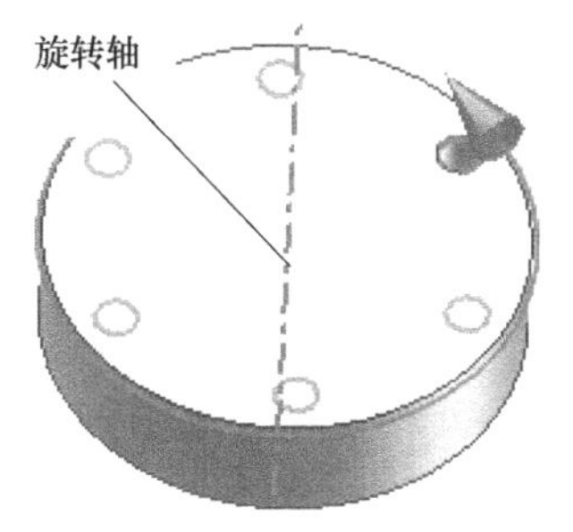

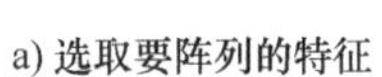
a) 选取要阵列的特征

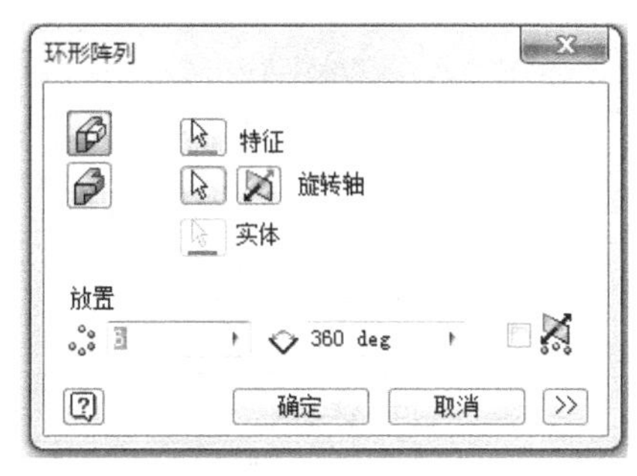

b)“环形阵列”对话框

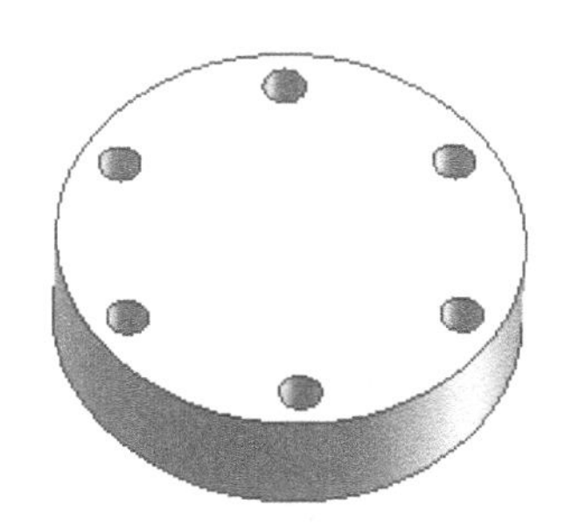

c) 阵列结果

图 2-76　生成环形阵列

五、镜像

作用：以指定的平面为对称，创建一个或多个特征、整个实体或新实体的反向副本。

启动命令：打开“三维模型”选项卡▷“阵列”面板▷“镜像”按钮，弹出“镜像”对话框，如图 2-78 所示。

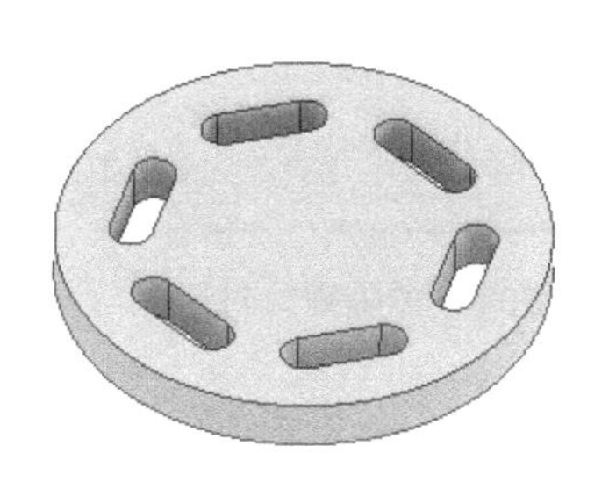

a) 环形阵列旋转特征

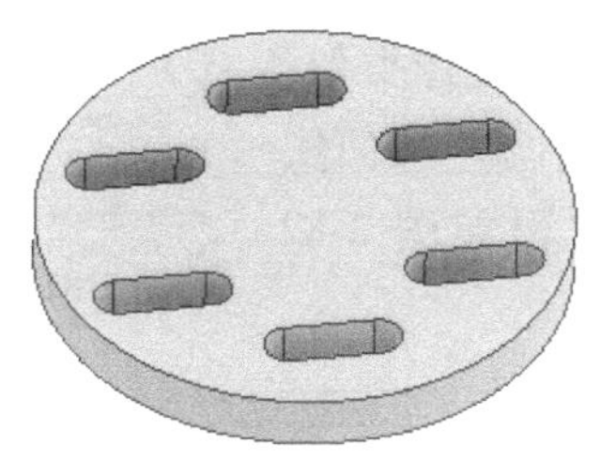

b) 环形阵列固定特征

图 2-77　特征的环形阵列

图 2-78　“镜像”对话框

◇ ：表示镜像特征，用以镜像各个实体特征、定位特征和曲面特征。镜像各个特征过程如图 2-79 所示。

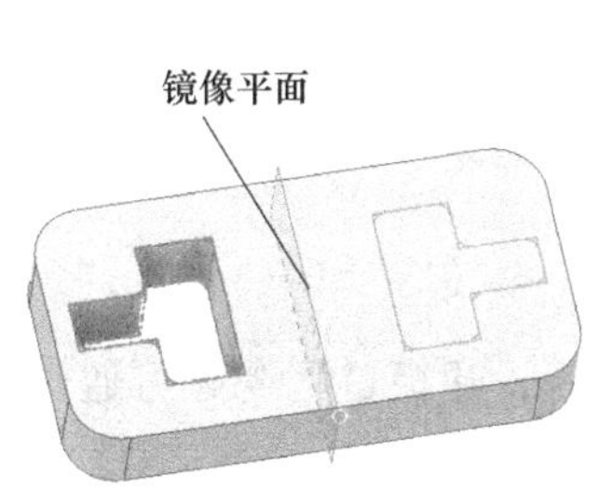

a) 选择镜像特征

b)“镜像”对话框

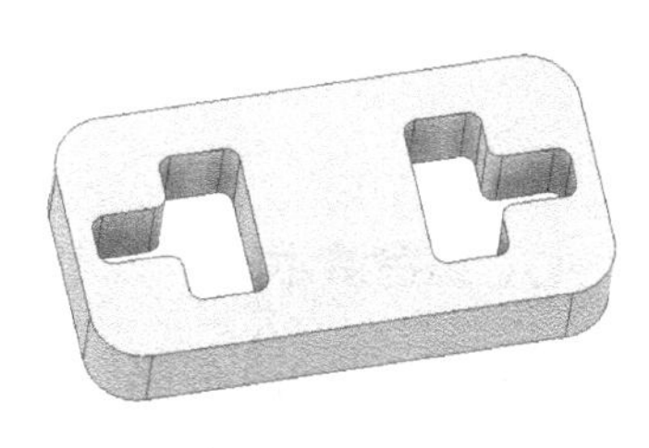

c) 镜像结果

图 2-79　镜像特征

◇ [icon]：表示镜像几何实体。用以镜像整个零件实体，包括不能单独镜像的特征，如图 2-80 所示。

a) 选择镜像实体　　b)“镜像”对话框　　c) 镜像结果

图 2-80　镜像实体

六、草图驱动阵列

作用：以阵列样式将特征或实体排列在二维或三维草图中定义的草图点上。

启动命令：打开“三维模型”选项卡▷“阵列”面板▷“草图驱动”按钮[icon]，弹出“草图驱动的阵列”对话框，如图 2-81 所示。与阵列和镜像类似，草图驱动阵列也分为“特征阵列”[icon]与“几何实体阵列”[icon]。草图驱动阵列特征过程如图 2-82 所示。

图 2-81　“草图驱动的阵列”对话框

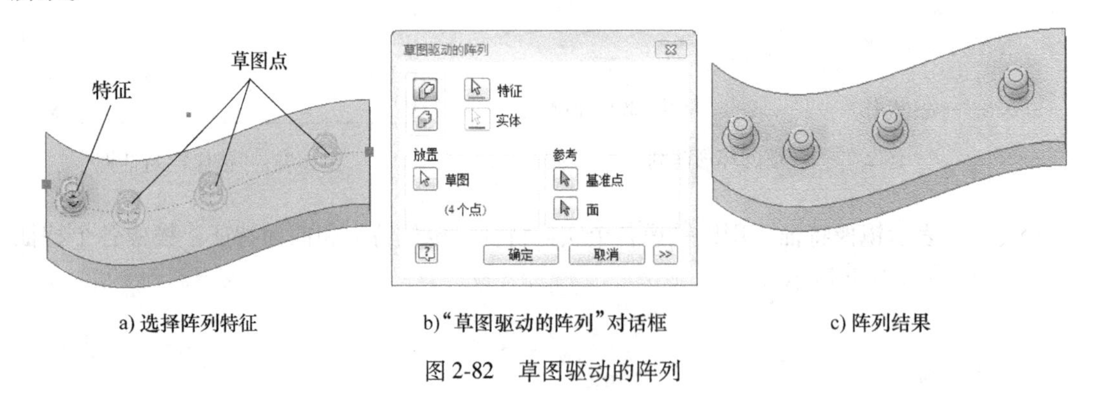

a) 选择阵列特征　　b)“草图驱动的阵列”对话框　　c) 阵列结果

图 2-82　草图驱动的阵列

七、综合演示

用 Inventor 2019 创建如图 2-83 所示的组合体，按照 1∶1 建模，建模过程视频可通过扫描视频 2-3 的二维码观看。

操作步骤：

1）启动 Inventor 2019 选择“新建”▷模板中选择“Metric”▷“Standard(mm).ipt”，

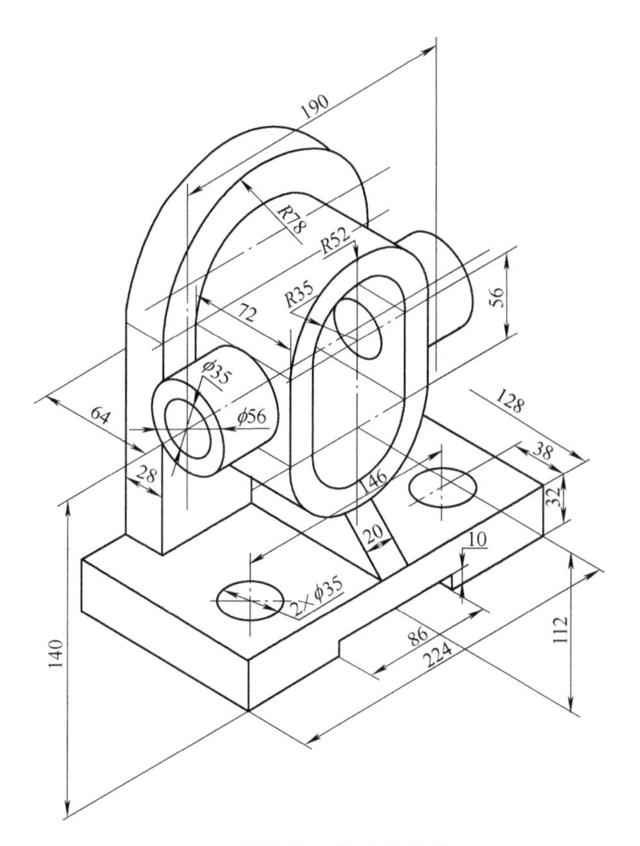

视频2-3
组合体零件
建模过程

图 2-83 组合体零件

单击“创建”按钮进入，进入三维模型绘图环境。

2）绘制草图。单击“开始创建二维草图”按钮，选择“XY Plane”作为草图平面，运用“直线”“镜像”命令，绘制草图，如图 2-84 所示。

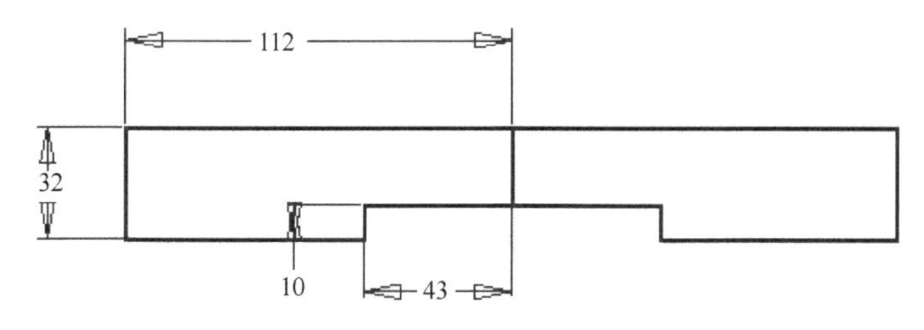

图 2-84 绘制草图 1

3）拉伸。拉伸草图 1，拉伸距离为 128。如图 2-85 所示。

4）创建草图面。以底板的背面创建草图 2，如图 2-86 所示。

5）拉伸。拉伸草图 2，拉伸距离为 28。如图 2-87 所示。

6）绘制草图 3。在背板的前面绘制草图 3，如图 2-88 所示。

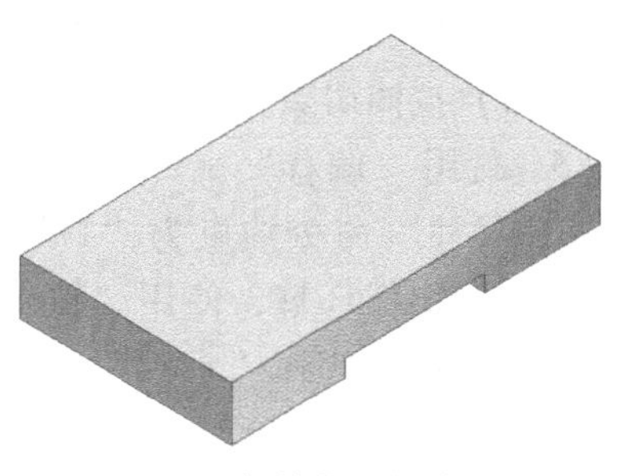

图 2-85 拉伸草图创建底板

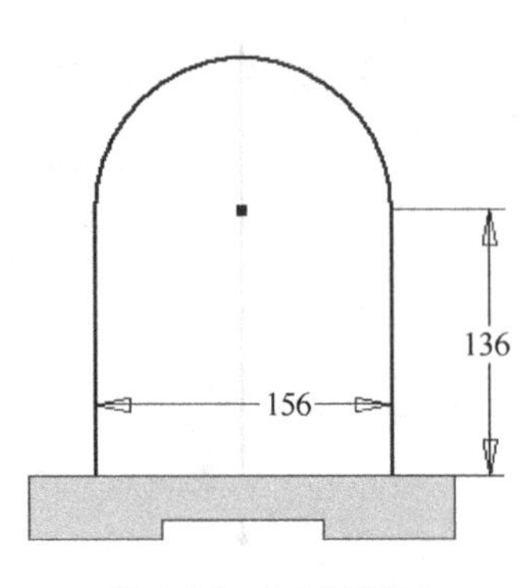

图 2-86　绘制草图 2

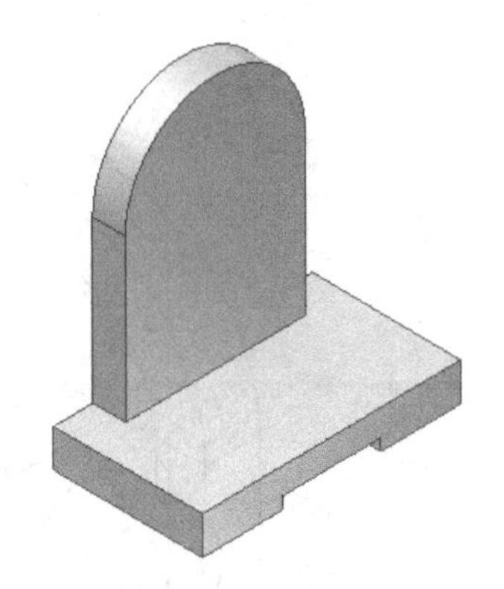
图 2-87　拉伸草图 2

7）拉伸。选择上一步绘制的草图 3，拉伸草图，拉伸距离为“72”，单击“确定”按钮，完成拉伸。如图 2-89 所示。

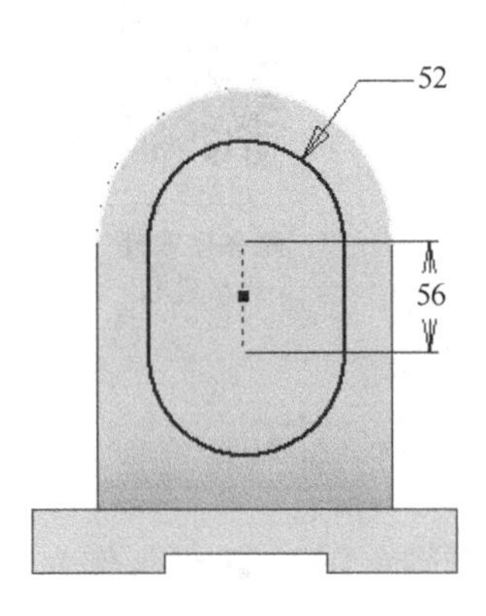

图 2-88　绘制草图 3

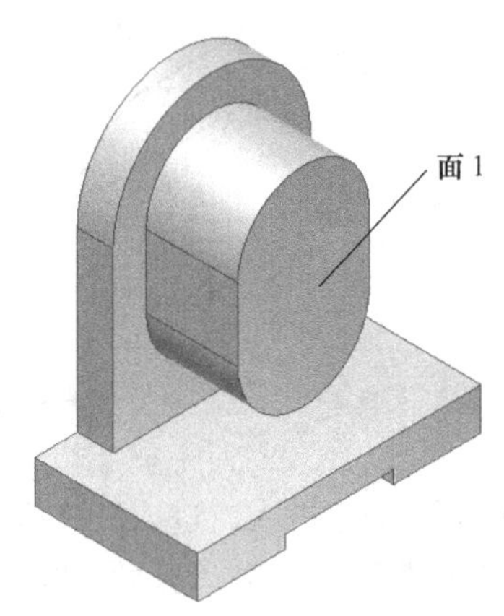

图 2-89　拉伸草图 3

8）在上一步创建的凸台左面，绘制草图 4。将底板左边投影到草图面上，并按<F7>键切片观察，如图 2-90 所示。

9）拉伸。选择上一步绘制的草图 4，拉伸草图，拉伸距离为“43”，单击“确定”按钮，完成拉伸。如图 2-91 所示。

10）镜像。打开“浏览器”中原始坐标系下的 *YZ* 平面，单击右键，选择快捷菜单中的“可见性”，使 *YZ* 平面可见。以该平面为镜像平面，镜像第 9）步生成的特征，如图 2-92 所示。

11）拉伸切除。以图 2-89 中所示的面 1 为草图面，绘制草图 5。使用“偏移”命令，将轮廓线向内偏移，偏移宽度用“通用尺寸”命令约束为“17”，如图 2-93 所示。完成草图，进入零件特征环境，使用“拉伸”命令选择该面，并在“拉伸”对话框中选择“求差”方式，“终止方式”选择“到”，选择背板的前面，单击“确定”按钮，完成拉伸切除特征创建，如图 2-94 所示。

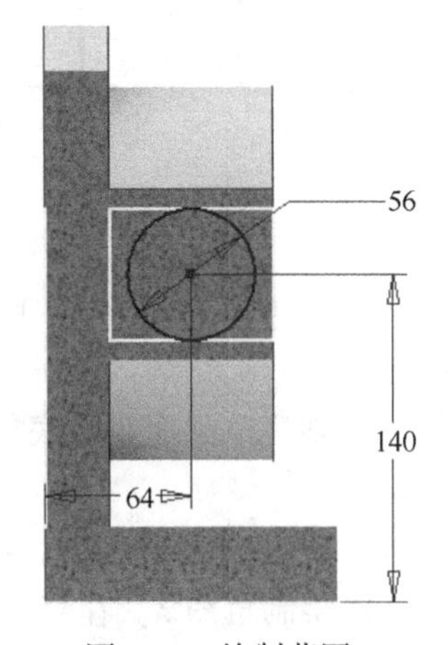

图 2-90　绘制草图 4

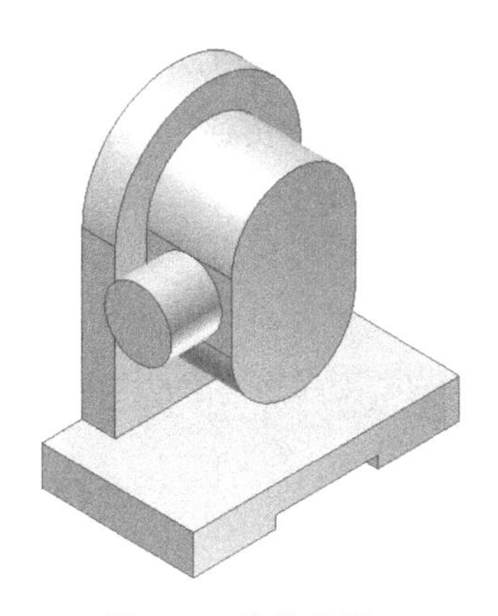

图 2-91　拉伸草图 4

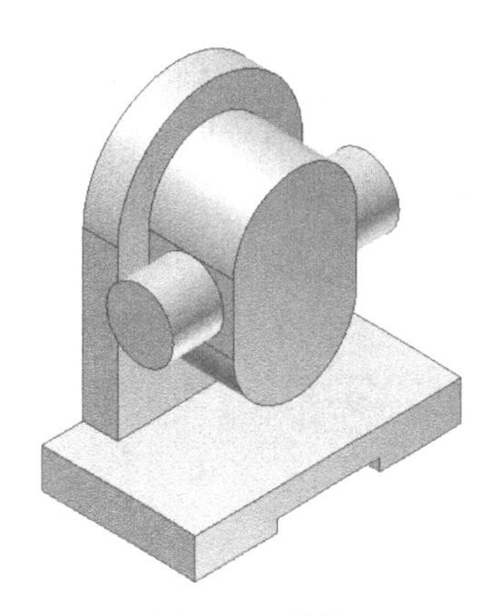

图 2-92　镜像

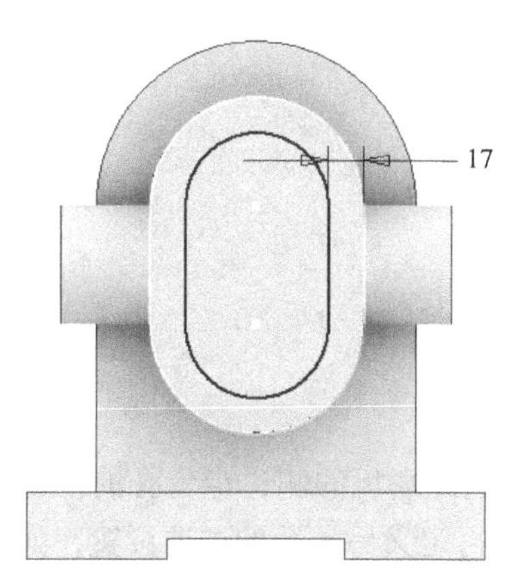

图 2-93　绘制草图 5

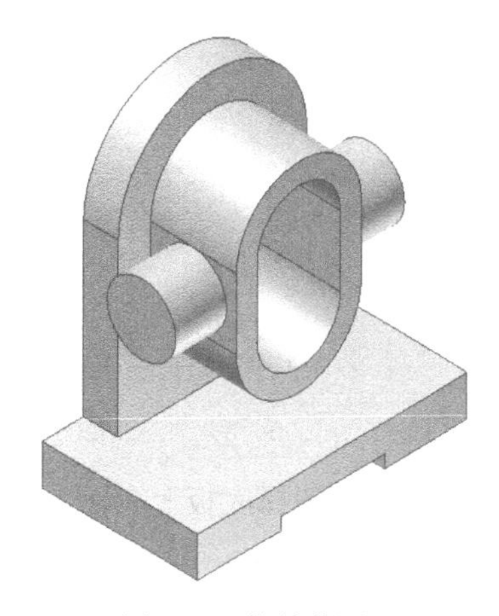

图 2-94　拉伸草图 5

12）添加加强肋。以 *YZ* 平面（该零件的对称面）为草图面，勾画出肋板的外形，利用“创建”选项卡中的“加强筋”命令，创建肋板。拾取草图面中肋板的外形轮廓，其以高亮显示，如图 2-95 所示。选择加强肋创建模式为“平行于草图平面”，拉伸方向为“方向 2”，“双向拉伸”，厚度 20，单击“确定”按钮完成肋板的创建，如图 2-96 所示。

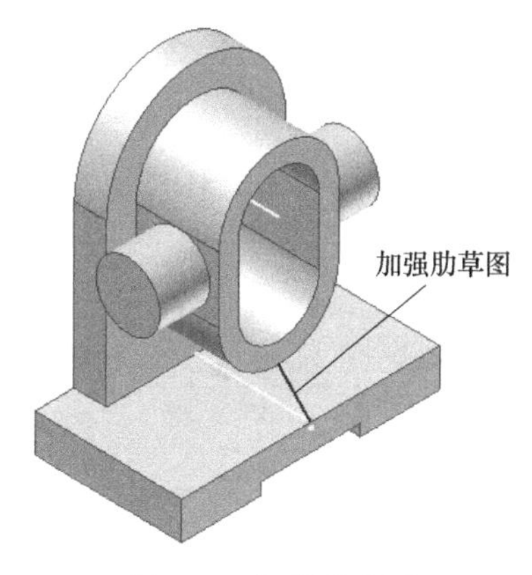

图 2-95　加强肋草图

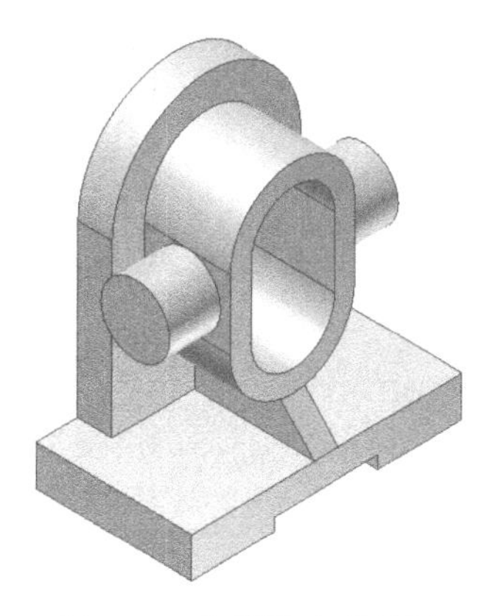

图 2-96　加强肋完成效果

13）打孔 1。选择左端凸出的圆柱为孔的放置面，单击圆柱面作为孔的同心定位。孔“类型”选择“简单孔”，“底座”为“无”，“终止方式”选择“贯通”，确认打孔方向，再将孔直径设为 35，单击“确定”按钮完成打孔，如图 2-97 所示。

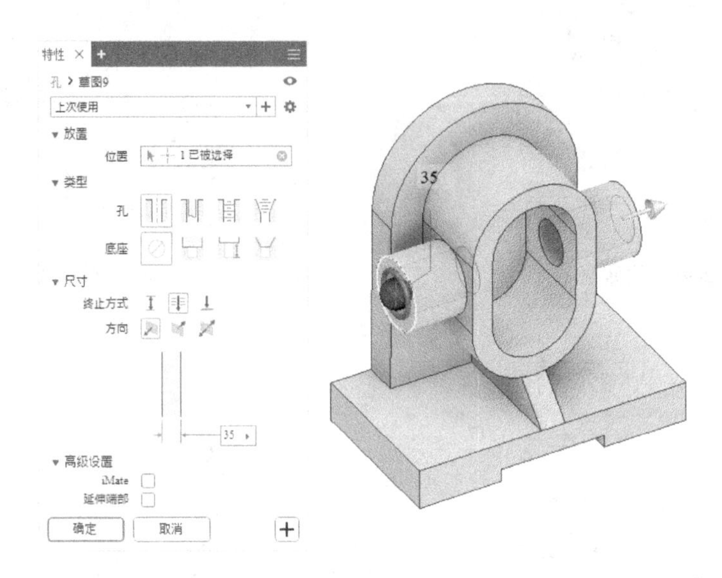

图 2-97　打孔 1 对话框设置

14）打孔 2。选择底板上表面为孔的放置面，分别选择底板的侧边定位孔的位置。当完成一个孔的选项设置后，可在不退出对话框的情况下，再定义另一孔的选项设置，如图 2-98 所示。单击“确定”按钮，完成两个孔特征。

15）最后完成的模型如图 2-99 所示。单击以保存文件，完成该零件的创建。

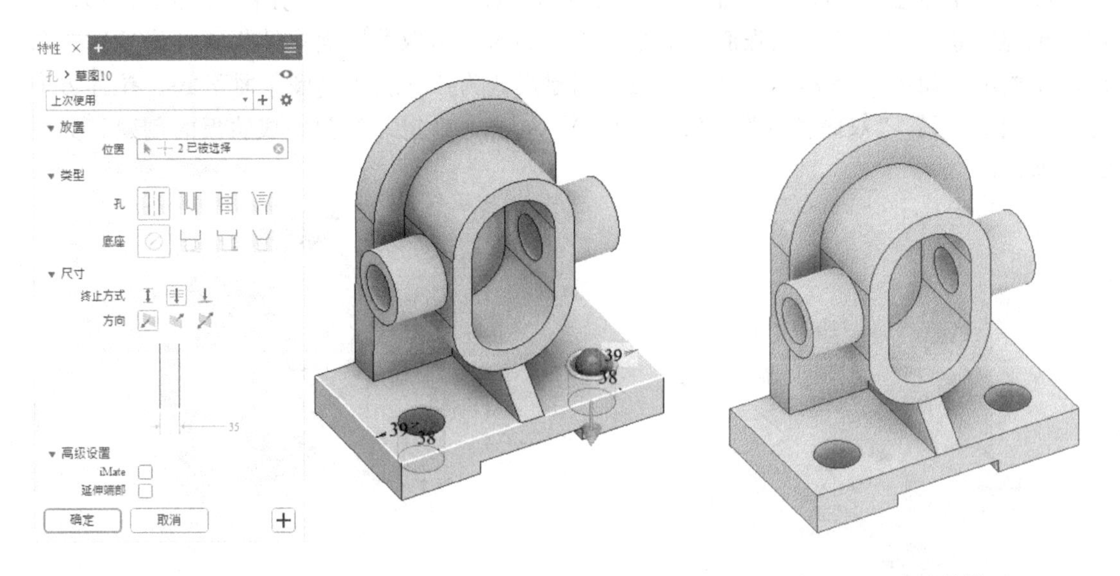

图 2-98　创建底板上的孔特征

图 2-99　完成的模型

课 后 练 习

1. 完成如图 2-100、图 2-101 所示组合体的三维建模，按照所给尺寸 1∶1 绘制。

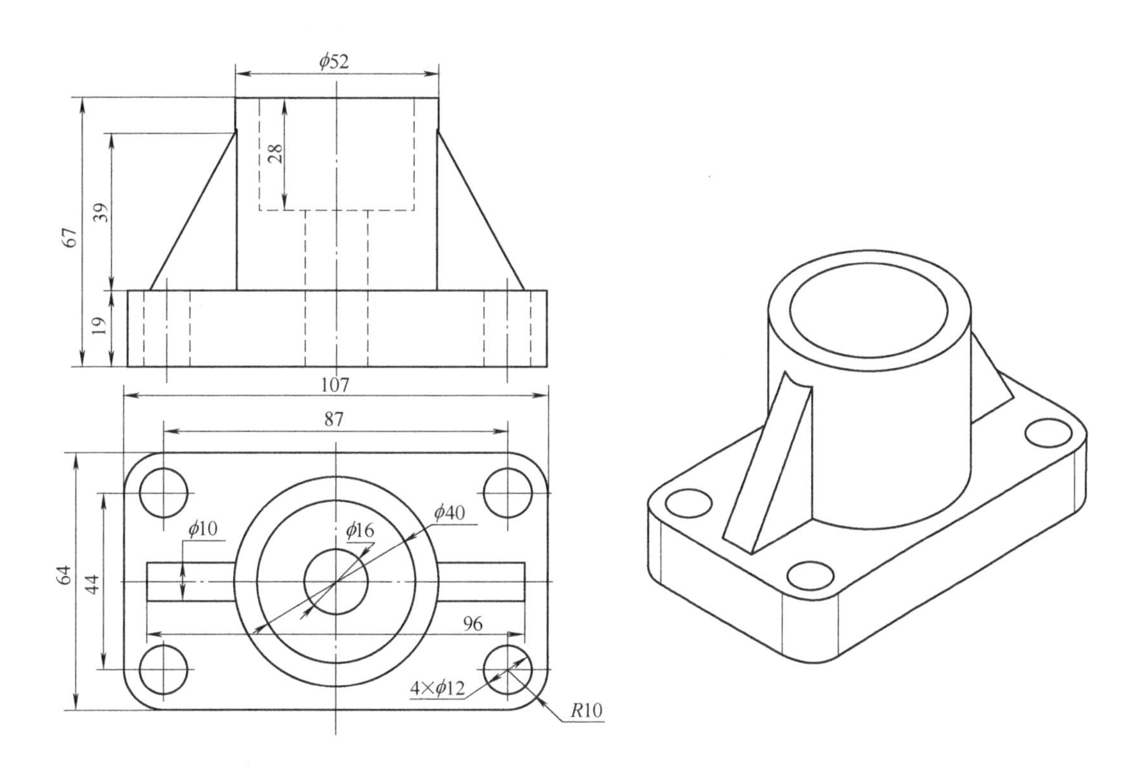

图 2-100 组合体图形

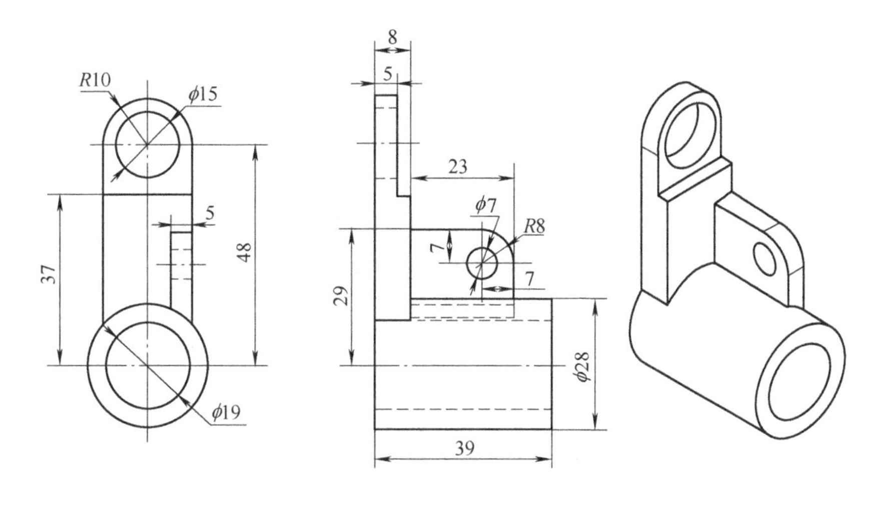

图 2-101 组合体图形

2. 根据如图 2-102、图 2-103 所示的三视图及其尺寸创建模型。

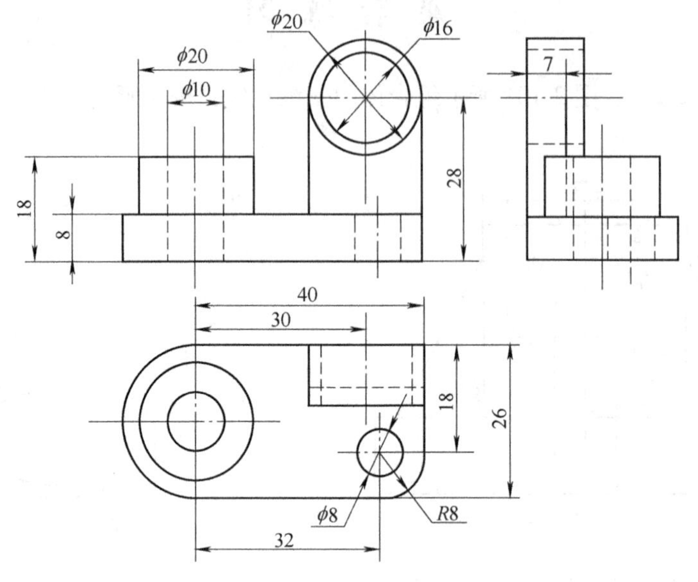

图 2-102　组合体三视图

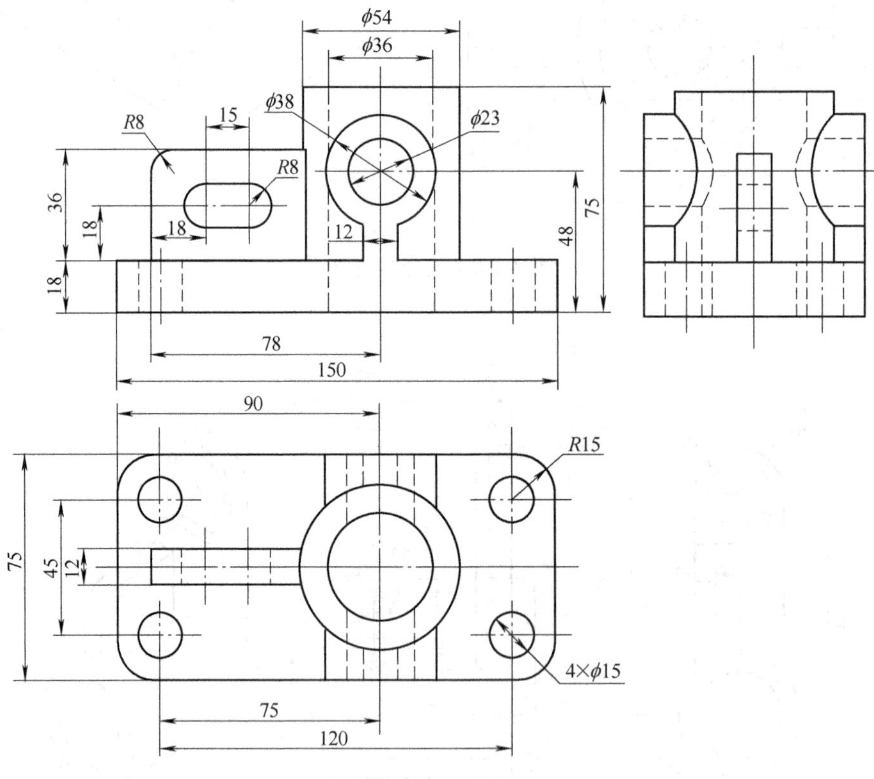

图 2-103　组合体三视图

第三章

Inventor 2019装配技术与表达视图

本章学习导读

目的和要求：学会创建装配体，熟练装入和约束零部件；掌握编辑约束和接触集合的使用方法；学会将产品拆装过程以动态形式表达。

内容：部件装配环境；装载零部件；编辑零部件；创建零部件；可视化设计。

第一节　装配设计基础

一、装配设计的概念

装配设计有以下三种基本方法：

（1）自上而下　应用此方法，所有的零部件设计将在装配环境中完成。可以先创建一个装配空间，然后在这个装配空间中设计相互关联的零部件。

（2）自下而上　应用此方法，所有的零部件将在其他零件或部件装配环境中单独完成，然后添加到新创建的部件装配环境中并通过添加约束使之相互关联，完成装配。

（3）混合设计　从一些现有的零部件开始设计所需的其他零件。分析设计意图，然后插入或创建固定（基础）零部件。设计部件时，放置现有零部件或根据需要在位创建新零部件。

Inventor 2019 部件装配环境可以同时满足以上三种设计方法的需要。在此环境中，可以装入已有零部件、创建新的零部件、对零部件进行约束、管理零部件的装配结构等关系。

二、部件装配环境

进入部件装配环境的方法和进入零件建模环境类似。启动 Inventor 2019，单击“新建”按钮，在“新建文件”对话框左侧的模板中选择“Metric”，在“部件-装配二维和三维部件”列表中双击“Standard. iam”，进入部件装配环境。图 3-1a 所示为“装配”选项卡，图 3-1b 所示显示了装配环境下的模型树。

1. 部件功能区

部件装配环境中的功能区包含了部件装配设计的基本工具图标按钮。利用提供的工具，可将零件和子部件组合在一起形成一个单一单元的部件，可以将零件和子部件由装配约束互

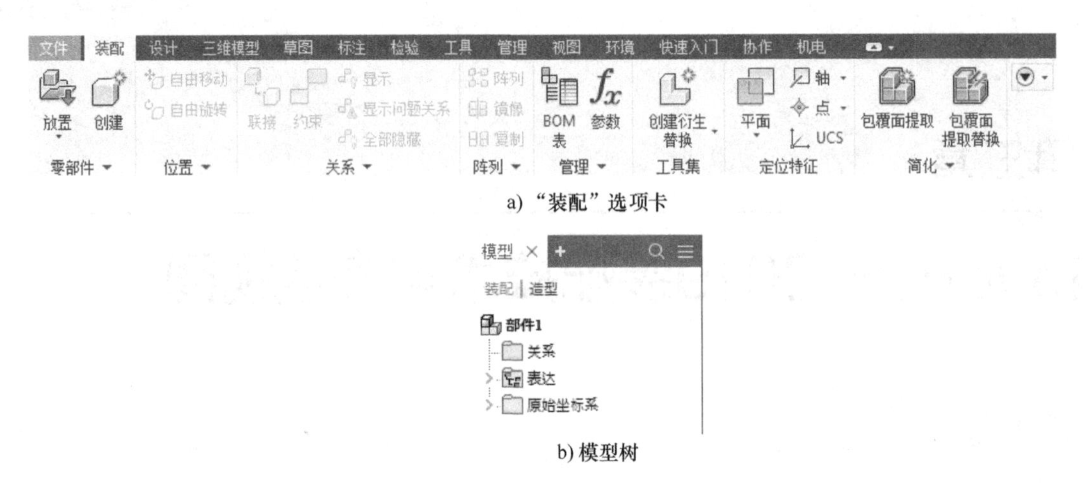

a) “装配”选项卡

b) 模型树

图 3-1　部件装配环境操作界面

相联系在一起，可以编辑单个零件或整个部件，还可以在部件中定义一组特征，与多个零件相互作用。

2. 模型浏览器

在装配模型树中，模型浏览器以装配层次的形式呈现部件内容。其主要功能有查看部件中各零件部件之间的关系，对已经创建的装配关系进行编辑，显示或隐藏所选零部件等。

三、“装配”选项卡

1. 装入零部件

在部件环境中，可以添加现有零件和子部件来创建部件，也可以在装配环境下新建零件和子部件。

在部件装配环境中，单击功能区上的“放置”按钮或使用键盘命令<P>，打开如图 3-2 所

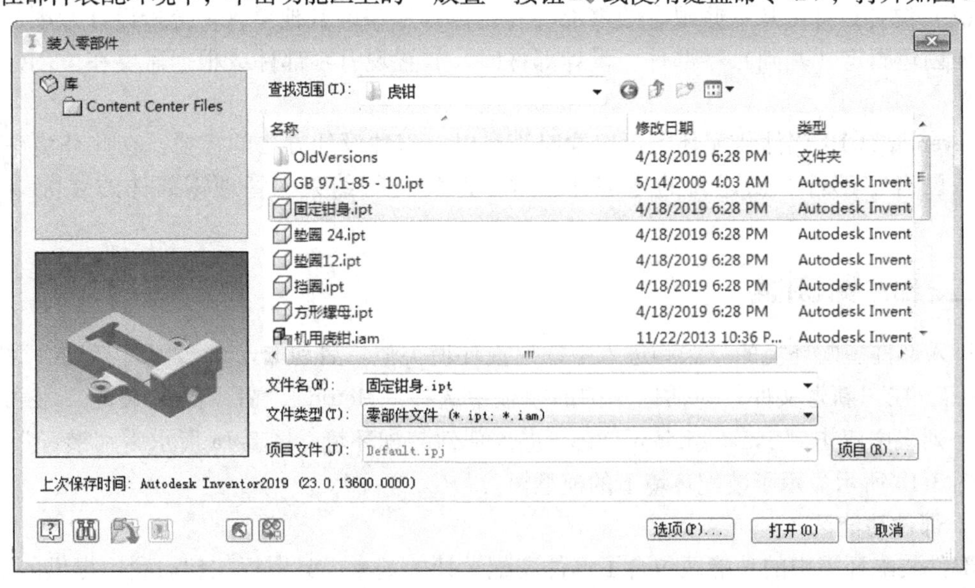

图 3-2　“装入零部件”对话框

示的“装入零部件”对话框。查找并选择需要装入的零部件，单击 打开(O) 按钮，所选取的零部件将会载入到装配环境中去。用户若希望将装入的第一个零部件六个自由度都被限制，可在模型树中单击该零部件，在弹出的快捷菜单中选中 固定(G) 选项，模型树中零部件图标会变成图钉的标志，该零部件的原始坐标系与部件装配环境中的原始坐标系重合，如图 3-3 所示。

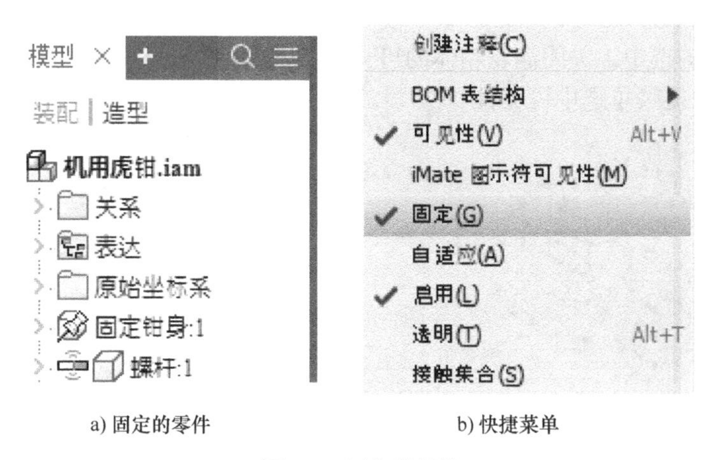

a) 固定的零件　　b) 快捷菜单

图 3-3　固定零部件

Inventor 也可装入其他格式的零件。从“装入零部件”对话框中的“文件类型”的下拉列表中可以发现，Inventor 可以装入 UG、Solidworks、CATIA、Creo 等软件格式的文件。

2. 创建零部件

部件装配结合了在部件中装入现有零部件，以及在部件环境中在位创建其他零部件的策略。在典型的装配过程中，某些零部件设计是已知的，并且使用了一些标准零部件，但还必须创建新设计以满足特定的需要。

使用“创建”命令可以在部件中创建零部件。当创建在位零部件时，可以在现有零部件的面或工作平面（一个主部件的照相机视图中的草图平面）上画出草图，或者将草图平面放到与以选定点作为原点的视图垂直的位置。在“创建在位零部件”对话框中，可以选择一个选项来将草图平面自动约束到选定的面或工作平面。

指定草图的位置后，新零件将立即激活，浏览器、工具面板和工具栏也将切换到零件环境。草图工具可用于创建新零件的第一个草图。现有零部件的边和特征也可以在草图中被选择用作几何图元。

大多数零部件是相对于部件中的现有零部件创建的。也可以单击绘图区背景，将当前视图方向定义为 *XY* 平面。如果 *YZ* 或 *XZ* 平面是默认的草图平面，则必须重定位视图来查看草图几何图元。

创建新零件的基础特征后，可基于部件中的激活零件或其他零件定义其他草图。定义新草图时，可以单击激活零件或其他零件的平面，在该平面上定义草图平面。也可以单击一个平面，然后将草图拖离此平面，从而自动在偏移工作平面上创建草图平面。

在其他零部件的面上创建草图平面时，将创建一个自适应工作平面并将激活的草图平面置于其上。自适应工作平面可根据需要移动，以反映它所基于的零部件中的所有变化。当工作平面自适应时，草图将随之移动。基于草图的特征也将自适应以匹配其新位置。

3. 控制零部件的可见性

在部件装配环境中，零部件可能会因相互遮挡而给部件设计造成麻烦，同时显示过多的零部件也将对计算机的速度造成影响，因此需要对零部件的可见性进行控制。

(1) 可见　图 3-4 所示为涡轮减速器装配体，装配体中的内部结构被涡轮箱体遮挡。如果需要观察被遮挡的部分，可在浏览器中的“涡轮箱体”上单击右键，并在右键快捷菜单中取消对 可见性(V) 的选中，关闭涡轮箱体的可见性，得到如图 3-5 所示的结果。若需要恢复，同样可通过右键快捷菜单选中可见性。

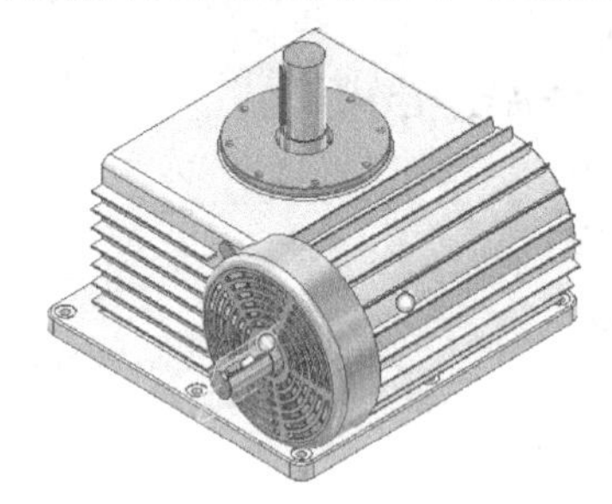

图 3-4　涡轮减速器

图 3-5　可见性应用

(2) 隔离　如果需要对涡轮箱体的结构单独进行观察，可在浏览器中的托架上单击右键，并选择右键快捷菜单中的 隔离，此时可将涡轮箱体与其余零部件相隔离，对其进行单独观察，得到如图 3-6 所示的结果。若要解除隔离，可用同样的方法在右键快捷菜单中选择 撤消隔离。

4. 添加装配约束

装配约束决定了部件中零部件结合在一起的方式。装配约束的应用，将限制零部件的自由度，使零部件正确定位或按照指定的方式运动。

在部件功能区中单击“约束”图标按钮，打开“放置约束”对话框，如图 3-7 所示。应用该对话框可为零部件添加装配约束。

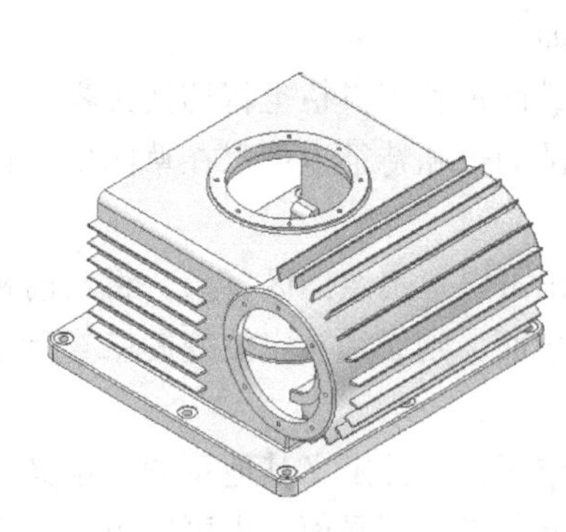

图 3-6　涡轮箱体

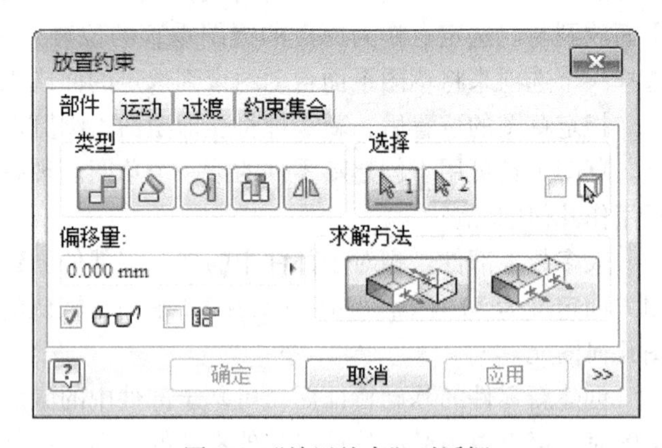

图 3-7　“放置约束”对话框

“放置约束”对话框为设计人员提供了七种基本约束类型。其中，“部件”选项卡提供用来使零部件正确定位的“配合”、“角度”、“相切”、“插入”、“对称”

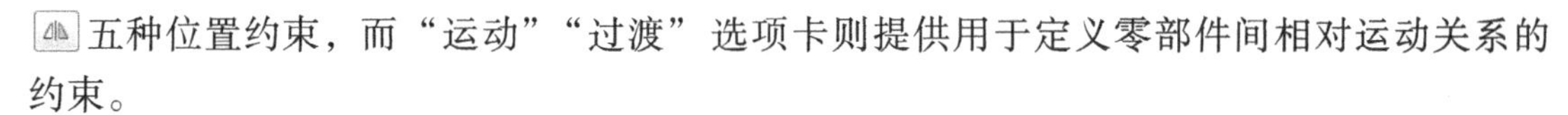

五种位置约束，而“运动”“过渡”选项卡则提供用于定义零部件间相对运动关系的约束。

“部件”选项卡中的五种约束为：

1）“配合”约束：将选定面平行放置到另一个面使它们重合，或者对齐相邻零件使表面齐平。面可以相互偏移。要设置没有偏移的“配合”约束，可按住<Alt>键，并把一个零部件拖动到相应位置。约束后将删除平面之间的一个线性平移自由度和两个角度旋转自由度。

2）“角度”约束：在两个结构成员上以指定角度放置边或平面来定义枢轴点。约束后将会删除平面之间的一个旋转自由度或两个角度自由度。

3）“相切”约束：位于平面、柱面、球面、锥面和规则样条曲线之间，使几何图元在切点处接触。可以在曲线内部或外部相切。约束后将删除一个线性平动自由度。在圆柱和平面之间，将删除一个线性自由度和一个转动自由度。

4）“插入”约束：用于两个零件上选定的圆或者弧形边实现所在面的配合，所在圆心同心，而两轴线的方向一致性可控的位置约束，并不要求一定是孔、轴。

5）“对称”约束：根据平面或平整面对称地放置两个对象。

“部件”选项卡中的其他选项还有：

◇“第一次选择”按钮：用来选择需要应用约束的第一个零部件上的平面、线或点。

◇“第二次选择”按钮：用来选择需要应用约束的第二个零部件上的平面、线或点。

◇“第三次选择”按钮：用于“明显参考矢量”角度约束或“对称平面”对称约束。

◇“先拾取零件”按钮：此工具常用于零部件的位置较为接近或零部件之间相互遮挡的情况。使用此工具对几何图元的选择将分两步进行，第一步指定要选择的几何图元所在的零部件，第二步选择具体的几何图元。

◇ 偏移量：指定零部件之间相互偏移的距离。

◇ 显示预览：选择此选项，可预览所选几何图元添加约束后的效果。

◇ 预计偏移量和方向：选择此选项，“偏移量”文本框中将显示应用约束前的零部件间的实际偏移量。

◇ 求解方法：在每一种约束中都有相应的“求解方法”选项，这是因为各元素之间的相互约束可能存在多种情况，用户可以通过单击按钮选择自己需要的约束。例如，在“配合”约束中，选定的两个零件上的平面可以朝向相反，也可以朝向相同。

第二节　部件装配的实验步骤及内容

一、实验内容

利用台虎钳零件，完成机用台虎钳装配，其装配示意图如图 3-8 所示，装配过程视频可通过扫描视频 3-1 的二维码观看。

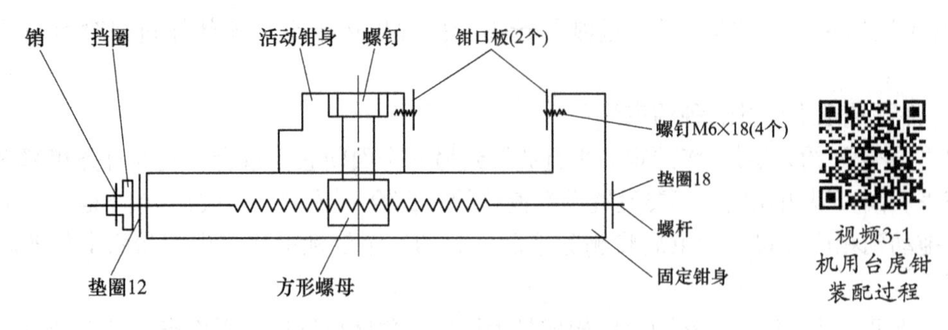

图 3-8 台虎钳装配示意图

二、实验步骤

1. 启动 Inventor 2019

选择“新建” ▷ “Metric” ▷ “Standard. iam”，单击“创建”按钮进入部件工作界面。

2. 装入第一个零件

首先在“装配”工具面板选择“放置”命令或使用快捷键<P>，在零件库中选择“固定钳身”，如图 3-9 所示。

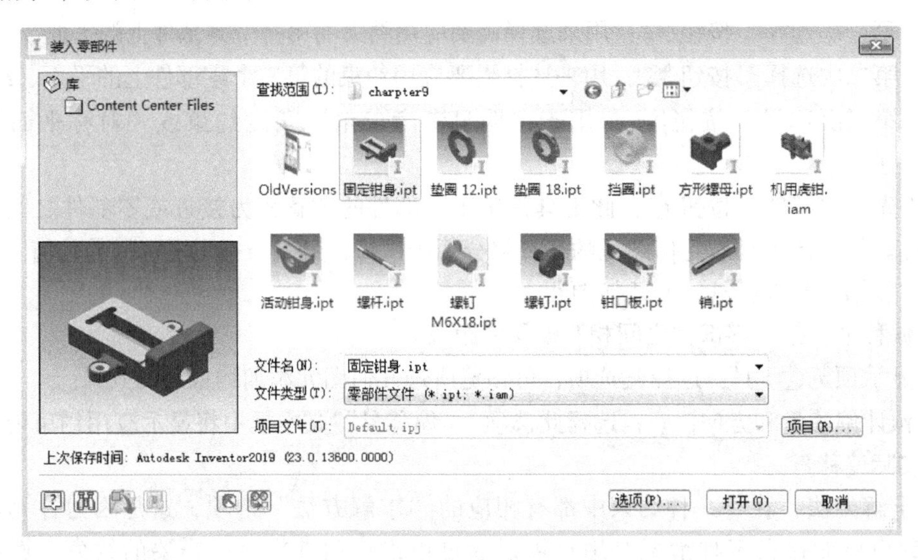

图 3-9 装入固定钳身

单击“装入零部件”对话框中的“打开”按钮装入零部件。在界面空白处单击左键放置零件。此时放置的零件原始坐标系会与装配环境中的原始坐标系重合，并出现再装入一个零件的预览。单击右键，在快捷菜单中选择“取消”或“确定”，放置固定钳身。在界面左侧模型树的固定钳身处单击右键，在快捷菜单中选择“固定”，将其位置固定，如图 3-10 所示。

3. 装入其他零部件

重复上述操作，装入零部件“螺杆”“垫圈 18”“垫圈 12”“挡圈”，如图 3-11 所示。

图 3-10　装入第一个零件

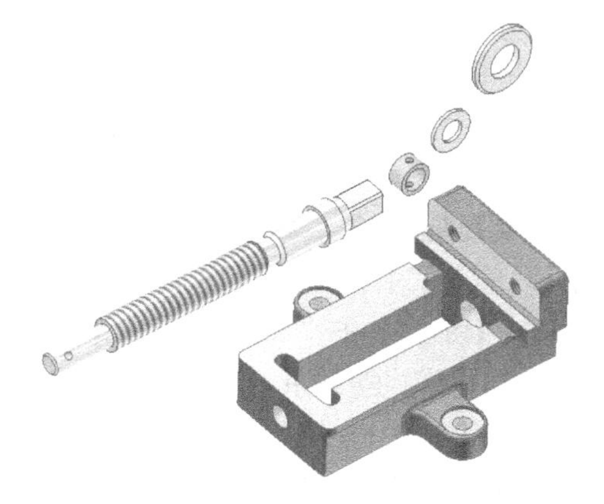

图 3-11　装入其他零件

4. 装配垫圈 18

1）单击“部件”工具面板上的“约束”按钮，在“放置约束”对话框的“部件”选项卡中单击“类型”中的“插入”按钮。

2）“第一次选择”选择垫圈 18 非倒角面的圆的轮廓线，“第二次选择”选择固定钳身右端面孔的轮廓线，如图 3-12 所示。在预览选项选中的情况下，两零件会显示装配结果。若方向不正确，可通过“求解方法”按钮进行调整。单击“应用”按钮可继续放置约束。

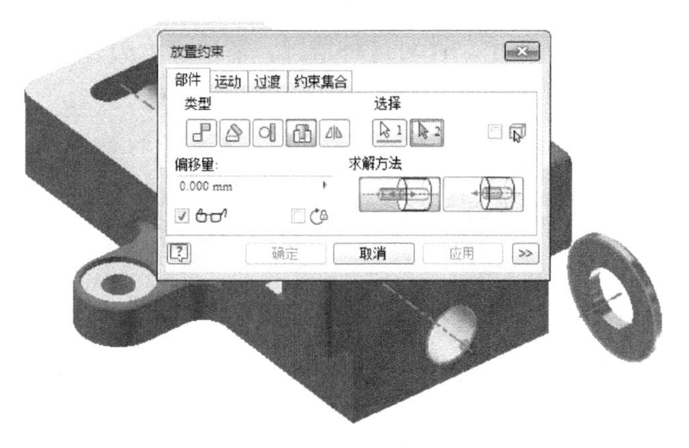

图 3-12　装配固定钳身与垫圈 18

5. 装配螺杆

1）在“放置约束”对话框中，“第一次选择”选择垫圈 18 带倒角的圆的轮廓线，“第二次选择”选择螺杆对应位置处圆的轮廓线，如图 3-13 所示。单击“应用”按钮完成“插入”约束。

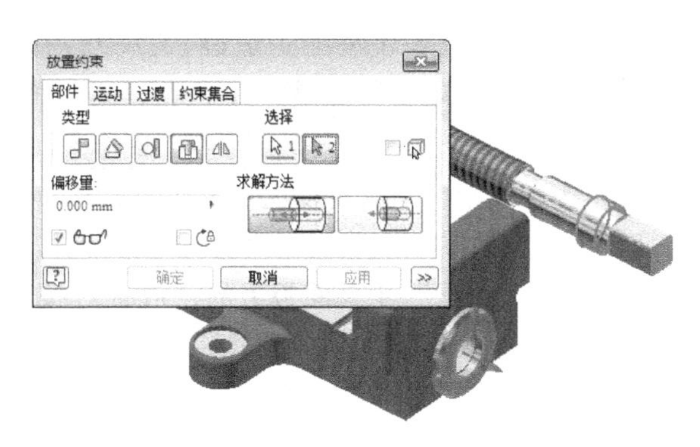

图 3-13　螺杆的“插入”约束

2）在“类型”中选择“角度”约束，“第一次选择”选择固定钳身右端上表面，“第二次选择”选择螺杆的方形头部的平面，“参考矢量”选取螺杆轴线，在“角度”文本框中输入“-45”，使螺杆销孔处于竖直位置，如图3-14所示。

3）单击“确定”按钮完成螺杆装配。

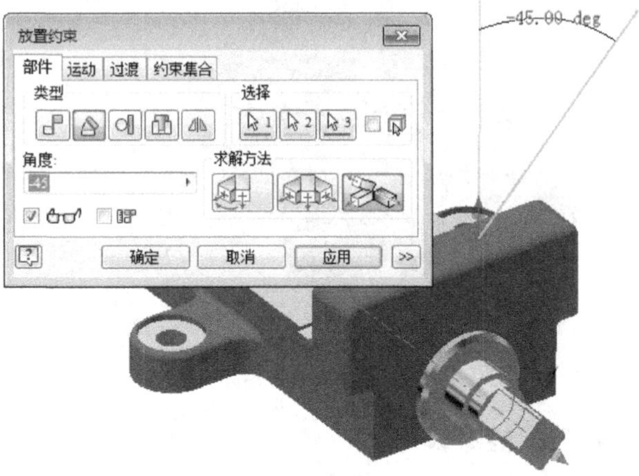

6. 装配垫圈12

1）单击“装配”工具面板上的“约束”按钮，在“部件”选项卡中选择“插入”约束。

2）“第一次选择”选择垫圈12的圆的轮廓线，“第二次选择”选择固定钳身外端面孔的轮廓线，确保装入方向正确。单击“确定”按钮，安装完成效果如图3-15所示。

图3-14　螺杆的“角度”约束

7. 装配挡圈

1）单击“装配”工具面板上的“约束”按钮，在“部件”选项卡中选择“插入”约束。“第一次选择”选择挡圈端面孔的轮廓线，“第二次选择”选择垫圈12端面孔的轮廓线，单击“应用”按钮。

2）用鼠标拖动挡圈，发现它仍可以绕着螺杆轴线转动，这导致挡圈上的孔和螺杆上的销孔不能保证同轴，如图3-16所示。针对这种情况，需要引入另外的约束。

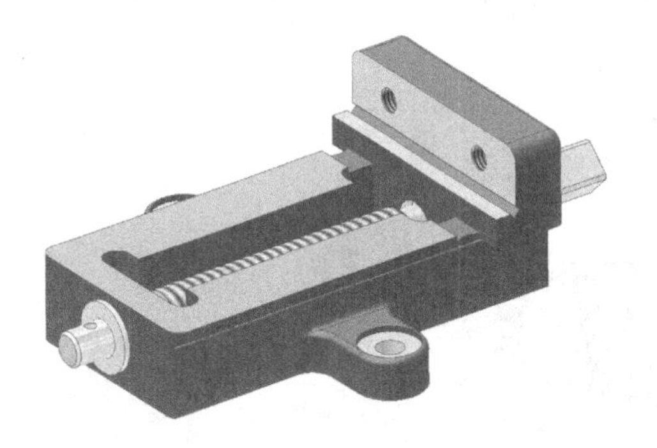

图3-15　装配垫圈12

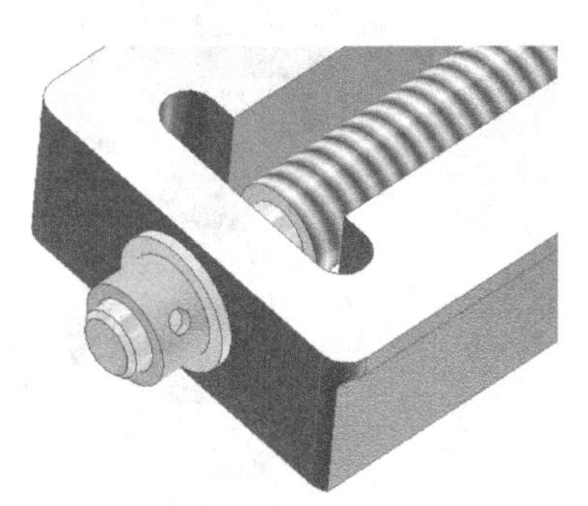

图3-16　挡圈装配图

3）在左侧浏览器中单击“造型”，展开“挡圈”和“螺杆”的特征树，如图3-17所示。然后，选择“配合”约束，“第一次选择”选择挡圈的模型树下的“XZ平面”，“第二次选择”选择螺杆模型树下“工作平面1”，单击“确定”按钮，这样便使挡圈孔和螺杆上销孔同轴，完成的装配效果如图3-18所示。

8. 销的装配

1）单击“装配”工具面板上的“放置”按钮，在零件库中选择“销”并装入，在工具面板上选择“旋转”，使圆锥销大端朝上。

2）单击“装配”工具面板上的“约束”按钮，在“部件”选项卡中选择“配合”约束。“第一次选择”选择销的轴线，“第二次选择”选择螺杆上销孔的轴线，单击

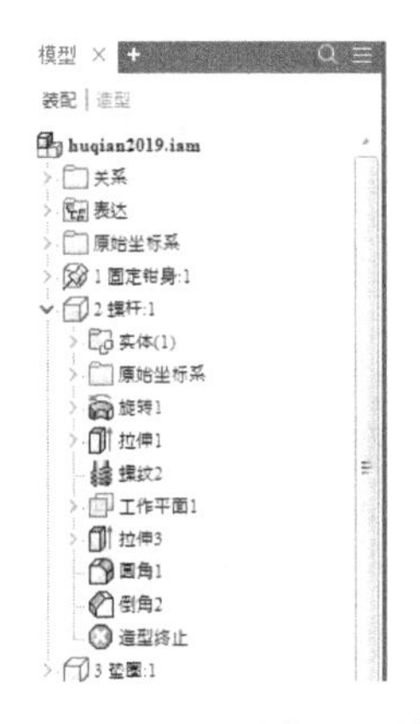

图 3-17　展开的零件造型特征

图 3-18　完成的挡圈装配

“确定”按钮。用鼠标拖动销，发现销仍可沿着轴线移动。

3）将销大致拖动到如图 3-19 所示位置。在模型浏览器中右键单击螺杆，在弹出的快捷菜单中选择“接触集合（S）”；在模型浏览器中右键单击销，在弹出菜单中选择“接触集合（S）”，完成接触集合的设置，如图 3-20 所示。在“检验”选项卡中单击“激活接触识别器”，用鼠标向下拖动销，当鼠标有明显停滞时停止拖动，这是软件自动完成了销与销孔的接触判断。完成后的效果如图 3-21 所示。

图 3-19　销的装配

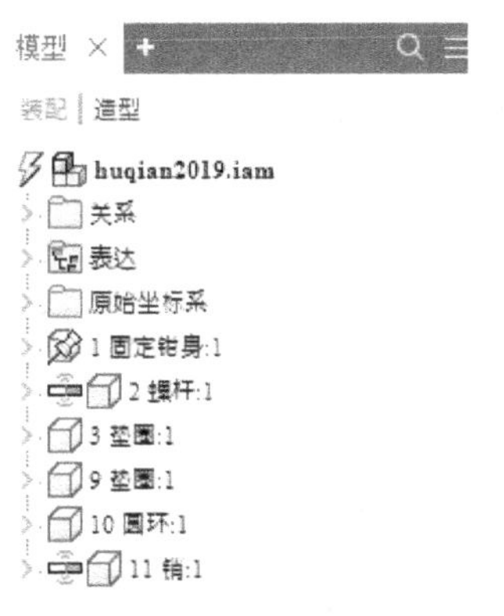

图 3-20　定义接触集合

图 3-21　完成销的装配

9. 方形螺母的装配

1）单击“装配”工具面板上的“放置”按钮，在零件库中选择“方形螺母”并装入。

2）单击“装配”工具面板上的“约束”按钮，在“部件”选项卡中选择“配合”约束，“第一次选择”选择方形螺母底座的内螺纹的轴线，“第二次选择”选择螺杆的轴线，如图 3-22 所示，单击“应用”按钮。

3）在“部件”选项卡中选择“角度”约束，“第一次选择”选择方形螺母下部分的上表面，“第二次选择”选择固定钳身的上表面，在“方式”中选择“定向角度”，如图 3-23 所示，单击“应用”按钮。

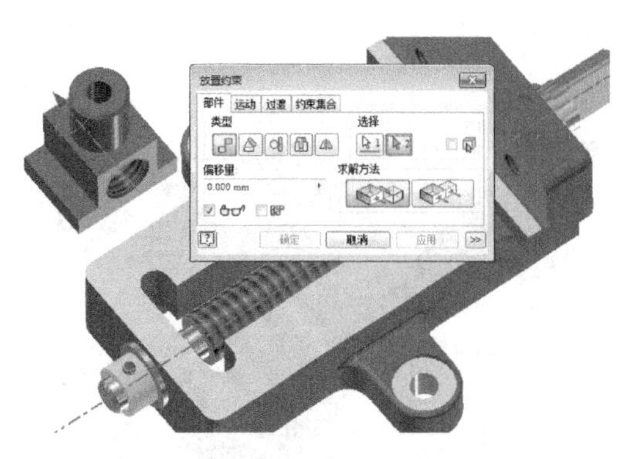

图 3-22　方形螺母的装配："配合"约束

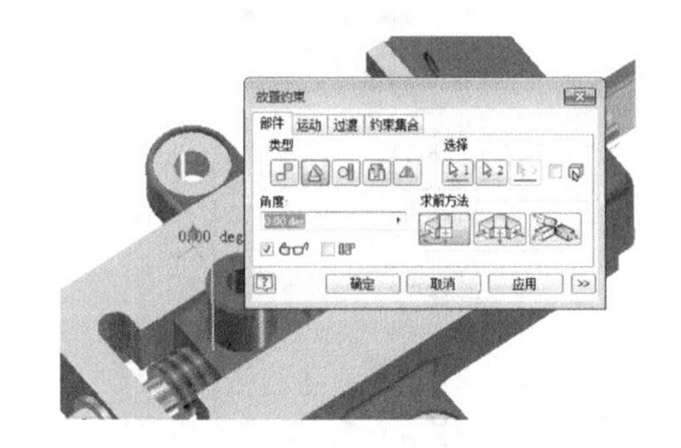

图 3-23　方形螺母装配："角度"约束

4）为了让方形螺母轴线和固定钳身的安装孔的轴线平齐，可以在装配环境中对固定钳身添加定位特征。首先在模型树中双击固定钳身，（或单击右键，在快捷菜单中选择"编辑"），从装配环境进入固定钳身零件环境，然后添加两个安装孔的轴线，再利用轴线创建工作平面。如图 3-24 所示，新建工作平面 1。在工作界面单击右键，在快捷菜单中选择"完成编辑"，返回装配环境。

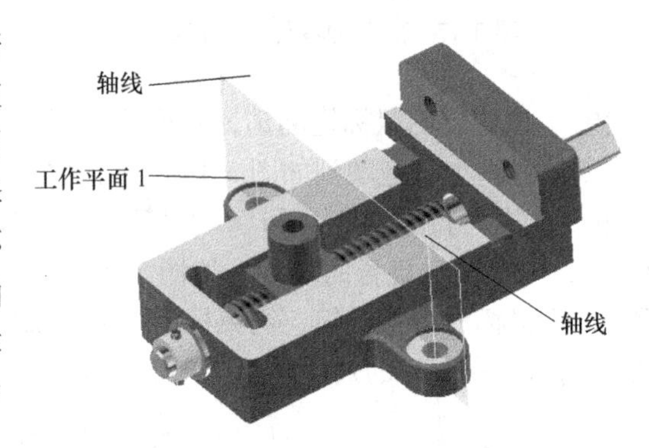

图 3-24　新建工作平面

5）在"部件"选项卡中选择"配合"约束，首先"第一次选择"选择方形螺母内螺纹的轴线，然后，展开固定钳身的特征树，"第二次选择"选择固定钳身特征树下的"工作平面 1"，如图 3-25 所示，单击"确定"按钮；方形螺母装配完成的效果如图 3-26 所示。

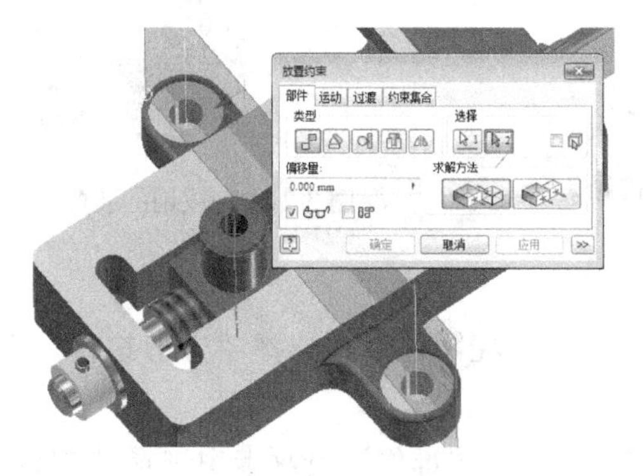

图 3-25　方形螺母的装配："配合"约束

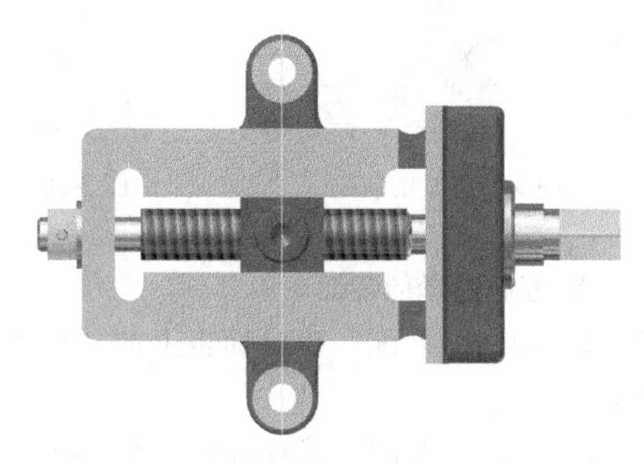

图 3-26　完成方形螺母装配

10. 活动钳身的装配

1）单击"装配"工具面板上的"放置"按钮，在零件库中选择"活动钳身"并装入。

2）单击"装配"工具面板上的"约束"按钮，在"部件"选项卡中选择"配合"

约束，“第一次选择”选择活动钳身下表面，“第二次选择”选择固定钳身上表面，如图 3-27 所示，单击“应用”按钮。

3）选择“角度”约束，“第一次选择”选择活动钳身的钳口板安装侧面，“第二次选择”选择固定钳身的钳口板安装侧面，在“角度”文本框中输入“180”，如图 3-28 所示，单击“应用”按钮。

4）选择“配合”约束，首先“第一次选择”选择方形螺母轴线，“第二次选择”选择活动钳身孔的轴线，在“求解方法”中选择“定向角度”，将方形螺母轴线与活动钳身孔的轴线配合方向对齐，如图 3-29 所示，单击“确定”按钮。活动钳身装配完成的效果如图 3-30 所示。

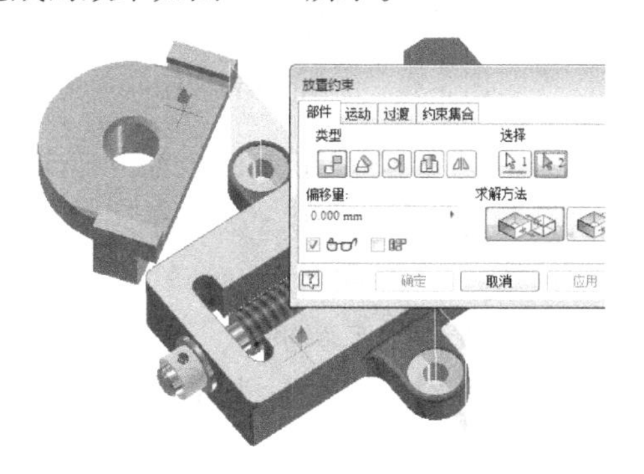

图 3-27　活动钳身约束 1

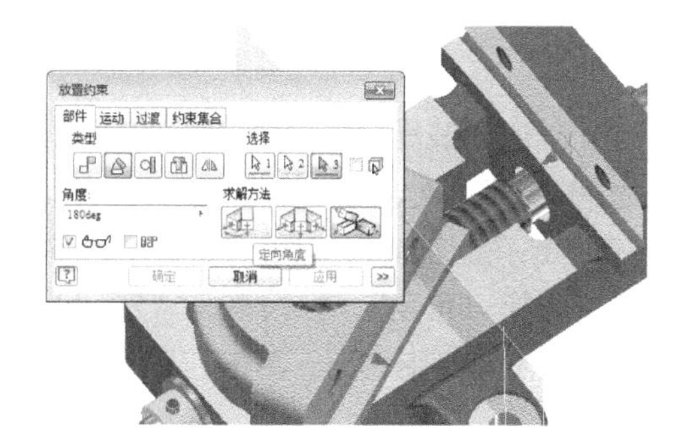

图 3-28　活动钳身约束 2

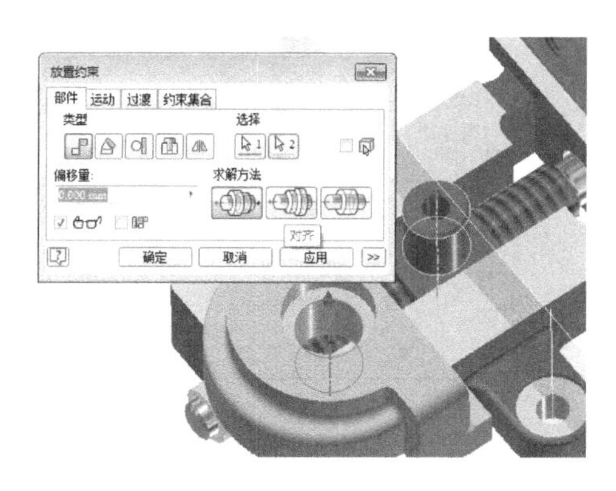

图 3-29　活动钳身约束 3

图 3-30　活动钳身装配完成

11. 螺钉装配

1）单击“装配”工具面板上的“放置”按钮，在零件库中选择“螺钉”并装入。

2）单击“装配”工具面板上的“约束”按钮，在“部件”选项卡中选择“插入”约束，“第一次选择”选择螺钉头部下表面圆的轮廓，“第二次选择”选择活动钳身孔的上表面轮廓，如图 3-31 所示，单击“确定”按钮，完成螺钉的装配，如图 3-32 所示。

12. 钳口板的装配

单击“装配”工具面板上的“放置”按钮，在零件库中选择“钳口板”，并装入两块。

（1）钳口板和固定钳身装配

图 3-31　螺钉约束

图 3-32　完成的螺钉装配

1）单击“装配”工具面板上的“约束”按钮，在“部件”选项卡中选择“插入”约束；“第一次选择”选择钳口板无滚花面上的孔的轮廓线，“第二次选择”选择固定钳身螺孔的轴线，如图 3-33 所示，单击“应用”按钮。

2）选择“角度”约束，“第一次选择”选择钳口板上表面，“第二次选择”选择固定钳身上表面，单击“确定”按钮，完成钳口板装配，如图 3-34 所示。

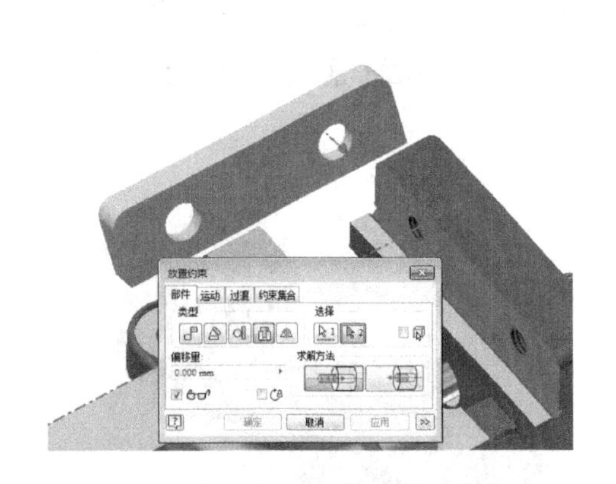

图 3-33　定义钳口板约束 1

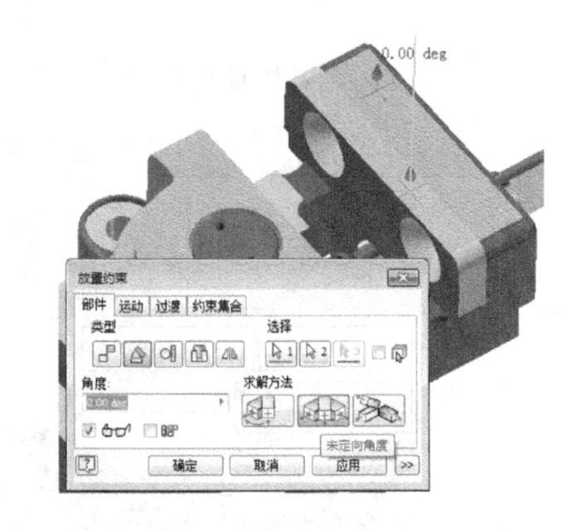

图 3-34　钳口板和固定钳身装配

（2）钳口板和活动钳身装配

1）单击“装配”工具面板上的“约束”按钮，在“部件”选项卡中选择“插入”约束，“第一次选择”选择钳口板无滚花面上的孔的轮廓线，“第二次选择”选择活动钳身螺孔的轴线，如图 3-35 所示，单击“应用”按钮。

2）选择“角度”约束，“第一次选择”选择钳口板上表面，“第二次选择”选择活动钳身上表面，“求解方法”选择“未定向约束”，单击“确定”按钮，完成钳口板装配，如图 3-36 所示。

13. 螺钉 M6×18 的装配

单击“装配”工具面板上的“放置”按钮，在零件库中选择“螺钉 M6×18”，并装入两个。

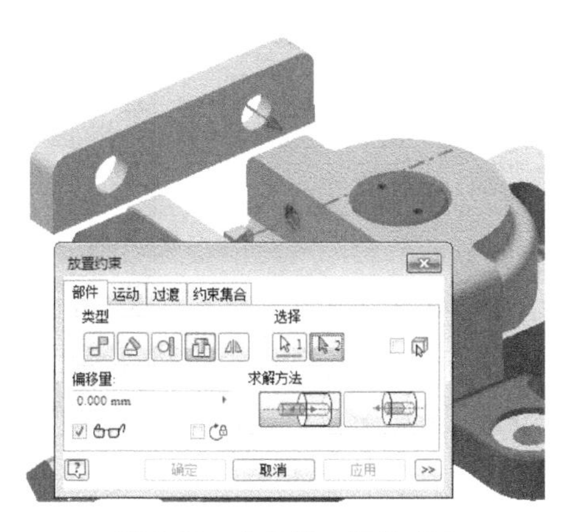

图 3-35 定义钳口板约束 2

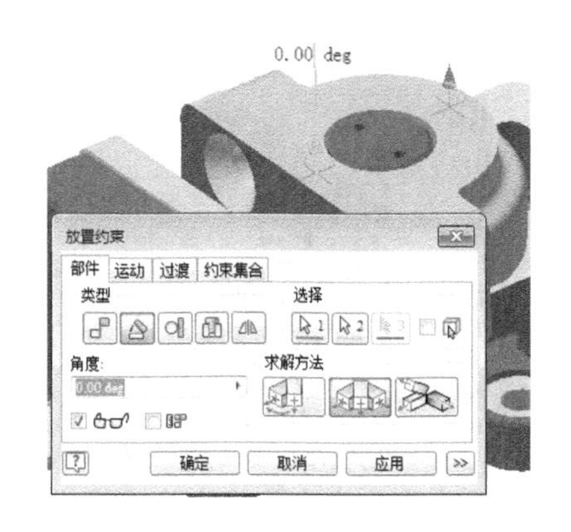

图 3-36 钳口板和活动钳身装配

（1）螺钉和固定钳身的钳口板装配

1）在“部件”选项卡中选择“配合”约束，“第一次选择”选择螺钉轴线，“第二次选择”选择固定钳身上钳口板的孔的轴线，如图 3-37 所示，单击“应用”按钮。

2）选择“相切”约束，“第一次选择”选择螺钉圆锥面，“第二次选择”选择固定钳身上钳口板的圆锥面，在“方式”中选择“内边框”，如图 3-38 所示，单击“确定”按钮完成该螺钉装配。

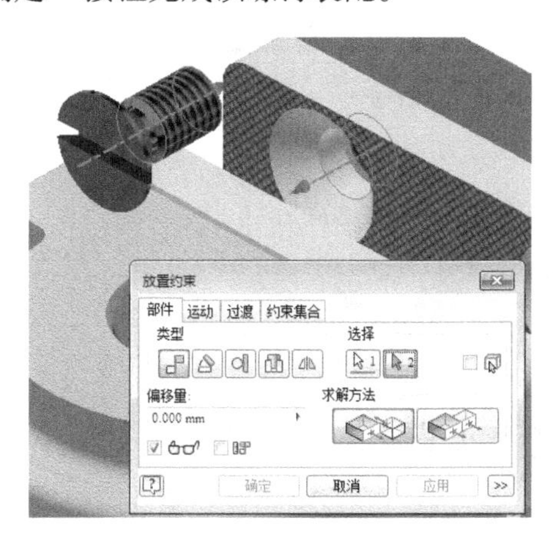

图 3-37 定义螺钉约束

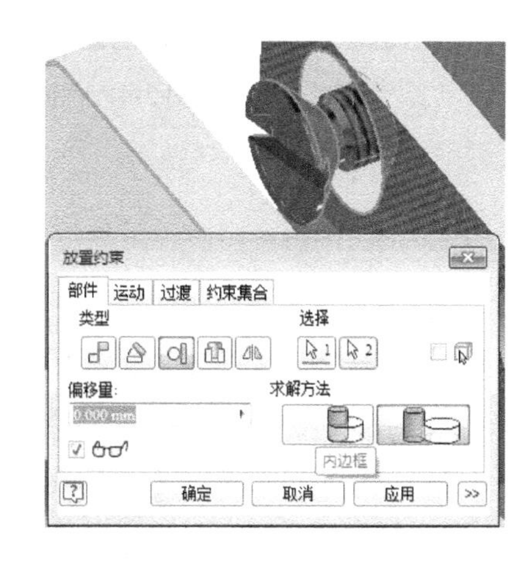

图 3-38 定义相切约束

（2）螺钉和活动钳身的钳口板装配 该装配与步骤（1）类似，装配完成效果如图 3-39 所示。

（3）镜像螺钉装配 在“装配”工具面板上选择“镜像”命令，弹出“镜像零部件”对话框。用左键单击两个螺钉，完成镜像的对象的选择；选择 *XY* 平面为镜像平面，如图 3-40 所示。单击“下一步”按钮进入“镜像零部件：文件名”对话框，如图 3-41 所示。单击“确定”按钮，完成螺钉的装配镜像。

最终完成的机用台虎钳装配如图 3-42 所示。

图 3-39　装配完成效果

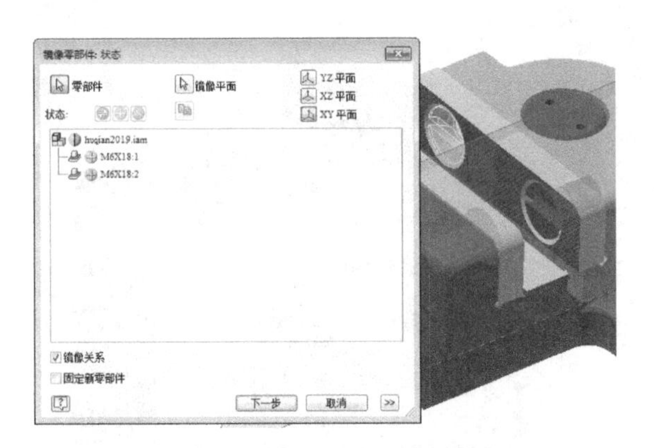

图 3-40　选择装配镜像对象

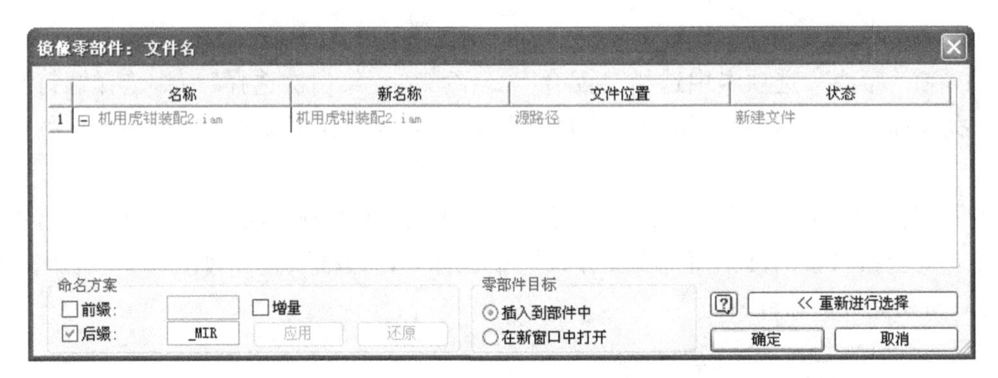

图 3-41　“镜像零部件：文件名”对话框

图 3-42　机用台虎钳装配

第三节　表达视图与动画

一、表达视图概述

传统的设计方法对设计结果的表达以静态的、二维的方式为主，表达效果受到很大的限制。随着计算机辅助设计软件的发展，表达方法逐渐向着三维、动态的方向发展，并进入了数字样机时代。表达视图与动画将产品装拆的过程以动态的形式予以表达，能够更为清楚地观察产品中零部件的特点及其装配关系。

Inventor 2019 为设计人员提供了表达视图与动画功能，使得零部件的结构及其装拆过程可用动态演示的方法直观地表示，表达视图保存在名为“表达视图文件（.ipn）”的独立文件中。每个表达视图文件可以包含指定部件所需的任意多个表达视图，可以设计部件的分解视图、动画和其他样式的视图来帮助记录用户的设计。当对部件进行改动时，表达视图会自动更新。任何静态的表达视图都可以在工程图中使用。

表达视图用户界面如图 3-43 所示，主要包括五部分：创建界面、工具面板、模型浏览器、“故事板”面板和快照视图。创建界面是为用户提供的创建表达视图的空间。工具面板中包括了创建表达视图的各种工具。模型浏览器显示有关表达视图场景的信息。其中的“模型”文件夹列出零部件并显示零部件的可见性，“位置参数”文件夹列出零部件位置参数并显示轨迹的可见性，但仅显示与当前场景、故事板或快照视图对应的位置参数。“故事板”面板列出当前文档中包含的故事板。“快照视图”面板列出并管理模型的快照视图。

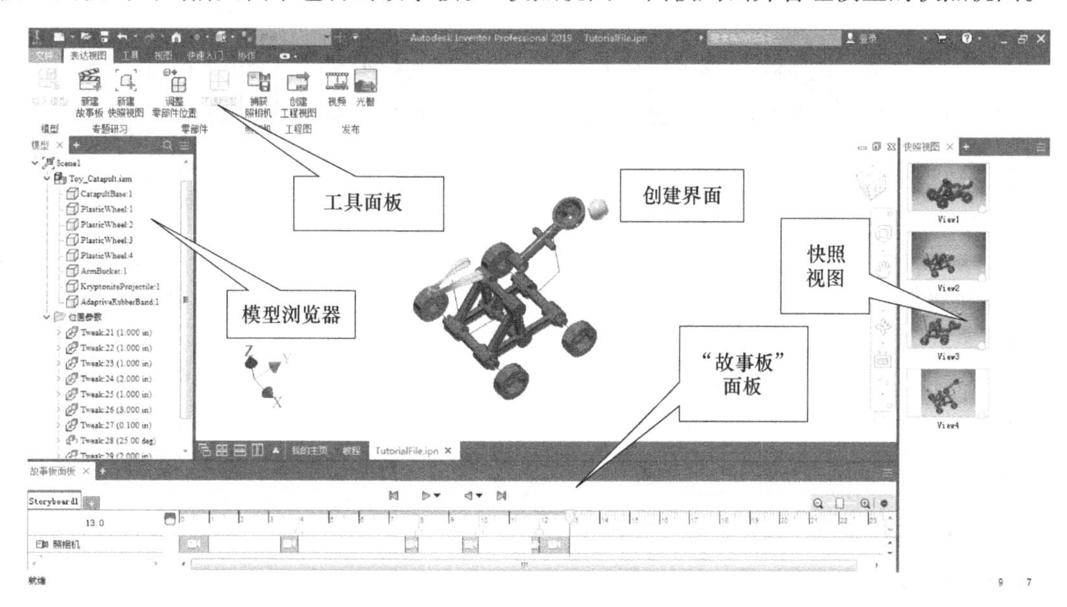

图 3-43 表达视图用户界面

二、零部件表达动作定义

传统设计中，机器装配过程是比较难以表达的。Inventor 的“表达视图”命令通过定义零部件的平移、旋转动作以及各种动作的时序来表达机器装配过程。

（1）激活命令 在功能区打开“表达视图”选项卡▷“零部件”面板▷“调整零部件位置”按钮。也可以在要调整位置的零部件上单击右键，然后单击快捷菜单中的“调整零部件位置”。命令激活后，在工作区域会弹出如图 3-44 所示的“调整零部件位置”对话框。

图 3-44 “调整零部件位置”对话框

（2）选择零部件　零件可在绘图区域中选择，也可在模型浏览器中选择。当需要选择多个零件时，可以按住<Ctrl>键逐个进行连选。

（3）定义零部件移动　选择零部件，激活“移动”命令；使用移动操纵器（图 3-45），将零部件沿激活方向拖离装配体；在“距离”文本框中指定值，单击“应用”按钮，完成零部件移动。零部件的移动方向可以选择局部坐标，也可选择使用世界（表达视图）坐标，或者通过“自定义坐标”按钮设置其他方向。

（4）定义零部件旋转　选择零部件，激活“旋转”命令；使用旋转操纵器（图 3-46），将零部件沿激活方向旋转；在“角度”文本框中指定值，单击“应用”按钮，完成零部件旋转。零部件的旋转同样可以使用局部、全局或自定义坐标系。

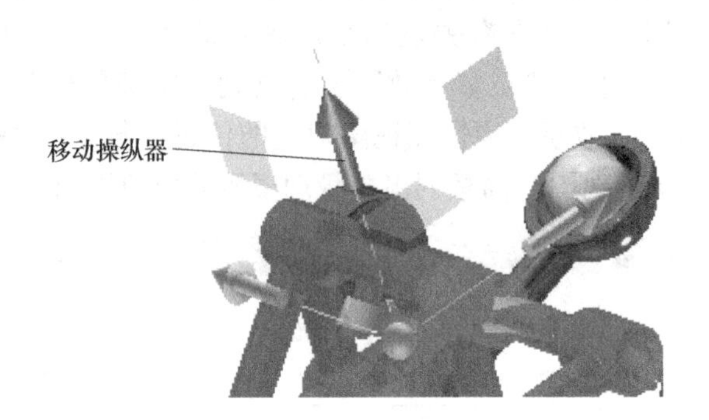

图 3-45　移动操纵器

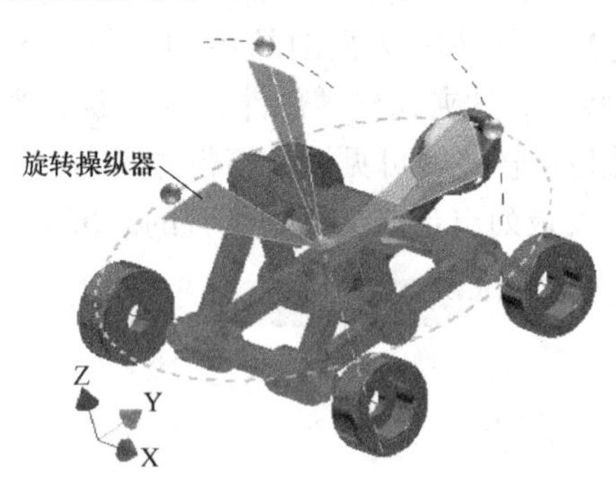

图 3-46　旋转操纵器

（5）定义一个零部件一次完成多个动作　一个零件一次性完成多个动作是常见需求。例如，一个螺栓需同时完成平移和旋转的动作，可以先把两个动作分别设置好，然后在时间轴中拖动或编辑两个动作的起点与终点，使之对齐。这种动作的合成可以达到一次性完成多个动作的效果。若多个动作是相同类型，则 Inventor 会自动将它们合成为一个动作。

（6）调整动作的顺序　可在时间轴中选定任务的某个动作，按住拾取键，将这个动作拖放到要到达的位置。也可在时间轴中右键单击动作，编辑动作的时间起点与终点。

三、台虎钳的表达视图与动画的制作

1. 实验内容

将第二节生成的台虎钳装配体生成爆炸图，如图 3-47 所示，生成过程的视频可扫描视频 3-2 的二维码观看。

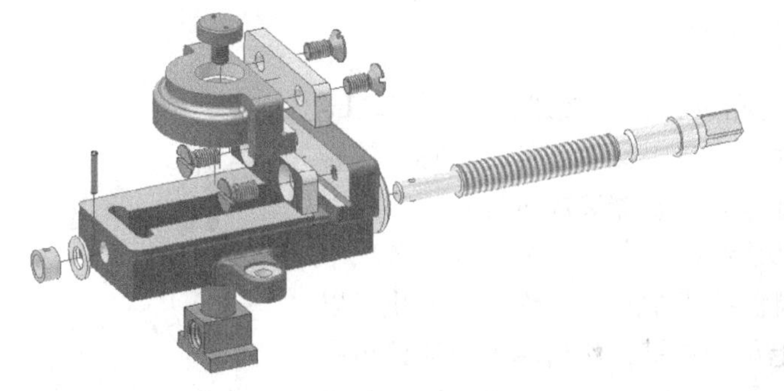

视频3-2
台虎钳爆炸图生成过程

图 3-47　台虎钳爆炸图

数字样机时代。表达视图与动画将产品装拆的过程以动态的形式予以表达，能够更为清楚地观察产品中零部件的特点及其装配关系。

Inventor 2019 为设计人员提供了表达视图与动画功能，使得零部件的结构及其装拆过程可用动态演示的方法直观地表示，表达视图保存在名为“表达视图文件（.ipn）”的独立文件中。每个表达视图文件可以包含指定部件所需的任意多个表达视图，可以设计部件的分解视图、动画和其他样式的视图来帮助记录用户的设计。当对部件进行改动时，表达视图会自动更新。任何静态的表达视图都可以在工程图中使用。

表达视图用户界面如图 3-43 所示，主要包括五部分：创建界面、工具面板、模型浏览器、“故事板”面板和快照视图。创建界面是为用户提供的创建表达视图的空间。工具面板中包括了创建表达视图的各种工具。模型浏览器显示有关表达视图场景的信息。其中的“模型”文件夹列出零部件并显示零部件的可见性，“位置参数”文件夹列出零部件位置参数并显示轨迹的可见性，但仅显示与当前场景、故事板或快照视图对应的位置参数。“故事板”面板列出当前文档中包含的故事板。“快照视图”面板列出并管理模型的快照视图。

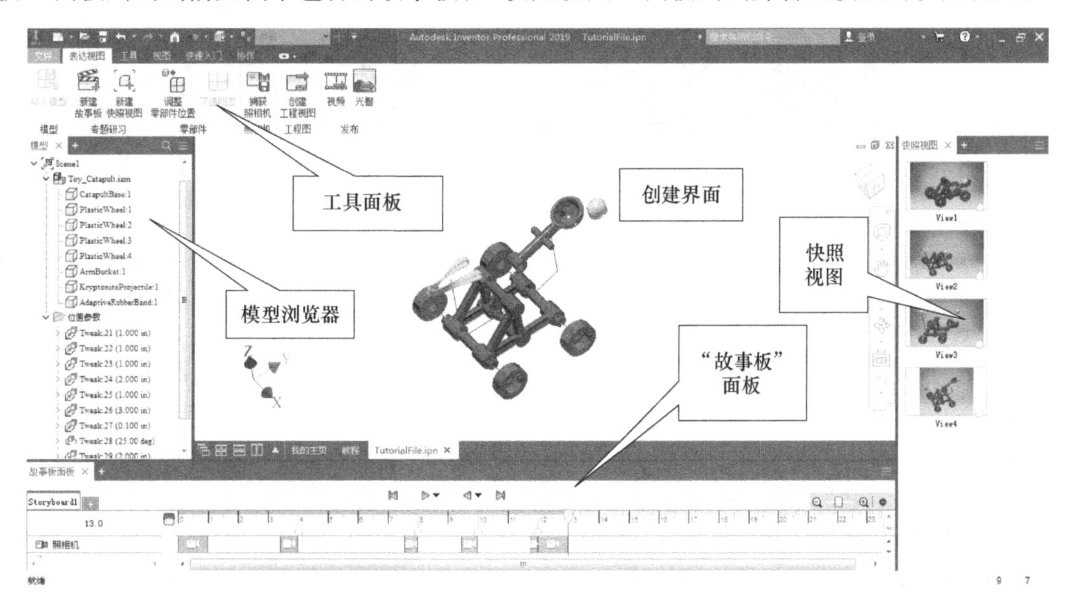

图 3-43 表达视图用户界面

二、零部件表达动作定义

传统设计中，机器装配过程是比较难以表达的。Inventor 的“表达视图”命令通过定义零部件的平移、旋转动作以及各种动作的时序来表达机器装配过程。

（1）激活命令 在功能区打开“表达视图”选项卡▷“零部件”面板▷“调整零部件位置”按钮。也可以在要调整位置的零部件上单击右键，然后单击快捷菜单中的“调整零部件位置”。命令激活后，在工作区域会弹出如图 3-44 所示的“调整零部件位置”对话框。

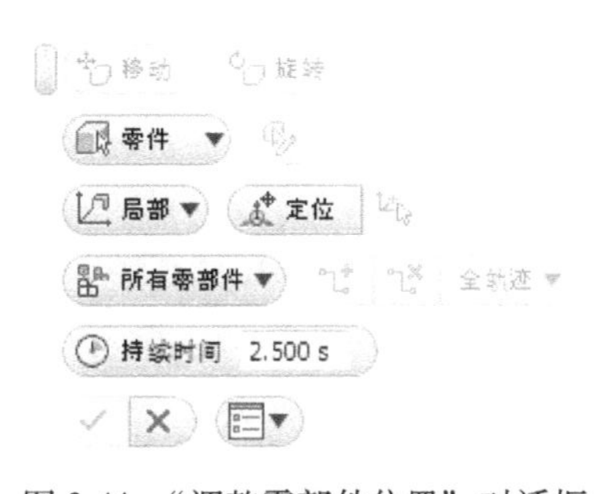

图 3-44 “调整零部件位置”对话框

（2）选择零部件　零件可在绘图区域中选择，也可在模型浏览器中选择。当需要选择多个零件时，可以按住<Ctrl>键逐个进行连选。

（3）定义零部件移动　选择零部件，激活“移动”命令；使用移动操纵器（图3-45），将零部件沿激活方向拖离装配体；在“距离”文本框中指定值，单击“应用”按钮，完成零部件移动。零部件的移动方向可以选择局部坐标，也可选择使用世界（表达视图）坐标，或者通过“自定义坐标”按钮设置其他方向。

（4）定义零部件旋转　选择零部件，激活“旋转”命令；使用旋转操纵器（图3-46），将零部件沿激活方向旋转；在“角度”文本框中指定值，单击“应用”按钮，完成零部件旋转。零部件的旋转同样可以使用局部、全局或自定义坐标系。

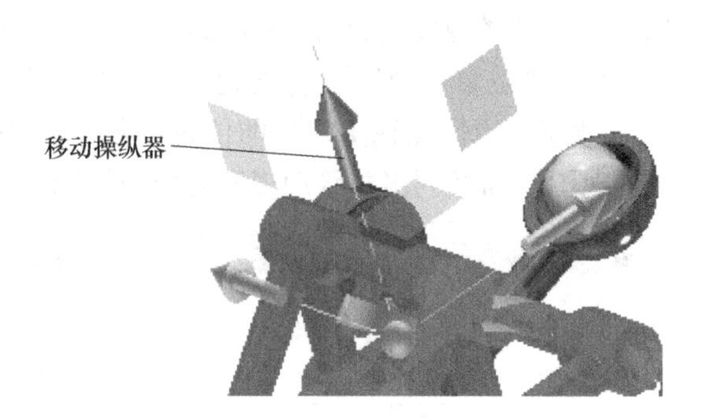

图3-45　移动操纵器

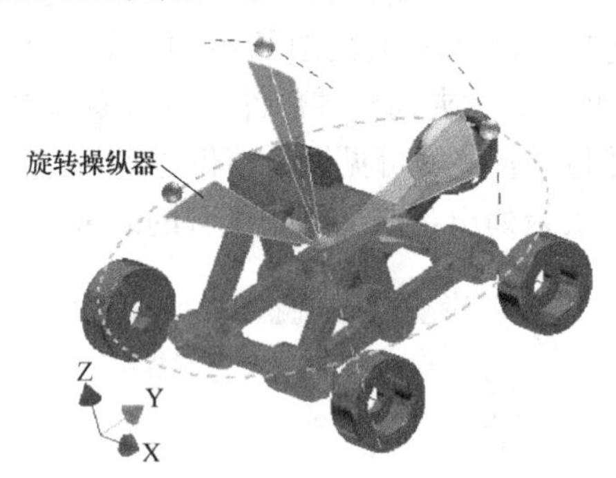

图3-46　旋转操纵器

（5）定义一个零部件一次完成多个动作　一个零件一次性完成多个动作是常见需求。例如，一个螺栓需同时完成平移和旋转的动作，可以先把两个动作分别设置好，然后在时间轴中拖动或编辑两个动作的起点与终点，使之对齐。这种动作的合成可以达到一次性完成多个动作的效果。若多个动作是相同类型，则Inventor会自动将它们合成为一个动作。

（6）调整动作的顺序　可在时间轴中选定任务的某个动作，按住拾取键，将这个动作拖放到要到达的位置。也可在时间轴中右键单击动作，编辑动作的时间起点与终点。

三、台虎钳的表达视图与动画的制作

1. 实验内容

将第二节生成的台虎钳装配体生成爆炸图，如图3-47所示，生成过程的视频可扫描视频3-2的二维码观看。

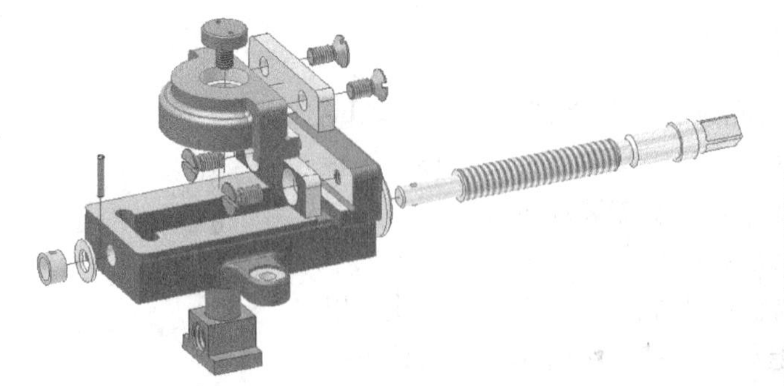

视频3-2
台虎钳爆炸
图生成过程

图3-47　台虎钳爆炸图

2. 实验步骤

（1）进入表达视图环境　进入表达视图环境的方法和进入零件建模环境类似。启动 Inventor 2019，选择“新建”。在“新建文件”对话框的模板列表中选择“Metric”，双击右侧列表“表达视图-创建装配分解模型”中的模板“Standard(mm).ipn”按钮，弹出“插入部件”对话框，打开装配好的机用台虎钳，进入表达视图环境，如图 3-48 所示。

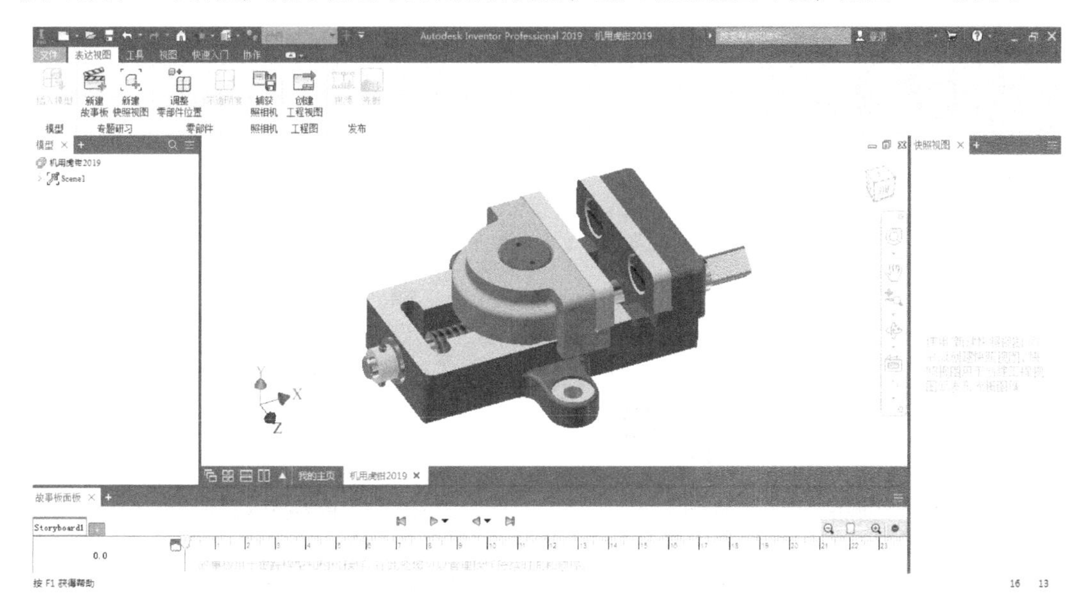

图 3-48　表达视图环境

（2）分解视图，调整零部件位置

1）分离销。单击“表达视图”工具面板中“调整零部件位置”按钮，弹出“调整零部件位置”对话框，如图 3-49 所示。在创建界面中单击销，完成零件选择（若错选，可以按住<Ctrl>键，再选择该零件，使其从选择组中被删除）。左键单击竖直方向箭头，激活“移动”命令。在弹出的 *Z* 方向移动距离文本框中输入“40”；单击“确定”按钮，完成销的位置调整，如图 3-50 所示。也可不单击“确定”按钮，直接单击下一个将调整位置的零件，调整下一个零件的位置。

图 3-49　“调整零部件位置”对话框

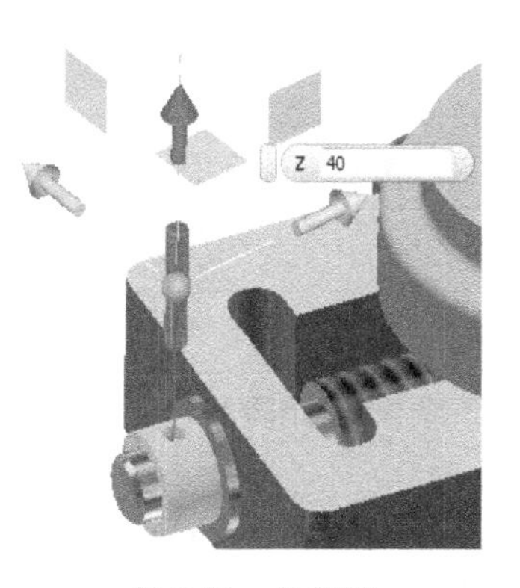

图 3-50　分离销

2）分离挡圈。选择挡圈，单击沿轴线方向的箭头，在弹出的 Z 方向移动距离文本框中输入“-30”，调整结果如图 3-51 所示。此处，用户可以发现，激活的坐标方向显示为 Z，它与用户界面显示的世界坐标 X 方向一致。若想将移动距离文本框显示为世界坐标 X，如图 3-52 所示，可在“调整零部件位置”对话框中将局部坐标切换为世界坐标。

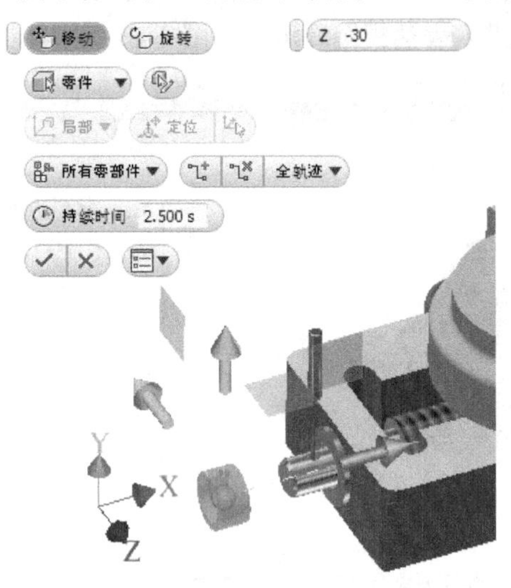

图 3-51　局部坐标系下调整挡圈

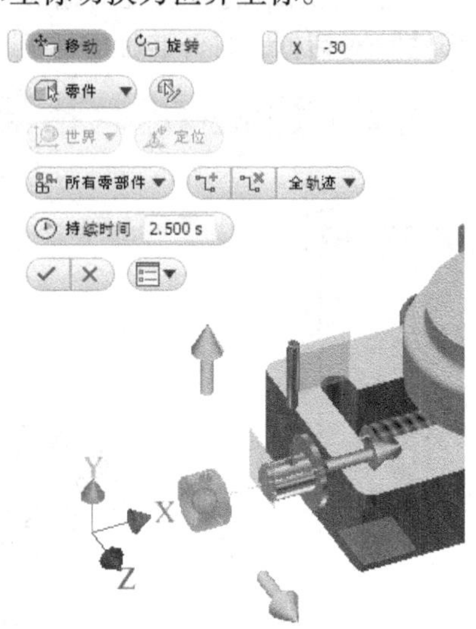

图 3-52　世界坐标系下调整挡圈

3）分离垫圈 12。选择垫圈，单击沿轴线方向的箭头，在弹出的 Z 方向移动距离文本框中输入“-15”，调整结果如图 3-53 所示。

4）旋转螺杆。选择螺杆，单击沿轴线方向的箭头，输入移动距离“200”，如图3-54 所示。在“调整零部件位置”对话框中单击“旋转” 旋转，选择绕轴线的操作小球，输入旋转角度“720”，持续时间设为 1. 5s，如图 3-55 所示。

图 3-53　分离垫圈 12

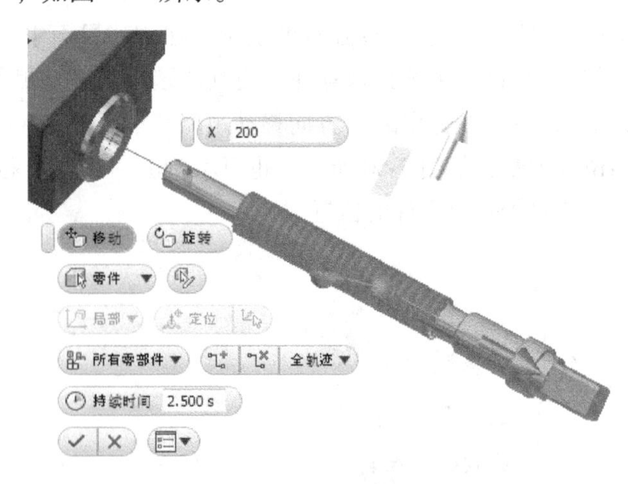

图 3-54　移动螺杆

单击“故事板”面板的“播放”按钮 ▷ 可以发现，螺杆的拆卸模拟动作为先移动再旋转，而理想的动作应该是螺杆在旋转的同时进行移动。此时，用户需要调整动作顺序达到

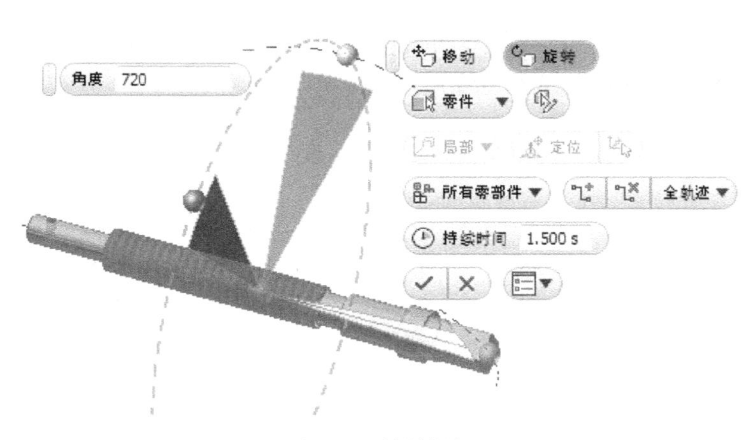

图 3-55　旋转螺杆

理想效果。

在“故事板”面板的浏览器中单击螺杆左侧的展开箭头 ，螺杆时间轴的移动与旋转动作被分离显示，如图 3-56 所示。在时间轴上，用鼠标将“移动”符号与“旋转”符号拖至同一时间处，并把时间轴线也拖至最后动作处，如图 3-57 所示。再单击“播放”按钮 ，可以发现螺杆在旋转的同时也在移动。

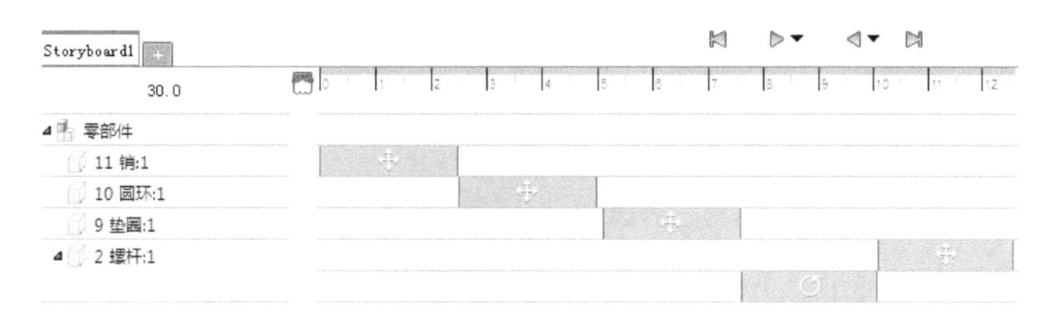

图 3-56　展开螺杆动作的故事板

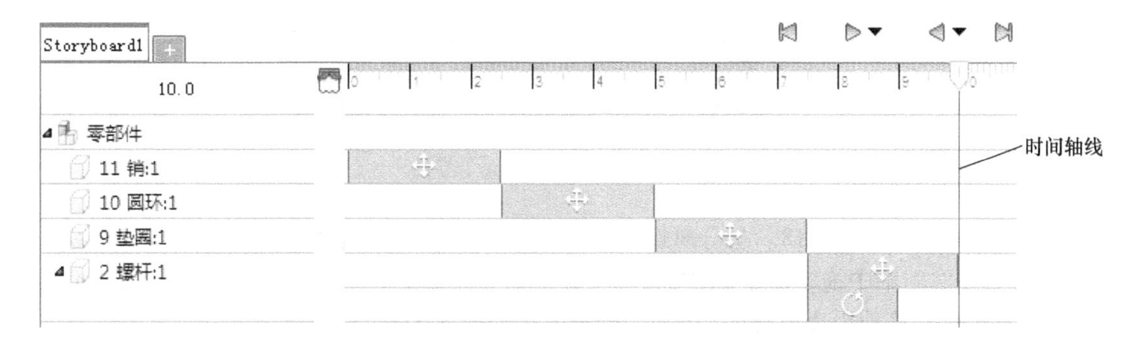

图 3-57　螺杆动作调整的故事板

5）分离垫圈 18。选择垫圈，单击沿轴线方向的箭头，在弹出的 *Z* 方向移动距离文本框中输入“15”，调整结果如图 3-58 所示。

6）分离方形螺母。选择方形螺母，单击竖直方向的箭头，在弹出的 *Y* 方向移动距离文本框中输入“-60”，调整结果如图 3-59 所示。

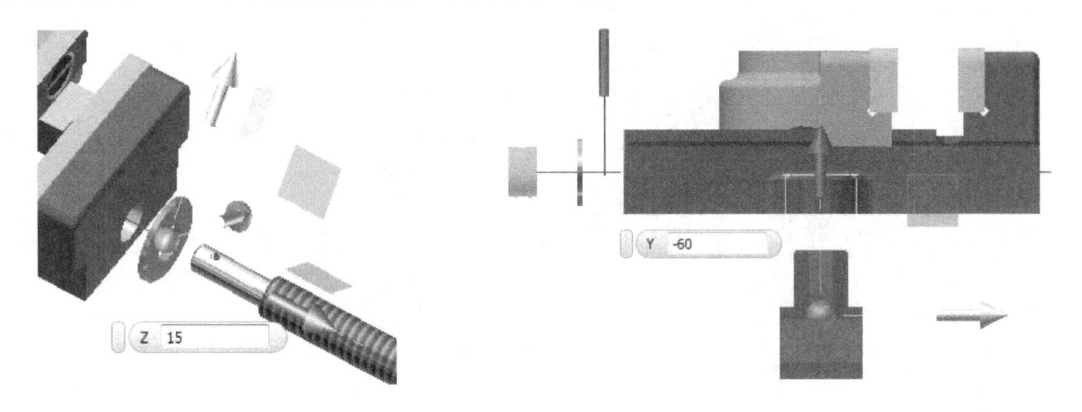

图 3-58　分离垫圈 18　　　　图 3-59　分离方形螺母

7）分离活动钳身、钳口板、螺钉和螺钉 M6×18（两个）。

① 按住<Ctrl>或<Shift>键，连续选择活动钳身、与活动钳身连接的钳口板、螺钉以及连接活动钳身与钳口板的两个螺钉，单击竖直方向的箭头，在弹出的 *Z* 方向移动距离文本框中输入“50”，调整结果如图 3-60 所示。

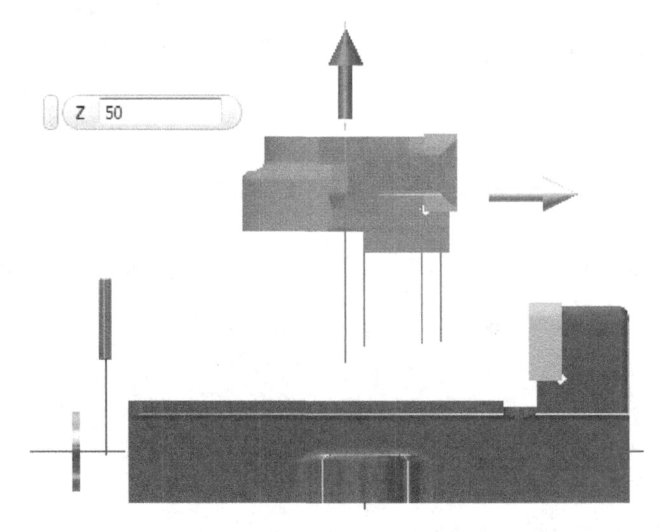

图 3-60　分离活动钳身五个零件

② 分离两个螺钉 M6×18。与分离螺杆操作类似，将两个螺钉的旋转与移动动作分别设置好，然后在时间轴中拖动两个动作的起点与终点，使之对齐，如图 3-61 所示。旋转角度设置为“720°”，移动距离设置为“60”。分离效果如图 3-62 所示。

③ 分离钳口板。选择钳口板，单击与网状滚花面垂直的方向箭头，在弹出的 *Z* 方向移动距离文本框中输入“20”，调整结果如图 3-63 所示。

④ 分离螺钉。选择螺钉，单击竖直方向箭头，在弹出的 *X* 方向移动距离文本框中输入“30”，调整结果如图 3-64 所示。

图 3-61 螺钉分离的故事板

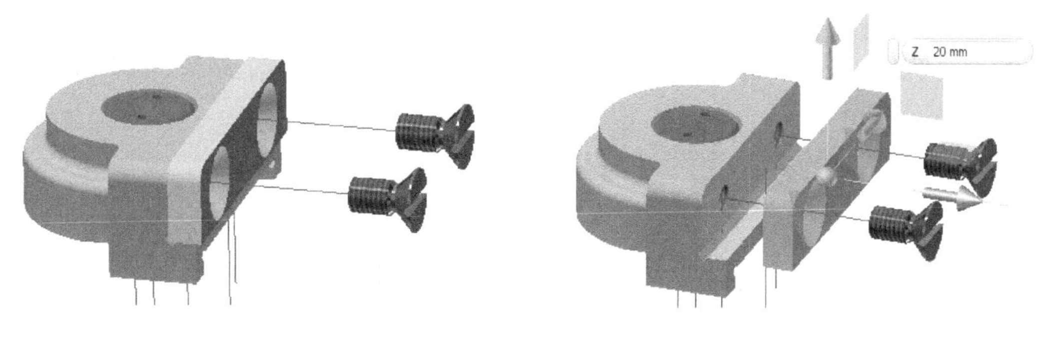

图 3-62 分离螺钉 1：平移

图 3-63 分离钳口板 1

8）调整连接固定钳身和钳口板的两个螺钉。与上一步中分离螺钉 M6×18 相同，将两个螺钉的旋转与移动动作分别设置好，然后在时间轴中拖动两个动作的起点与终点，使之对齐。旋转角度设置为“720°”，移动距离设置为“60”。分离效果如图 3-65 所示。

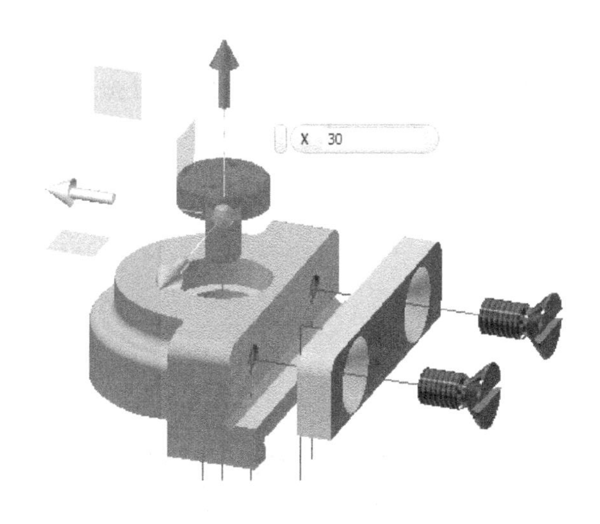

图 3-64 分离螺钉

9）分离固定钳身处钳口板。选择钳口板，单击与网状滚花面垂直的方向箭头，在弹出的 *Z* 方向移动距离文本框中输入“20”，调整结果如图 3-66 所示。

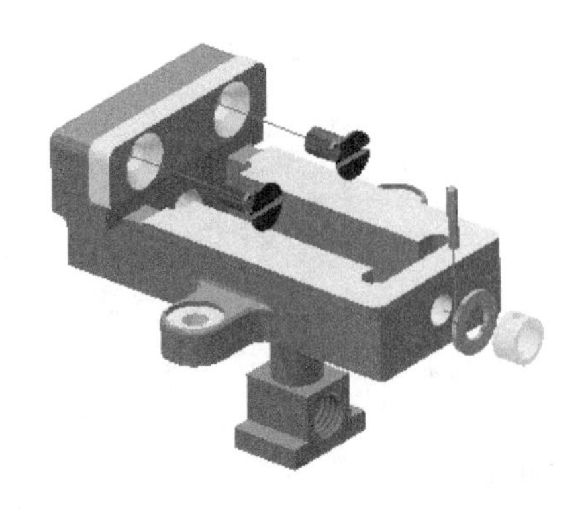

图 3-65　分离螺钉 2：平移

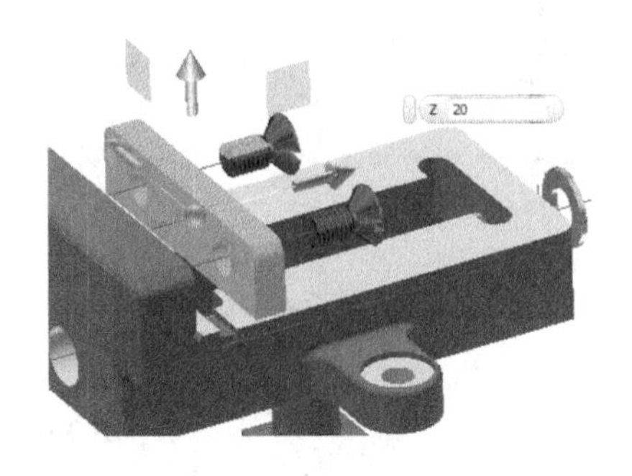

图 3-66　分离钳口板 2

单击“确定”按钮 。至此，台虎钳零部件的分离已全部完成，结果如图 3-67 所示。

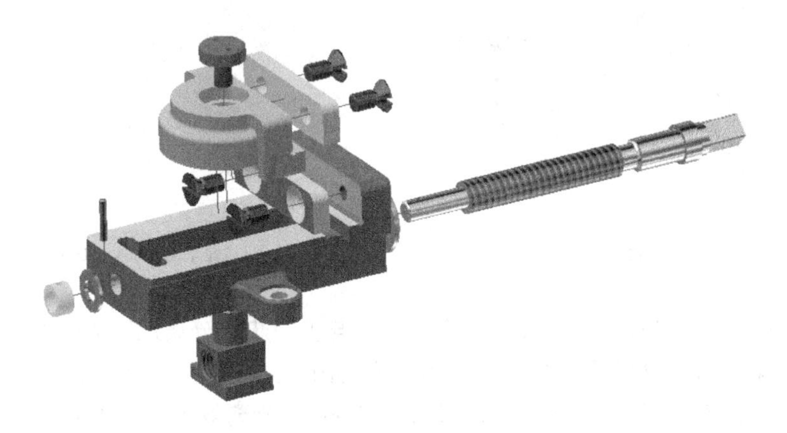

图 3-67　台虎钳爆炸图

（3）捕获相机位置获得更合理的视觉效果　将动画指针拖至起始点；将动画指针拖至 7.5s 处，使用“旋转”命令将视图更改为如图 3-68 所示方向，单击“表达视图”工具面板上的“捕获相机位置”按钮 ；将动画指针拖至 25s 处，使用“旋转”命令将视图更改为如图 3-69 所示方向，单击“表达视图”工具面板上的“捕获相机位置”按钮 ，完成相机位置捕捉。

图 3-68　相机位置 1

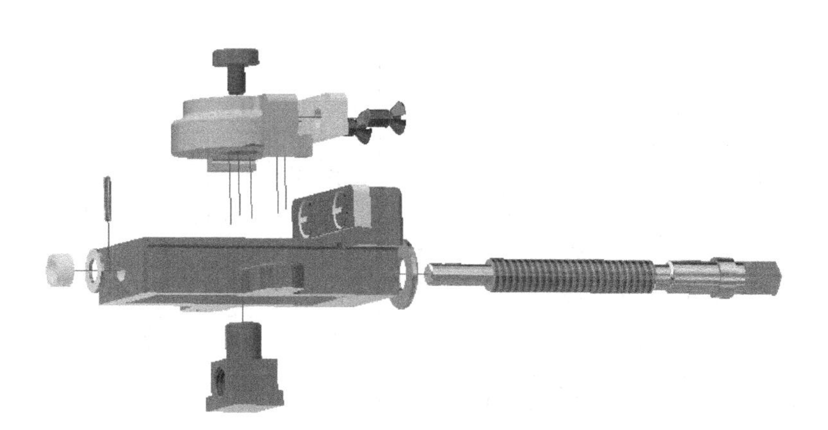

图 3-69 相机位置 2

（4）动画制作 在功能区单击“表达视图”选项卡▷“发布”面板▷“发布为视频”，根据需要选择视频分辨率及视频格式，并定义文件名及存储位置，如图 3-70 所示，单击“确定”按钮，完成视频制作。

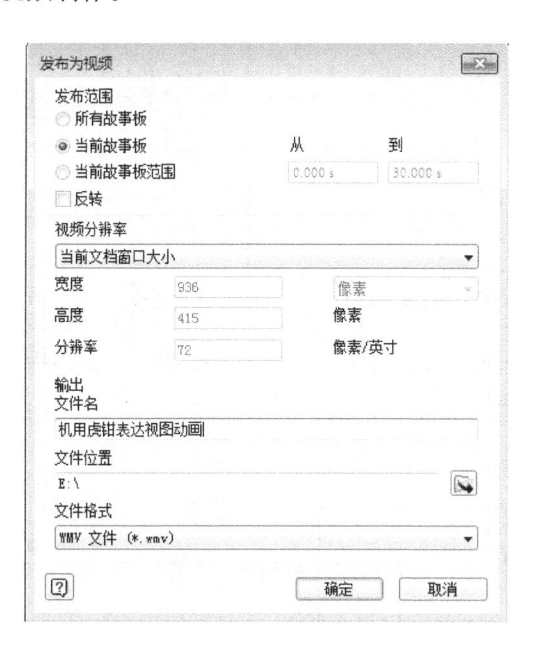

图 3-70 “发布为视频”对话框

课 后 练 习

1. 绘制图 3-71 所示的定滑轮零件三维模型。（螺栓为 GB/T 5782 M10×26）
2. 参照定滑轮装置立体模型装配零件。
3. 生成定滑轮装置爆炸图及拆装动画。

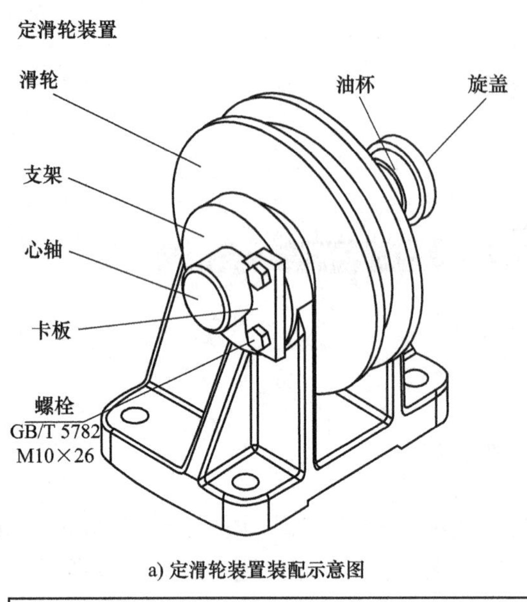

a) 定滑轮装置装配示意图

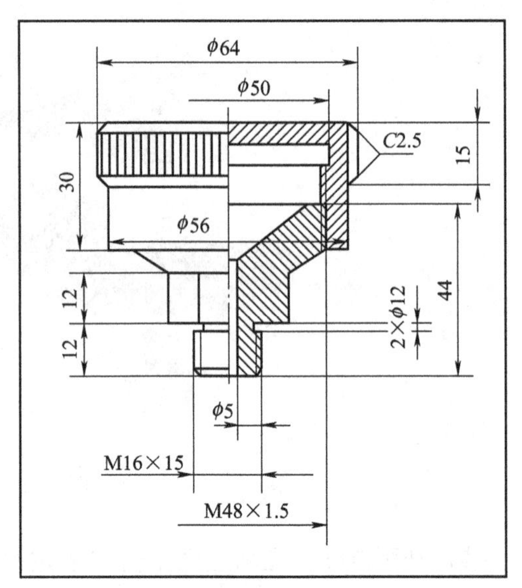

b) 旋塞油杯

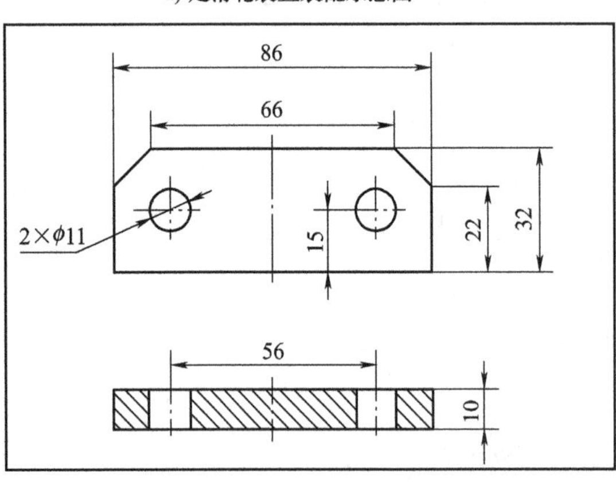

c) 卡板

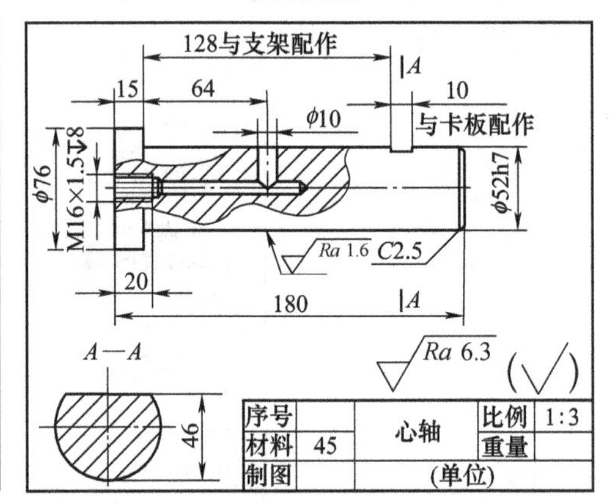

序号		心轴	比例	1:3
材料	45		重量	
制图		(单位)		

d) 心轴

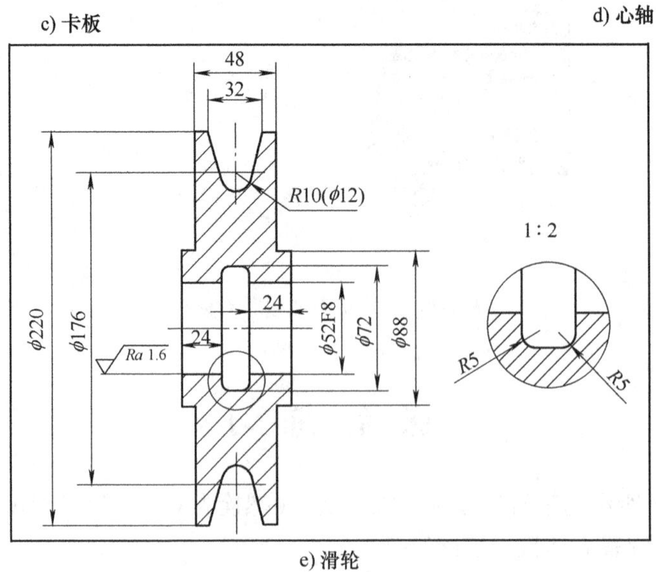

e) 滑轮

图 3-71 定滑轮装置

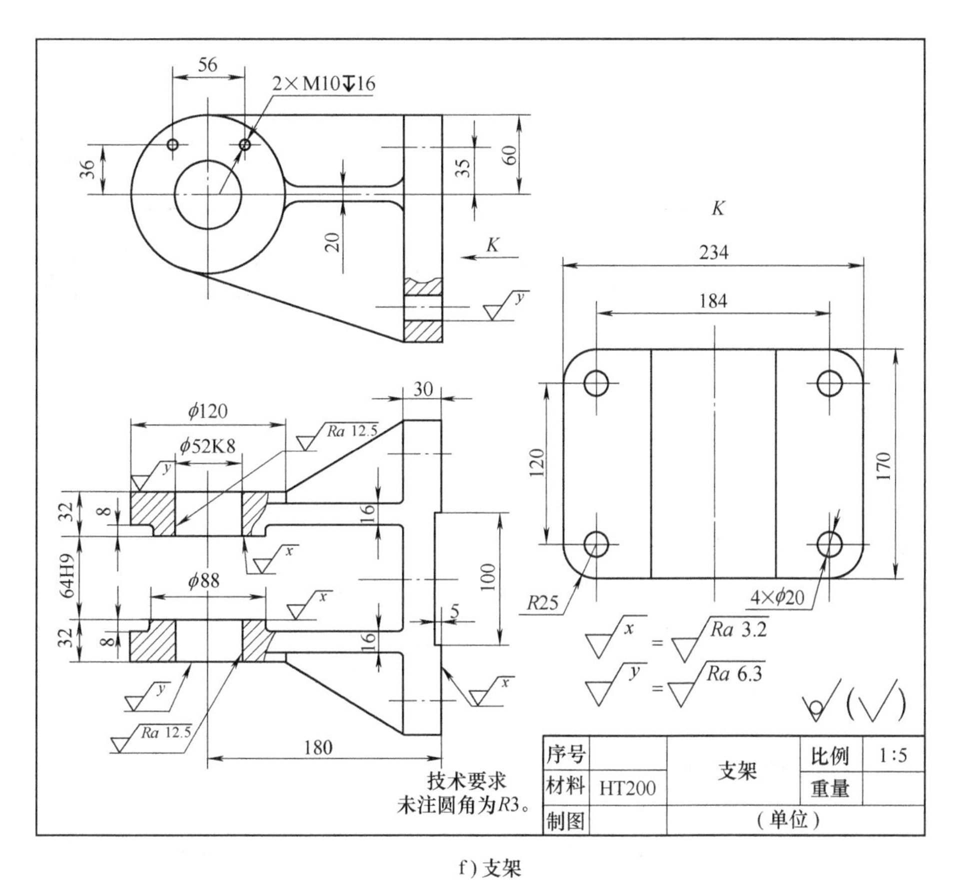

f）支架

图 3-71 定滑轮装置（续）

第四章

Inventor 2019工程图技术

本章学习导读

目的与要求：了解 Inventor 2019 工程图工作界面，掌握工程图模板的定制，掌握各投影视图和剖视图的创建，掌握工程图的编辑和标注。

内容：Inventor 2019 工程图工作界面、模板定制、投影视图的创建（包括基础视图即主视图、左视图、俯视图）、剖视图的创建（包括全剖视图、局部剖视图、半剖视图、断面图）、工程图的编辑（包括移动、删除、比例缩放）、工程图的标注。

第一节 工程图概述

工程图是准确表达物体形状、尺寸及技术要求的图形。Inventor 提供了创建零件及部件装配的二维工程图功能，而且可以二维与三维关联更新。但是，标准工程图样包含了大量的人为规定，例如：规定画法、简化画法等，这些规则不但不同国家的设计标准有区别，即使在我国，不同行业、甚至同行业的不同设计部门也有区别，而软件只是按照平行投影规则得到结果，因此很难直接创建符合标准的工程图样。在 Inventor 工程图实际应用中，用户可以合理利用软件功能，让工程图尽量符合标准要求，若要使最后的工程图完全符合标准规定，还需要导入到 AutoCAD 等二维绘制软件中做进一步修改。

一、工程图工作环境

启动 Inventor 2019，在功能区打开“快速入门”选项卡▷“启动”面板▷“新建”▷“Metric”▷“工程图-创建带有标注的文档”▷“GB. idw”▷“创建”，进入工程图环境。图 4-1 所示为“放置视图”选项卡，图 4-2 所示为“标注”选项卡，图 4-3 所示为工程图环境下的模型浏览器。

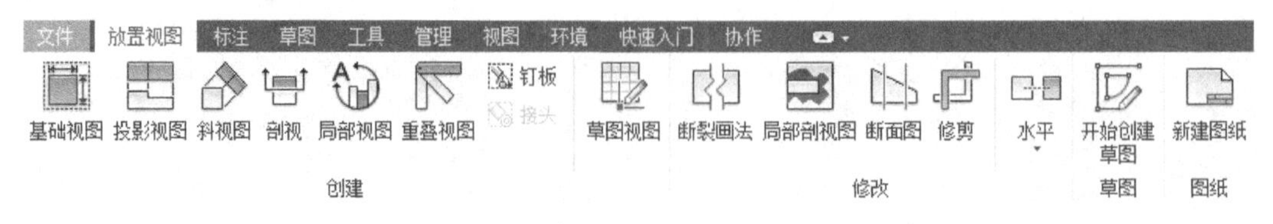

图 4-1 “放置视图”选项卡

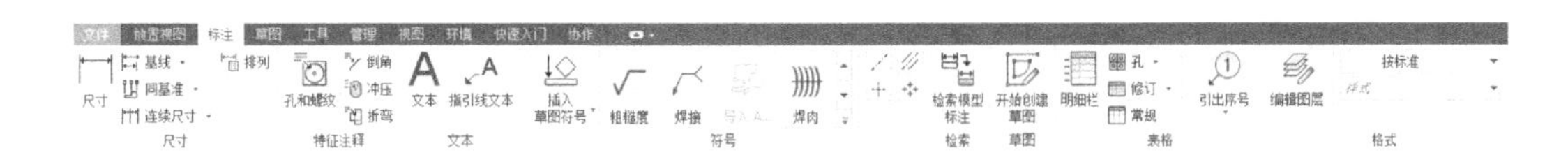

图 4-2 “标注”选项卡

“放置视图”选项卡包含了创建各种类型工程视图及编辑视图的命令。例如，基础视图、投影视图、斜视图、打断与修剪视图、对齐视图等。“标注”选项卡包含了在工程图中创建和管理尺寸、中心线、符号、表、明细栏和其他标注等命令。模型浏览器包含了工程图资源、工程图样、工程视图、参考模型及工程图样上放置的对象。

图 4-3 模型浏览器

二、模板定制

Inventor 提供了通用的工程图模板，如图 4-4 所示。其中包括图幅、图框、标题栏、文字、标注等。为了适应不同用户的需要，也允许用户定制自己的模板。下面以简易的 A3 图幅为例，定制自制模板，操作过程视频可通过扫描视频 4-1 的二维码观看。

图 4-4 通用工程图模板

视频4-1
定制A3模板
操作过程

1. 设置项目文件

将 Inventor 样式库从“只读”更改为“读-写”。选择“文件”菜单中的“管理▷项目”，在弹出的“项目”对话框中单击“新建”按钮。在“项目名称”文本框填写项目名称，例如，“自定义工程图”，单击“完毕”按钮，创建一个新的项目空间。右键单击“使用样式库”，如图 4-5 所示，将其改为“读-写”，使用户能利用 Inventor 样式和标准编辑器修改样式库。

2. 新建工程图文件

在“文件”菜单中选择“新建”，在“新建文件”对话框左侧的模板中选择“Metric”，在“工程图-创建带有标注的文档”列表中双击“GB. idw”，建立新的工程图文件。

3. 新建图纸

在模型浏览器内右键单击“工程图 1”，在弹出的快捷菜单中选择“新建图纸”，如图 4-6 所示，建立新图纸“Sheet2”。

4. 编辑图纸

右键单击“Sheet2”，在弹出的快捷菜单中选择“编辑图纸”，弹出“编辑图纸”对话

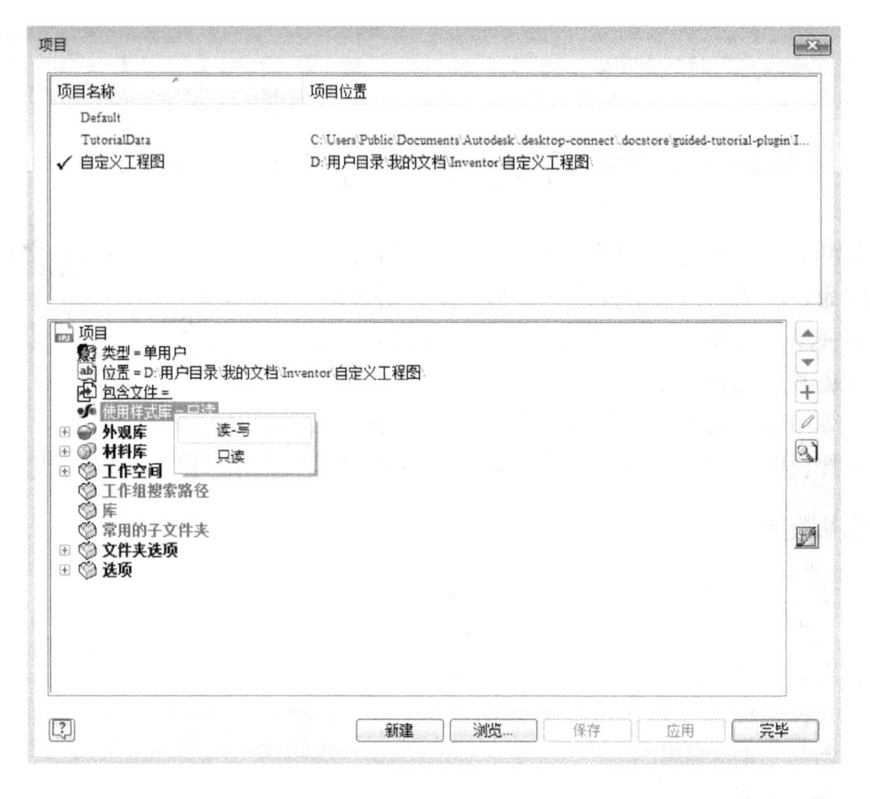

图 4-5 “项目”管理对话框

框如图 4-7 所示，将“名称”改为“自制 A3 图纸”，“大小”选择“A3”，单击“确定”按钮。在模型浏览器中，删除“自制 A3 图纸”下的子项：图框“Default”和标题栏“GB”，使图纸变成空白。

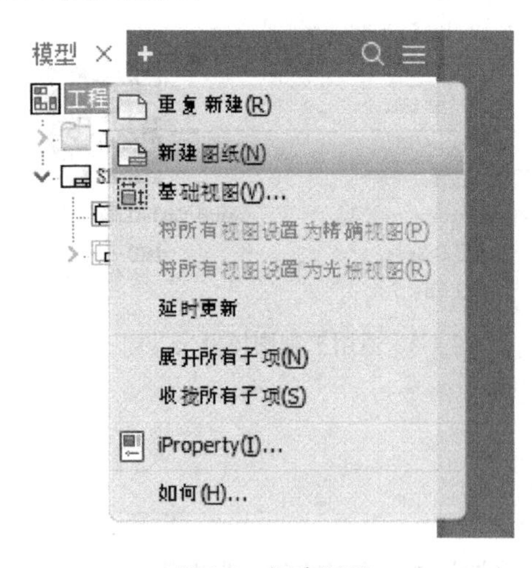

图 4-6 新建图纸

图 4-7 修改图纸图幅

5. 定义新图框

在模型浏览器中右键单击“图框”，在弹出的快捷菜单中选择“定义新图框”，如图 4-8

所示。选项卡自动切换到“草图”。利用“矩形”命令绘制矩形，并定义图框与边框的距离，除左边边距为25mm外，其他都为5mm。绘制完成矩形后，右键单击每根直线，在弹出的快捷菜单里选择“特性”，弹出的“草图特性”对话框如图4-9所示。将“线宽”改为“1.0mm”。在“草图”选项卡内选择“完成草图”命令，在弹出的“图框”对话框中将图框命名为“自制A3图框”。在模型浏览器的“图框”列表的“自制A3图框”上单击右键，在弹出的快捷菜单中选择“插入”，空白图纸被插入自制的A3图框。

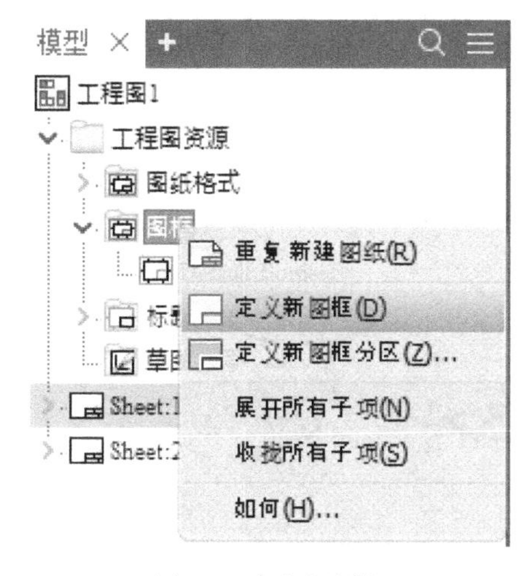

图4-8 定义新图框

图4-9 定义图框线的线宽

6. 定义标题栏

此处将建立一个新的简易标题栏。首先在模型浏览区域右键单击“标题栏”，如图4-10所示，在弹出的快捷菜单中选择“定义新标题栏”，选项卡自动切换到“草图”。按照图4-11所示的尺寸及文字在工程图工作界面绘制标题栏。其中，“<零件代号>”和“<材料>”为与零件模型关联的属性。

图4-10 定义新标题栏

“<零件代号>”属性制作过程如下：如图4-12所示，在“草图”工具面板单击“文本”按钮A，在弹出的“文本格式”对话框中将字体改为“仿宋”、字高设为“5”号、字体宽高比设为“70”；将“类型”改为“特性-模型”“零件代号”；在文本框中输入文字“<零件代号>”，并将其选中。单击“添加文本参数”按钮，完成文字与模型属性的关联。“材料”属性也类似操作。

在模型浏览器的“标题栏”列表的“自制标题栏”上单击右键，在弹出的快捷菜单中选择“插入”，自制标题栏便被插入新的图框，如图4-13所示。

7. 以国标为基础样式定义

将选项卡切换至“管理”，单击“样式编辑器”按钮；展开“标准”列表，右键单击“默认标准（GB）”，在快捷菜单中选择“新建样式”，并将其命名为“自制标准（GB）”。

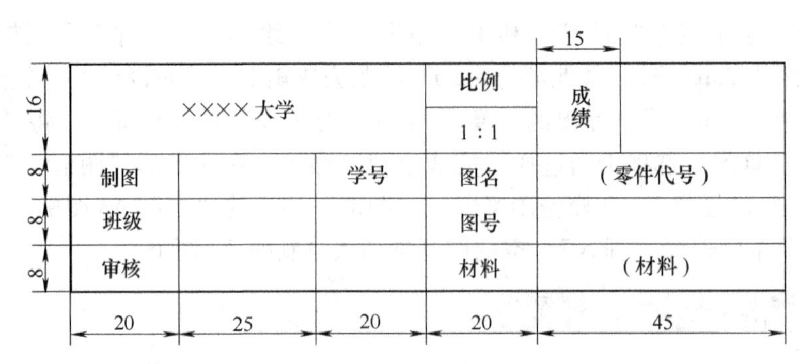

图 4-11　自制标题栏

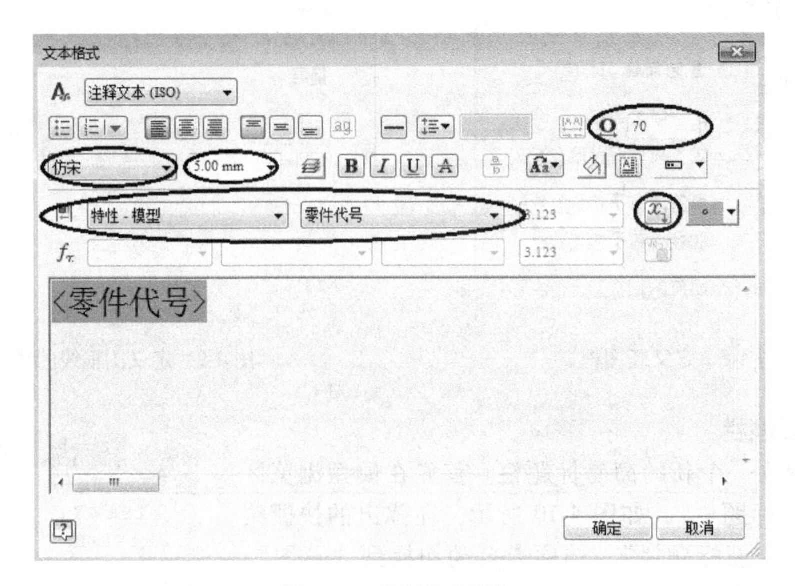

图 4-12　定义文字属性

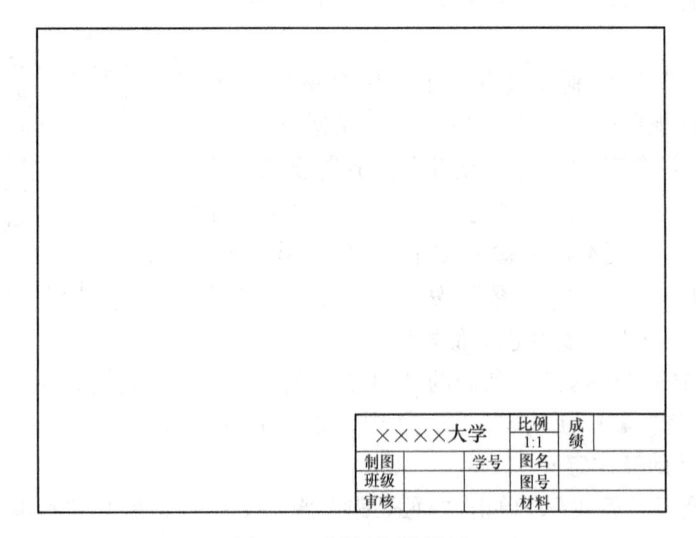

图 4-13　图框与标题栏

右键单击“自制标准（GB）”，在快捷菜单中选择“激活”，激活后的自制样式如图 4-14 所示。在自制样式中用户还可以修改尺寸、文字、图层等样式。

图 4-14　自制样式

下面以明细栏为例，在原有“明细栏（GB）”基础上修改其样式。

展开“明细栏”列表，选中“明细栏（GB）”；在样式编辑器右侧单击“列选择器”按钮，在弹出的明细栏列选择器中将明细栏“特性”通过添加、删除操作改为“序号”“零件代号”“数量”“材料”“标准”，并将列宽分别设置为 15、40、15、30、30，如图 4-15 所示。

特性	列	宽度
序号	序号	15.000
零件代号	名称	40.000
数量	数量	15.000
材料	材料	30.000
标准	标准	30.000

图 4-15　自制明细栏

8. 保存自定义图纸及样式

在“管理”选项卡中单击更新“样式”按钮，使样式更改应用到所有使用该样式的文档中。在“文件”菜单中选择“另存为”，将自制图纸存为“C：\Users\Public\Documents\Autodesk\Inventor 2019\Templates\Metric\自制 A3 模板”。此模板将出现在“Metric”>“工程图-创建带有标注的文档”的模板中，用户可以直接调用。

第二节　投影视图和剖视图的创建

用 Inventor 2019 创建工程图，可以根据三维立体图自动生成其各个视图，如主视图、左视图、俯视图等。但要注意创建的先后顺序，要先用“基础视图”命令创建一个视图（一般为主视图），再由主视图生成其他的投影视图。本节将介绍一些常用的创建工程图命令及其使用实例。

选择“新建”，在“新建文件”对话框左侧的模板中选择“Metric”，在“工程图-创建带有标注的文档”列表中双击第一节制作的“自制 A3 模板 .idw”（也可打开“GB. idw”），建立工程图文件。

一、创建和编辑基础视图

基础视图是创建其他各种视图的基础。其创建步骤如下：

1）在功能区打开“放置视图”选项卡▷“创建”面板▷“基础视图”按钮。

2）弹出“工程视图”对话框，如图 4-16 所示。该对话框中，“文件”用以指定要用于工程视图的源零件文件。用户可单击“打开现有文件”按钮浏览零件。“样式”可设置视图的显示样式，包括“显示隐藏线”、“不显示隐藏线”、“着色”三种模式。选择“光栅视图”复选框可以生成光栅工程视图。光栅视图是基于像素的视图，其生成速度比生成精确视图要快得多，并且对于记录大型部件非常有用。“标签”用以编辑视图标识符号字符串。单击按钮可控制标签的可见性，单击按钮可在“文本格式”对话框中编辑视图标签文本。“比例”用以放置视图后，设置视图相对于模型的比例。用户可在其文本框中输入比例，或者单击箭头从常用比例列表中选择。

图 4-16 “工程视图”对话框

3）在绘图区中指定基础视图位置。用户可用鼠标将视图拖动到合适的位置，并使用 ViewCube 工具指定模型的方向和投影类型。

编辑基础视图时，只需双击视图将其打开，便可通过设置“工程视图”对话框中相同的选项更改视图。

二、创建与编辑投影视图

投影视图是在基础视图创建后才能创建的视图类型，它可根据基础视图创建平行视图和等轴测视图。创建投影视图步骤如下：

1）在功能区打开“放置视图”选项卡▷“创建”面板▷“投影视图”按钮。

2）选择要投影的父视图；将预览视图移到适当位置，然后单击以放置视图。

3）继续通过移动预览视图和单击放置投影视图。若要退出放置投影视图操作，可单击鼠标右键，然后在快捷菜单中选择“退出”。

“投影视图”命令一次即可创建多个视图。多视图投影均与父视图对齐，并且继承其比例和显示设置。

编辑投影视图时，只需双击视图将其打开，便可使用弹出的“工程视图”对话框更改视图设置。

投影视图的位置调整可用鼠标拖动实现。由于受父视图的投影关系限制，投影视图不能自由移动。例如，左视图只能左右移动。若要实现投影视图自由移动，可在视图范围内单击鼠标右键，在弹出菜单中选择“对齐视图”▷“打断”，如图4-17所示。打断该视图与父视图的投影配置关系，使之变成向视图，实现自由配置。

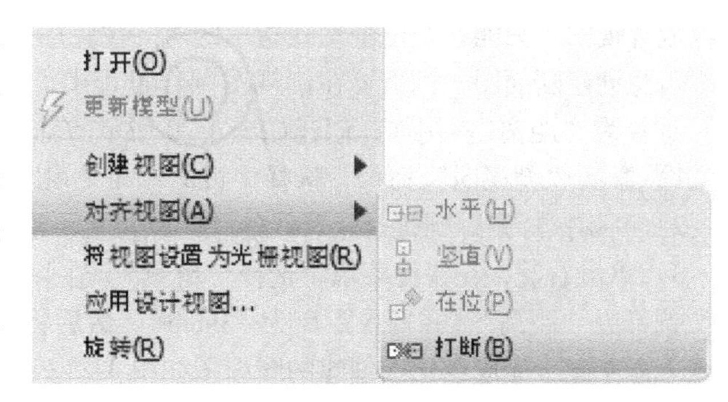

图4-17 打断视图投影配置关系

三、创建和编辑斜视图

斜视图只能以与选定边或直线垂直或平行的对齐方式放置视图。其基本使用步骤如下：

1）在功能区打开“放置视图”选项卡▷“创建”面板▷“斜视图”按钮。

2）选择一个现有视图作为父视图。

3）在如图4-18所示的“斜视图”对话框中，设置比例、显示样式和视图标签，或者接受当前设置。

4）选择从某方向投影视图的边或直线。

5）将预览视图移到适当位置，然后单击以放置视图，或者在“斜视图”对话框中单击“确定”按钮。

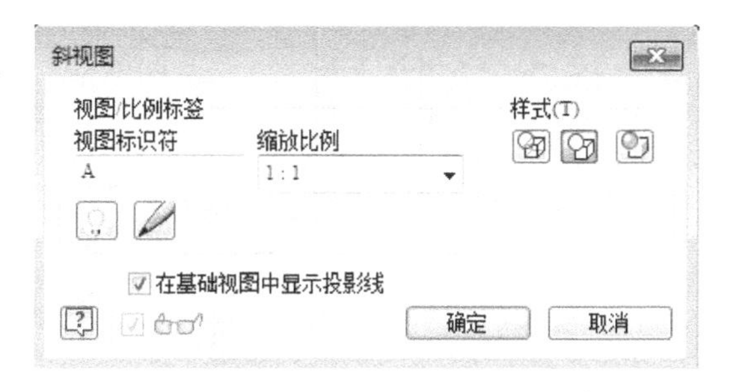

图4-18 “斜视图”对话框

编辑斜视图时，只需双击视图将其打开，便可使用弹出的“工程视图”对话框更改视图设置。

四、创建和编辑剖视图

“剖视图”命令既可以创建假想被剖切的零部件视图，还可通过编辑剖视图的深度，创建断面图。其基本使用步骤如下：

1）在功能区打开“放置视图”选项卡▷“创建”面板▷“剖视图”按钮。

2）选择现有视图作为父视图。

3）在视图区域内绘制剖切线，单击右键，在弹出的菜单中选择“继续”。

4）在弹出的“剖视图”对话框中配置剖视图外观，如图4-19所示。

图4-19 “剖视图”对话框

5）将预览视图移到适当位置，然后单

击以放置视图。只能在视图剖切线指示的对齐位置内放置视图。

若想创建断面图，则需要在剖视图制作过程中，将如图 4-19 所示对话框中的“剖切深度”选择为“距离”。例如，创建如图 4-20 所示的轴右端键槽的断面图步骤如下：

1）激活“剖视图”命令，选择主视图作为父视图。

2）利用鼠标跟踪到键槽轮廓线的关键点位置，绘制如图 4-21 所示的直线作为剖切线。

3）单击右键，在快捷菜单中选择“继续”。在弹出的“剖视图”对话框中将“剖切深度”选择为“距离”，并输入距离为“0mm”。然后将剖视图预览移动到合适位置，在绘图区域单击左键，完成创建。创建的断面图如图 4-22 所示。

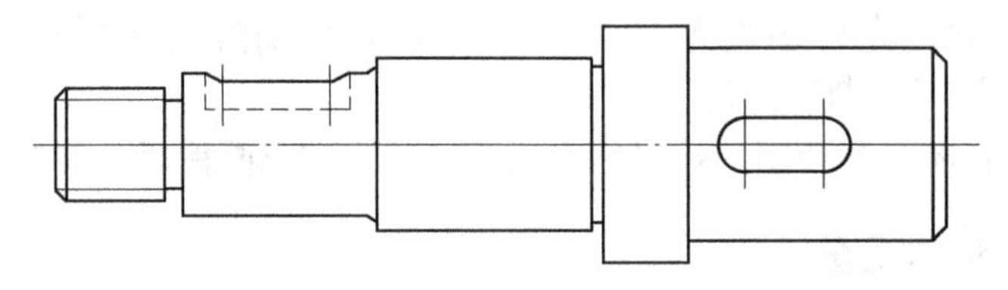

图 4-20　轴的主视图

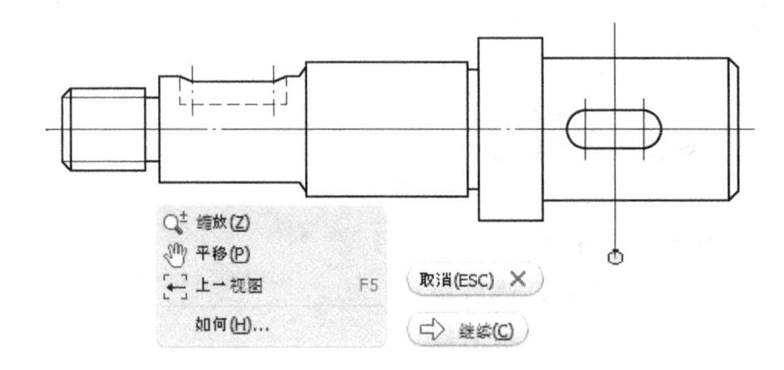

图 4-21　创建断面图

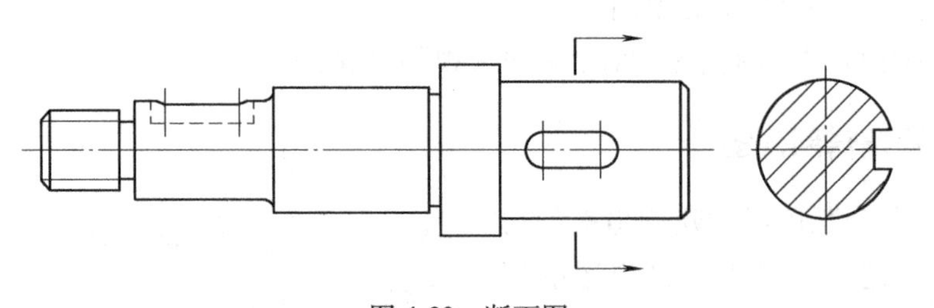

图 4-22　断面图

编辑剖视图时，只需双击视图将其打开，便可使用弹出的“工程视图”对话框更改视图设置。

五、创建和编辑局部视图

局部视图用来创建并放大视图的指定部分，其可指定相对视图的任意比例。创建局部视图的基本步骤如下：

1）在功能区打开“放置视图”选项卡▷“创建”面板▷“局部视图”按钮。

2）单击选择现有视图作为父视图。

3）在弹出的如图 4-23 所示的“局部视图”对话框中，设置视图标识符、比例和视图标签的可见性。如需要，可单击“编辑视图”标签，并在“文本格式”对话框中编辑局部视图标签。

4）将光标暂停在视图标识符上，当光标图标显示字母 *A* 时，在绘图区中单击，以确定局部视图的中心。然后移动光标，并单击确定局部视图的外边界。当预览视图移到适当位置时，单击放置视图。

编辑局部视图时，只需双击视图将其打开，便可使用弹出的“工程视图”对话框更改视图设置。

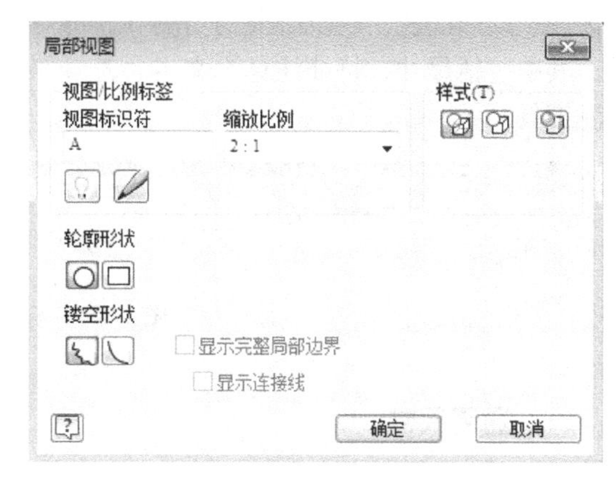

图 4-23　“局部视图”对话框

六、创建和编辑局部剖视图

局部剖视图是用剖切面局部地剖开机件所得到的剖视图。Inventor 可以删除一定区域的材料，以显示现有工程视图中被遮挡的特征，形成局部剖视图。创建局部剖视图的基本步骤如下：

1）选择被剖切视图，利用草图工具绘制剖切平面的边界。

2）在功能区打开“放置视图”选项卡▷“修改”面板▷“局部剖视图”按钮。

3）在绘图区中，单击选择被剖切视图，然后单击选择已定义的边界。

4）在如图 4-24 所示的“局部剖视图”对话框中，单击“深度”下拉列表框中的下拉箭头并选择定义剖切平面位置的方式。

5）选择定义剖切平面位置的元素。

6）在“局部剖视图”对话框中单击“确定”按钮，完成局部剖视图创建。

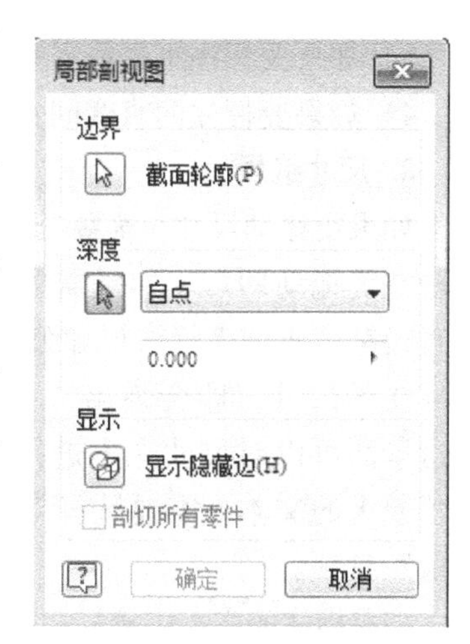

图 4-24　“局部剖视图”对话框

编辑局部剖视图时，只需双击视图将其打开，便可使用弹出的“工程视图”对话框更改视图设置。

Inventor 2019 中没有独立的半剖视图命令，但可以用“局部剖视图”命令来创建。创建过程基本和局部剖视图相同，只是草图创建的区域是视图的一半。另外，半剖视图创建后，剖视部分与视图的分界线是粗实线，须先将其设为不可见，然后再添置中心线作为分界线。

第三节　工程图的标注

在工程图样中，尺寸作为加工、检验和装配零件的依据，是一项重要的内容。Inventor

提供了丰富的标注工具，但要标注出完全符合不同用户标准的工程图样，还需要用户合理利用标注工具来润色，以及必要的增删和修饰。Inventor 工程图的“标注”选项卡如图 4-25 所示。其中包括尺寸、特征注释、文本、符号等八个工具面板。本节将介绍一些常用的工程图标注工具。

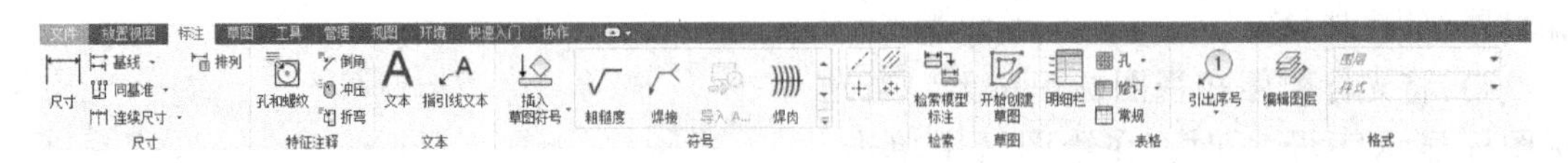

图 4-25 “标注”选项卡

一、通用尺寸

1. 通用尺寸的标注与编辑

在功能区打开“标注”选项卡▷“尺寸”面板▷“尺寸”按钮，或者键盘输入快捷命令“D”，激活“通用尺寸”命令。标注时，鼠标拾取相应的几何图元，把尺寸放到合适位置，单击左键即可完成标注。

1）如果要为某条直线添加线性尺寸，只要单击选择该直线即可。

2）如果要为点与点、线与线或者线与点之间添加线性尺寸，只要将两个几何图元选定即可。

3）如果要标注半径或者直径，只要选取该圆弧或圆即可。

4）如果要标注两直线间夹角，只要选取这两条直线即可。

2. 尺寸编辑

如果要移动尺寸，需要结束“标注”命令后，单击左键拖动即可。如果需要编辑文本（如前面加直径符号 ϕ 或者标注尺寸公差），单击或双击需要标注的尺寸，即会弹出“编辑尺寸”对话框，在这里面可以对尺寸文本进行编辑。如果要删除尺寸原来的文本，需要选择对话框中的“隐藏尺寸值”选项。

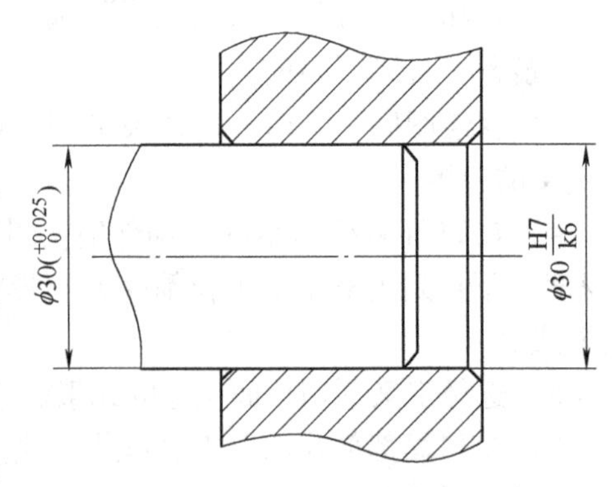

图 4-26 尺寸公差与配合标注

如果标注的文本比较复杂，如图 4-26 所示，需要在“编辑尺寸”对话框中输入“ϕ30H7/k6”或者“ϕ30 + 0.025 ^ 0”，并选中“H7/k6”或者“+0.025^ 0”，然后单击右键，在弹出的快捷菜单中选择“堆叠”，如图 4-27 和图 4-28 所示。

二、基线尺寸

利用基线尺寸命令可以使多个尺寸从同一个尺寸界线上标注。以标注如图 4-29 所示尺寸为例，操作步骤如下：

1）在功能区打开“标注”选项卡▷“尺寸”面板▷“基线”按钮；或在功能区打开“标注”选项卡▷“尺寸”面板▷“基线集”按钮。

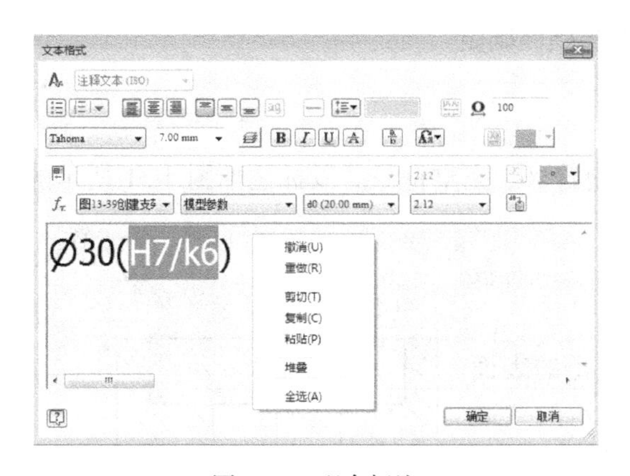

图 4-27　配合标注

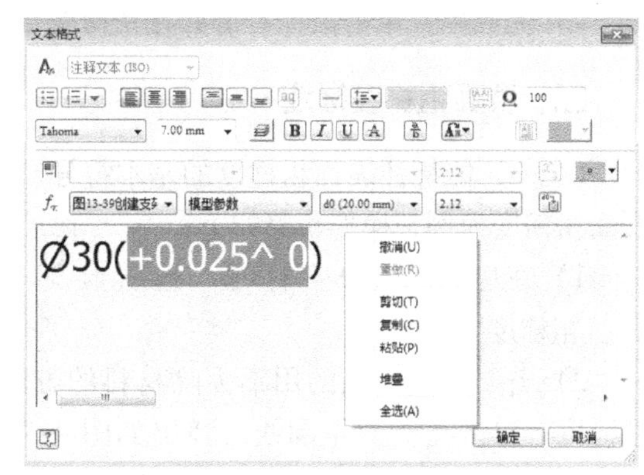

图 4-28　尺寸公差标注

2）在绘图区中从左到右依次单击边 $a\sim e$；也可单击并拖动选择窗口以选择多条边。

3）单击鼠标右键并在快捷菜单中选择“继续”。移动光标以预览尺寸的位置。

4）单击以放置尺寸。

5）单击鼠标右键，然后在快捷菜单中选择“创建”。

Inventor 将在第一条选定边上指定一点作为基准。要指定不同的基准，可在执行第 3）步后，在要指定为基准的尺寸界线上单击鼠标右键，然后在快捷菜单中选择“创建基准”。

三、同基准尺寸

“同基准”命令可在单个过程中创建一个或多个单独的同基准尺寸。以标注如图 4-30 所示尺寸为例，操作步骤如下：

1）在功能区打开“标注”选项卡▷“尺寸”面板▷“同基准”按钮。

2）在绘图区中，选择要标注尺寸的视图。

3）将基准指示器放置左边第二个圆中心点处。

4）在绘图区中选择要标注的几何图元。

5）单击鼠标右键并在快捷菜单中选择“继续”。

6）移动光标以预览尺寸的位置，然后单击以放置尺寸。

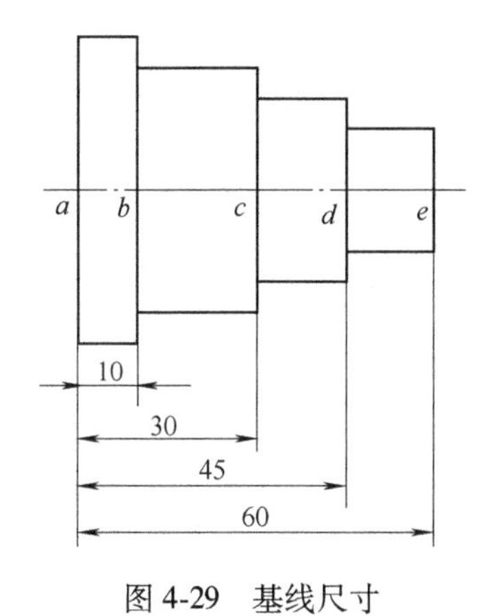

图 4-29　基线尺寸

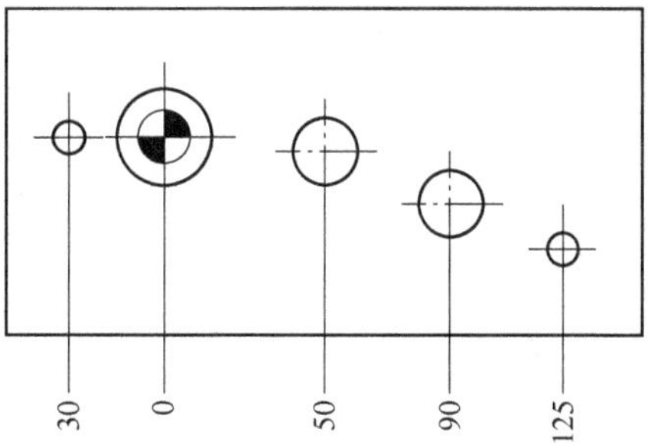

图 4-30　同基准尺寸

7）完成后，单击鼠标右键并在快捷菜单中选择“确定”。

四、表面粗糙度标注

Inventor 能标注表面粗糙度的基本符号、扩展符号、完整符号。以标注如图 4-31 所示的表面粗糙度为例，操作步骤如下：

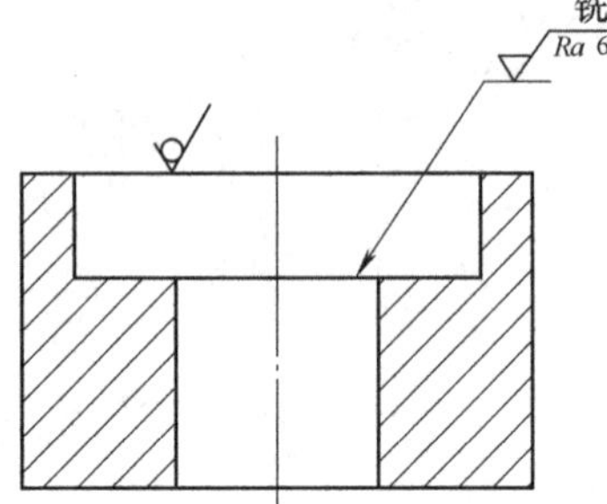

图 4-31　表面粗糙度标注

1）在功能区打开“标注”选项卡 ▷“符号”面板 ▷“粗糙度”按钮√‾。

2）若要创建左侧的用不去除材料的方法获得的表面粗糙度，双击亮显的轮廓线，弹出如图 4-32 所示的“表面粗糙度”对话框，选择图标，单击“确定”按钮。

3）若要创建右侧带指引线的表面用去除材料的方法获得表面粗糙度标注，单击亮显的轮廓线，移动光标并单击来为指引线添加顶点。当符号指示器位于所需的位置时，单击鼠标右键，然后在快捷菜单中选择“继续”。在弹出的如图 4-33 所示的对话框中选择图标和添加尾部图标，在“C”处输入“铣”，在“A”处输入数值“Ra 6.3”，单击“确定”按钮。

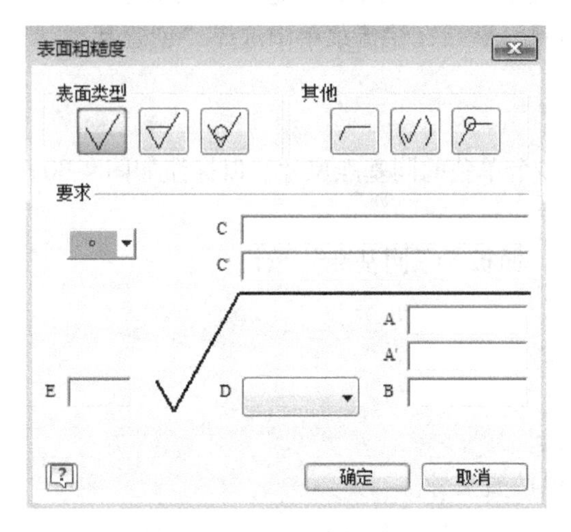

图 4-32　“表面粗糙度”对话框 1

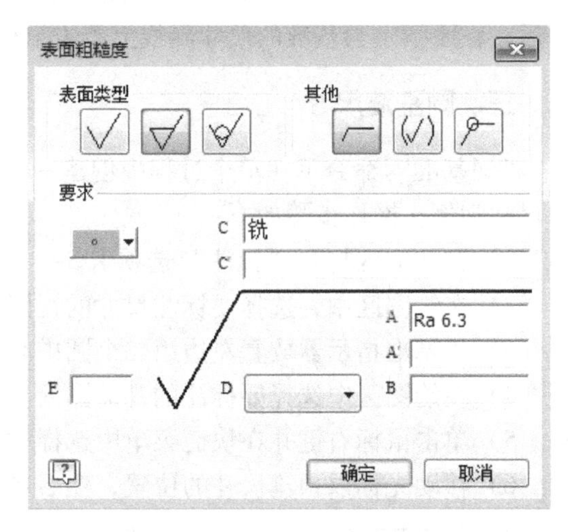

图 4-33　“表面粗糙度”对话框 2

五、几何公差标注

几何公差包括形状、方向、位置和跳动公差，在 Inventor 中都可用“形位公差”命令标注。下面以标注如图 4-34 所示的几何公差为例，操作步骤如下：

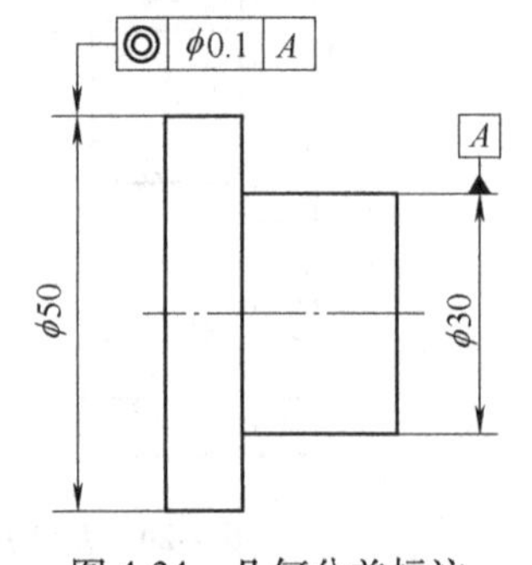

图 4-34　几何公差标注

1. 基准标注

1）设置基准标识符号。Inventor 基准符号默认的是粗短画线，而我国国家标准已改为实心或空心的等边或等腰直角三角形，这在标注基准前或在制作模板时可以事先设定。即在“管理”工具面板单击“样式编辑器”按钮，打开“样式和标准编辑器”对话框，如图 4-35 所示。在“指引线样式［基准（GB）］”选项组，将“终止方式”下的“箭头”改为实心三角形。保存并关闭对话框。

2）打开“标注”选项卡▷“符号”面板▷“基准标识符号”按钮。

3）单击 $\phi30$ 尺寸箭头亮显的点（注意按照国标要求，指引线须与尺寸线对齐），则指引线将被附着在点上。移动光标并单击来为指引线添加顶点。

4）在“文本格式”对话框中输入标签字符串，然后单击“确定”按钮。

5）调整指引线关键点，将其调整至如图 4-34 所示的竖直形式。

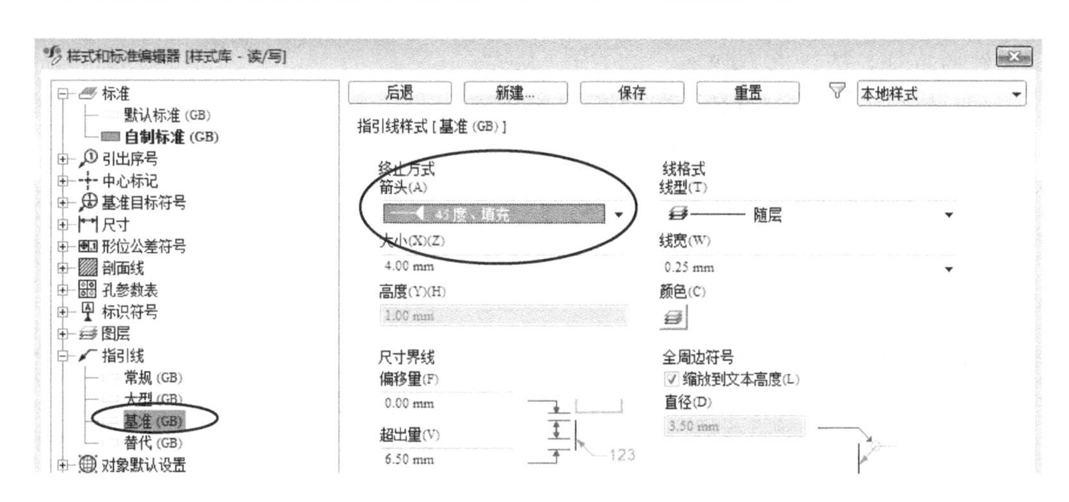

图 4-35 “样式和标准编辑器”对话框

2. 同轴度标注

1）在功能区打开“标注”选项卡▷“符号”面板▷“形位公差”按钮。

2）单击 $\phi50$ 尺寸箭头亮显的点（注意按照国标要求，指引线须与尺寸线对齐），则指引线将被附着在点上。移动光标并单击来为指引线添加顶点。当符号指示器位于所需的位置时，单击鼠标右键，然后在快捷菜单中选择“继续”。

3）在如图 4-36 所示的“形位公差符号”对话框中，单击“符号”，选择“同轴度”◎，单击“ϕ”插入直径符号并输入数值“0.1”，输入基准“A”，然后单击“确定”按钮。

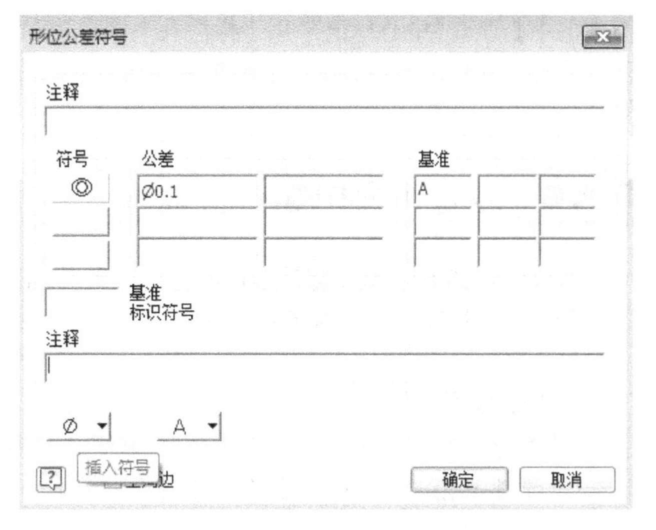

图 4-36 “形位公差符号”对话框

六、添加中心线

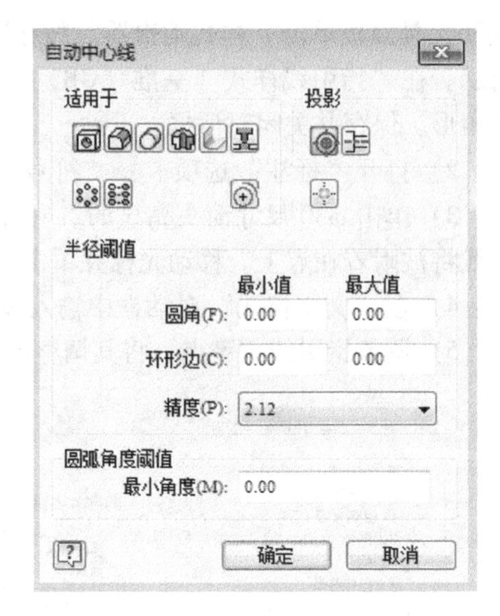

图 4-37 “自动中心线”对话框

在工程图上，可以自动或者手动添加中心线。

1. 自动添加中心线

在选定的视图上右键单击，在弹出的快捷菜单中选择“自动中心线”命令，弹出如图 4-37 所示的“自动中心线”对话框。其参数功能解释如下：

◇“适用于”：此选项用于选择自动添加中心线的特征。按钮，从左到右分别是“孔”“圆角”“圆柱”“旋转”“折弯”“冲压”“环形阵列”“矩形阵列”。这些都是复选项，可以多选。

◇“投影”：此选项用于确定哪类视图需要自动添加中心线，选项有“投影为圆的视图”和“轴线平行的视图”。

◇“半径阈值”和“圆弧角度阈值”：用于限制中心线在不必要的地方添加。设置“圆角”和“环形边”的最大值和最小值，中心线不会在阈值外的特征上添加。

各参数确定后，单击“确定”按钮，即完成中心线自动添加。如果中心线的长度不合适，可以拖动其端点改变其长度。

2. 手动添加中心线

若想手动添加中心线，在“标注”选项卡的“符号”工具面板上有四个按钮可供选择。分别是“中心线”“对分中心线”“中心标记”和“中心阵列”。“中心线”用于标注孔、圆形边和圆柱形几何图元的中心。“对分中心线”用于创建对分两条直线的中心线。“中心标记”用于标注孔、圆形边和圆柱形几何图元的中心。“中心阵列”用于在具有一致特征阵列的设计上创建中心线。如果阵列为环形，选择所有成员后将自动放置中心标记。

第四节 零件工程图综合实训

本节以图 4-38 所示蜗轮箱体零件图为例说明 Inventor 绘制工程图的方法。内容有全剖视图、半剖视图、局部视图等创建方法与技巧，以及尺寸标注、表面结构和几何公差的标注方法等。其步骤如下：

1. 新建工程图文件

1）在功能区打开“文件”选项卡▷“新建”▷“Metric”▷“工程图-创建带有标注的文档”▷“自制 A3 模板 . idw”（制作方法详见本章第一节）。

2）编辑图纸，将 A3 图幅改为 A2。

2. 创建左视图

1）在功能区打开“放置视图”选项卡▷“创建”面板▷“基础视图”按钮。

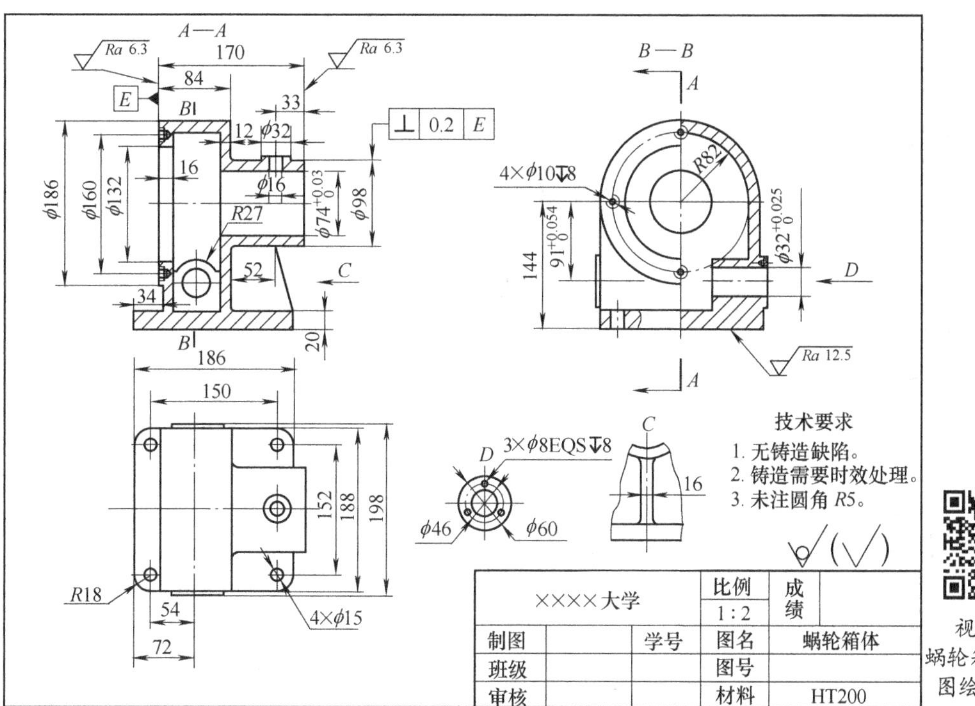

视频4-2
蜗轮箱体零件图绘制过程

图 4-38　蜗轮箱体零件图

2）在“工程视图”对话框中，使用“打开现有文件”命令打开零件“蜗轮箱体 . ipt”文件。

3）利用 ViewCube 工具，将左视图作为基础视图并放置于绘图区合适区域，“样式”设为“不显示隐藏线”，“比例”设为 1∶2，单击“确定”按钮完成创建。此处采用左视图作为基础视图更合理，因为主视图为全剖表达，创建它之前需要选择一个父视图。

3. 创建全剖主视图

1）在功能区打开“放置视图”选项卡＞“创建”面板＞“剖视”按钮。

2）选择左视图为父视图，在前后对称处指定剖切位置，并向主视图方向移动鼠标，预览视图到合适位置后，放置剖视图，结果如图 4-39 所示。根据国标规定，肋板若按纵向剖切，其结构不画剖面线，而用粗实线将它与邻接部分隔开，因此主视图还需更改。

3）右键单击剖面线，在弹出菜单中选择“隐藏”，隐藏剖面线。选择主视图，打开“草图”选项卡的“开始创建草图”按钮，进入草图模式。选择“投影几何图元”命令，框选主视图全部轮廓将其投影。如图 4-40 所示，绘制肋板轮廓。单击“用剖面线填充面域”按钮，在弹出的“剖面线”对话框中将“比例”设为“4”，用鼠标选择填充区域，完成后单击“确定”按钮，退出草图。

4）右键单击肋板草图，在弹出菜单中选择“特性”，“草图特性”对话框如图 4-41 所示，将“线宽”改为“0. 7”，单击“确定”按钮。

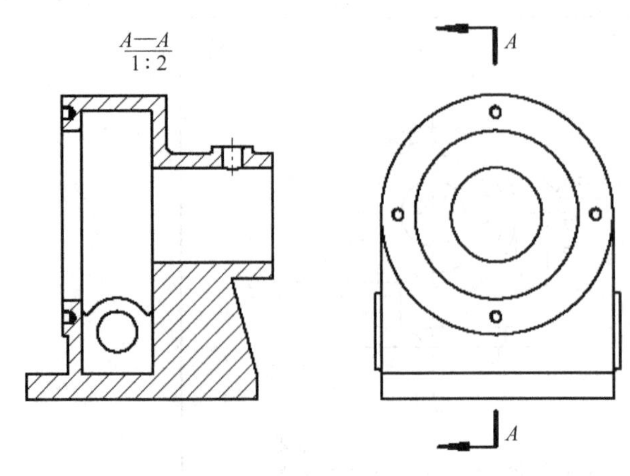

图 4-39　创建蜗轮箱体全剖视图

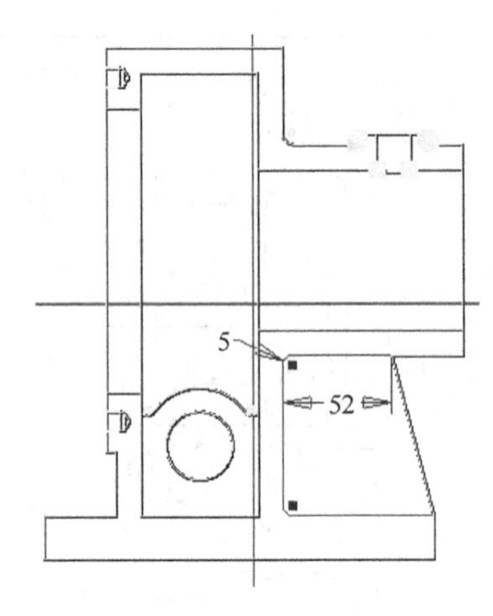

图 4-40　肋板草图

5）利用自动中心线工具或手动方法，给主视图添加中心线。完成的主视图如图 4-42 所示。

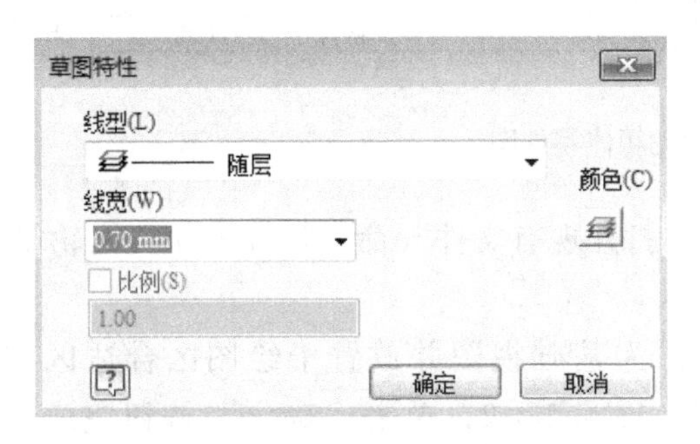

图 4-41　“草图特性”对话框

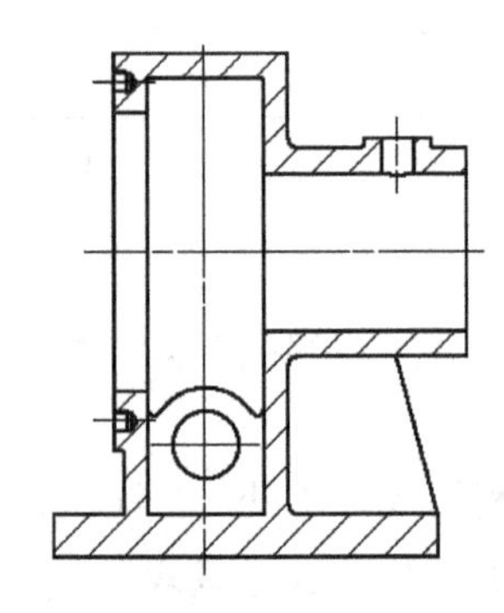

图 4-42　全剖主视图

4. 创建半剖左视图

1）选择左视图，利用草图工具绘制通过左右对称线的矩形作为剖切平面的边界，如图 4-43 所示。

2）在功能区打开“放置视图”选项卡”▷“修改”面板▷“局部剖视图”按钮。

3）在绘图区中，单击选择左视图，此时 Inventor 会默认选中边界。

4）在“局部剖视图”对话框中，“深度”类型设为“自点”，单击左视图圆弧的中点处，单击“确定”按钮退出。

5）将左右对称处由于剖切生成的图线设为“不可见”，利用“中心标记”命令补画中心线，并调整到合适长度。左视图半剖结果如图 4-44 所示。

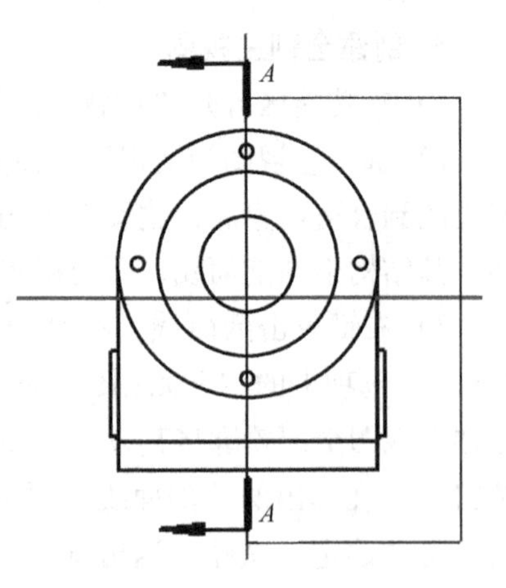

图 4-43　剖切平面的边界绘制

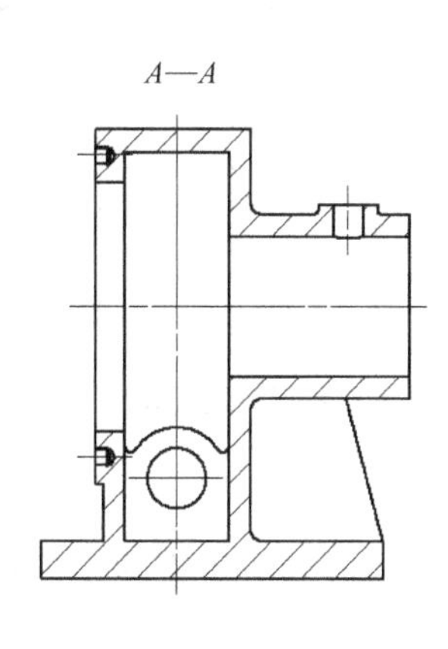

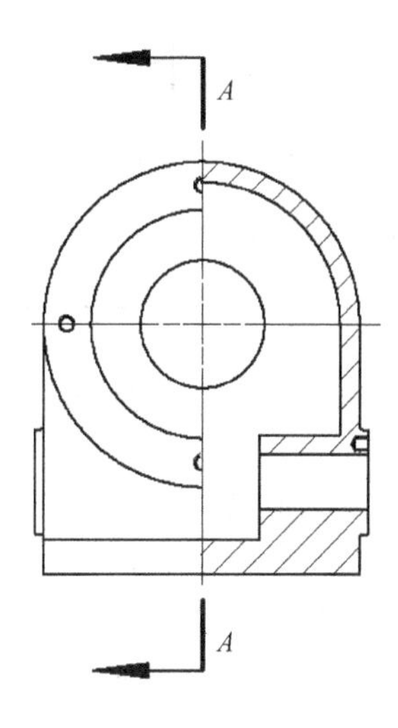

图 4-44 半剖左视图

注意：根据国标，当单一剖切平面通过机件的对称面或基本对称面，且剖视图按投影关系配置，中间没有其他图像隔开时，不必标注。但 Inventor 默认对剖视图显示视图标签，用户只能根据自身要求编辑视图标签。例如，由于左视图的标注既不能隐藏，也不可删除，所以只对主视图标注进行修改，使之尽量接近国标。右键单击主视图的标签文本，在弹出菜单中选择“编辑视图”标签，在“文本格式”对话框中删除“DELIM”和“比例”，保留“视图-视图”。

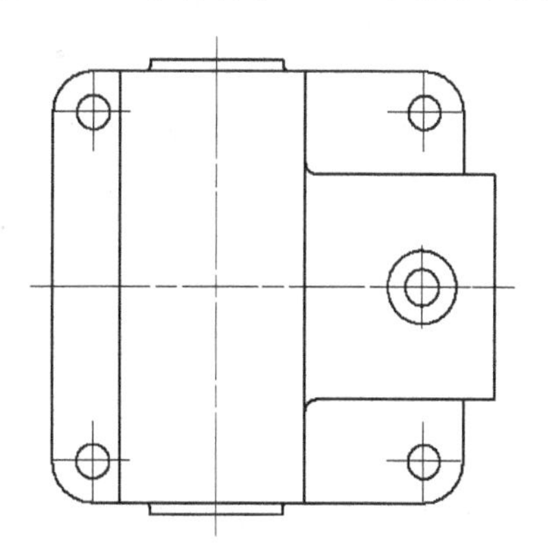

图 4-45 俯视图

5. 创建俯视图

1）在功能区打开“放置视图”选项卡▷“创建”面板▷“投影视图”按钮。

2）选择主视图作为父视图，然后鼠标向下移动，将父视图预览放置合适位置。

3）利用自动中心线工具或手动方法，给俯视图添加中心线。完成的俯视图如图 4-45 所示。

6. 创建局部剖视图

左视图上孔的局部剖视图创建步骤如下：

1）选择左视图，利用草图工具的“样条曲线”命令绘制封闭的图形作为剖切平面的边界，如图 4-46 所示。

2）在功能区打开“放置视图”选项卡▷“修改”面板▷“局部剖视图”按针。

3）在绘图区中，单击选择左视图，此时 Inventor 会默认选中边界。

4）在“局部剖视图”对话框中，“深度”类型设为“自点”，单击俯视图孔上的关键点，定位局部剖切平面位置，如图 4-47 所示，单击“确定”按钮。

5）修改左视图局部剖生成的边界线的特性，将线型改为细实线。

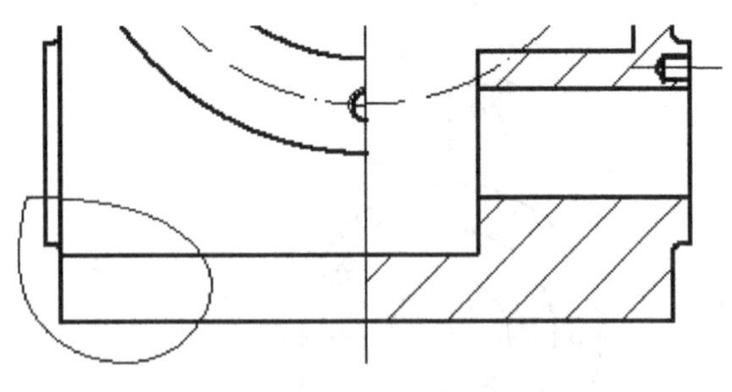

图 4-46　局部剖平面的边界绘制

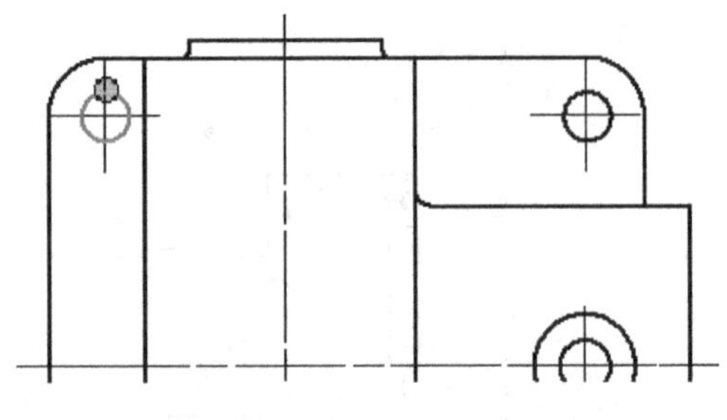

图 4-47　局部剖切平面定位点

7. 创建 *D* 向局部视图

1）在功能区打开“放置视图”选项卡▷“创建”面板▷“斜视图”按钮。

2）选择左视图作为父视图。

3）单击 ϕ32 孔端面最右侧轮廓线，将鼠标向左侧移动，预览视图移至合适位置，放置视图。

4）将除 *D* 向视图（参见图 4-38 所示蜗轮箱体零件图）以外的图线隐藏。

5）右键单击 *D* 向视图，在弹出的快捷菜单中选择“对齐视图”▷“打断”。打断后，可将该视图移动到合适位置。

6）对局部视图添加中心线。

8. 创建 *C* 向局部视图

1）在功能区打开“放置视图”选项卡▷“创建”面板▷“斜视图”按钮。

2）选择主视图作为父视图。

3）在主视图中选择一条竖直线作为斜视图参考线，将鼠标向左侧移动，预览视图移至合适位置，放置视图。

4）选择 *C* 向视图，用草图工具绘制局部视图轮廓，然后将除 *C* 向局部视图以外的轮廓线隐藏。通过图线的特性修改线型。

5）将 *C* 向视图与父视图对齐关系打断并移动至适当位置。最终效果如图 4-38 所示蜗轮箱体零件图。

9. 标注尺寸及技术要求

按照图 4-38 所示蜗轮箱体零件图，利用“标注”选项卡的“尺寸”“文字”“符号”工具面板的命令标注零件尺寸、技术要求、文字等。具体标注方法详见本章第三节内容，此处不再赘述。

注：完成上述所有步骤后，用户可以发现，利用 Inventor 很难绘制完全符合我国国家标准的工程图样。例如，国标汉字规定为长仿宋体，Inventor 只有宋体比较接近。再如，如图 4-38 中所示 *C* 向局部视图轮廓线，Inventor 虽可以做到，但需要花费过多额外的处理步骤。效率更高的措施是将 Inventor 和其他二维 CAD 软件结合（如 AutoCAD），将这些小的细节处理交给擅长绘制二维图形的 CAD 软件。

课 后 练 习

绘制如图 4-48 所示轴架零件的主视图、全剖俯视图、局部剖左视图、向视图以及移出断面图并标注尺寸。

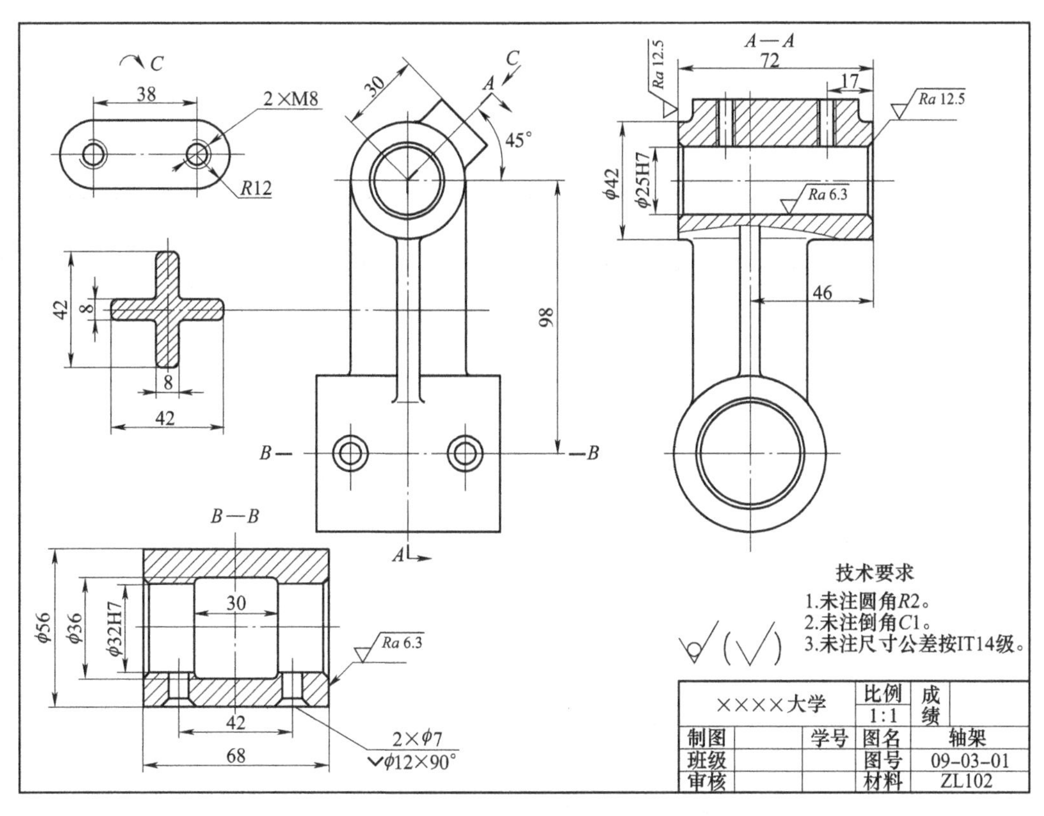
C
38
2×M8
R12
30
C
A
45°
A—A
72
17
Ra 12.5
Ra 12.5
φ42
φ25H7
Ra 6.3
46
42
8
8
42
98
B
B
A
B—B
φ56
φ36
φ32H7
30
Ra 6.3
42
68
2×φ7
⌵φ12×90°
技术要求
1.未注圆角R2。
2.未注倒角C1。
3.未注尺寸公差按IT14级。
××××大学
比例
1:1
成绩
制图
学号
图名
轴架
班级
图号
09-03-01
审核
材料
ZL102

图 4-48 轴架零件图

第五章

AutoCAD 2019概述及基本操作

本章学习导读

目的与要求：了解 AutoCAD 2019 的运行环境及工作界面。掌握基本的 AutoCAD 绘制技术。

内容：AutoCAD 2019 工作界面、AutoCAD 命令输入及命令中断的操作、坐标系统及坐标输入、精确绘图辅助工具、二维绘图（直线、圆的绘制）、图形编辑（删除、放弃和重做命令的操作）、图形的缩放显示、文件操作命令（新建、存储、另存为和打开）。

第一节　AutoCAD 2019 简介

AutoCAD 是由美国 Autodesk 公司开发的通用计算机辅助设计与绘图软件包，具有易于掌握、操作方便和体系结构开放等特点；能够绘制和编辑平面图形与三维图形、标注图形尺寸和技术要求、渲染图形及打印输出图样；能方便地进行各种图形格式的转换，实现与多种 CAD 系统的资源共享。AutoCAD 自 1982 年问世以来，已多次升级，功能逐渐强大，且日趋完善。如今，AutoCAD 已广泛应用于机械、建筑、电子、航天、造船、石油化工、土木工程、冶金、农业、气象、纺织、轻工业等领域。在我国 AutoCAD 已成为工程设计领域中应用最为广泛的计算机辅助设计软件之一。

与所有的 Windows 应用软件一样，双击 AutoCAD 2019 软件快捷图标或通过 Windows 资源管理器、任务栏中的“开始”按钮等均可启动 AutoCAD 2019，其初始界面如图 5-1 所示。

单击如图 5-1 中所示“新建”按钮，即可打开如图 5-2 所示工作界面，其中包括“应用程序”按钮、“快速访问”工具栏、功能区、绘图区、USC 用户坐标、命令行、状态栏等。

AutoCAD 2019 界面介绍如下。

1）“快速访问”工具栏：用于新建、打开、保存、另存为等操作。

2）功能区：由两个部分组成，分别是显示选项卡和显示面板。显示面板集中了 AutoCAD 软件所有绘图命令，显示选项卡包括“默认”“插入”“注释”“布局”“参数化”“视图”“管理”“输出”等选项卡。单击任意选项卡标签，会打开相应选项卡，其中包含选项组。用户在选项组中选择所需执行的命令即可。

3）绘图区：是用户绘图的主要工作区域，它占据了屏幕绝大部分空间。所有图形的绘

图 5-1 AutoCAD 2019 初始界面

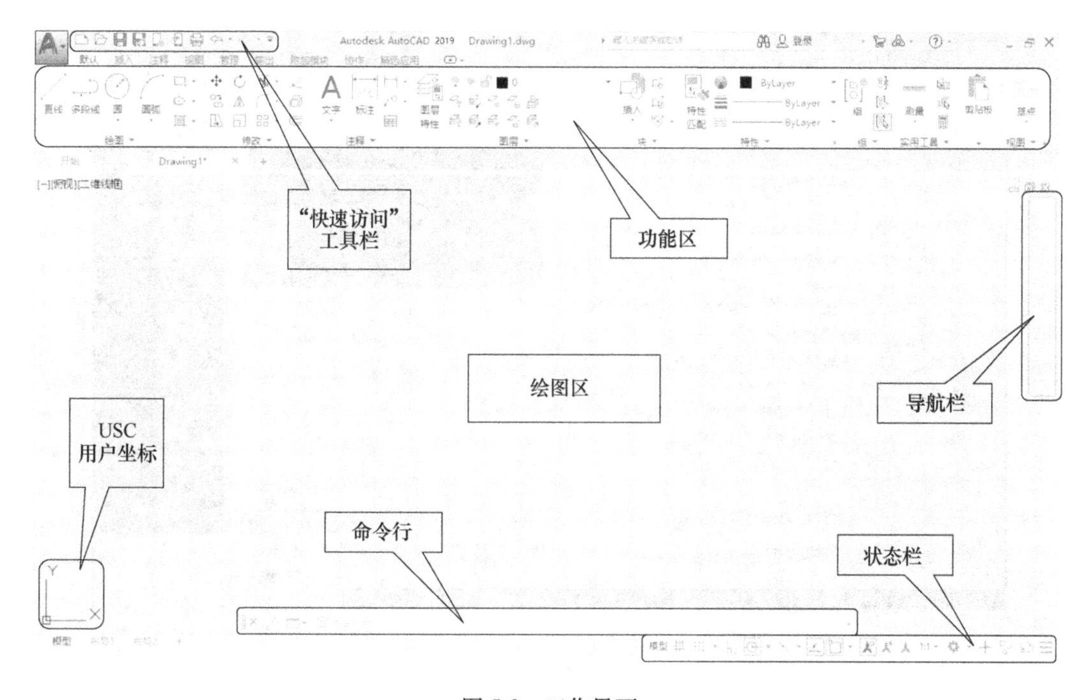

图 5-2 工作界面

制都是在该区域完成的。

4）绘图区的左下方为用户坐标系（UCS）和模型空间、布局空间。

5）命令行：用于输入系统命令或显示命令提示信息，也可以单击对它进行放大、缩小和移动。

6）状态栏：用于显示当前用户的工作状态及一些绘图辅助工具。例如，捕捉模式、栅格显示、正交模式、极轴追踪、三维对象捕捉、动态输入、显示/隐藏线宽、快捷特性等，该栏最右侧显示有“自定义”按钮☰，用户可以定义自己想要显示的状态。

第二节　图形文件的管理

在 AutoCAD 中，图形文件的管理一般包括新建文件，保存文件，打开已有的图形文件和关闭图形文件等操作。单击“菜单浏览器”按钮A，在弹出的菜单中会显示这些命令。另外，单击“快速访问”工具栏中的按钮也可完成相应的操作。

一、创建新图形文件

单击“快速访问”工具栏中的“新建”按钮，打开如图 5-3 所示的“选择样板”对话框。单击“打开”按钮右侧的按钮，在弹出的快捷菜单中选择“无样板打开-公制”或“无样板打开-英制”选项，本书选择“无样板打开-公制”，系统将按默认设置创建一个新的图形文件。用户也可以在该对话框中选择某一个样板文件，创建一个新的图形文件。

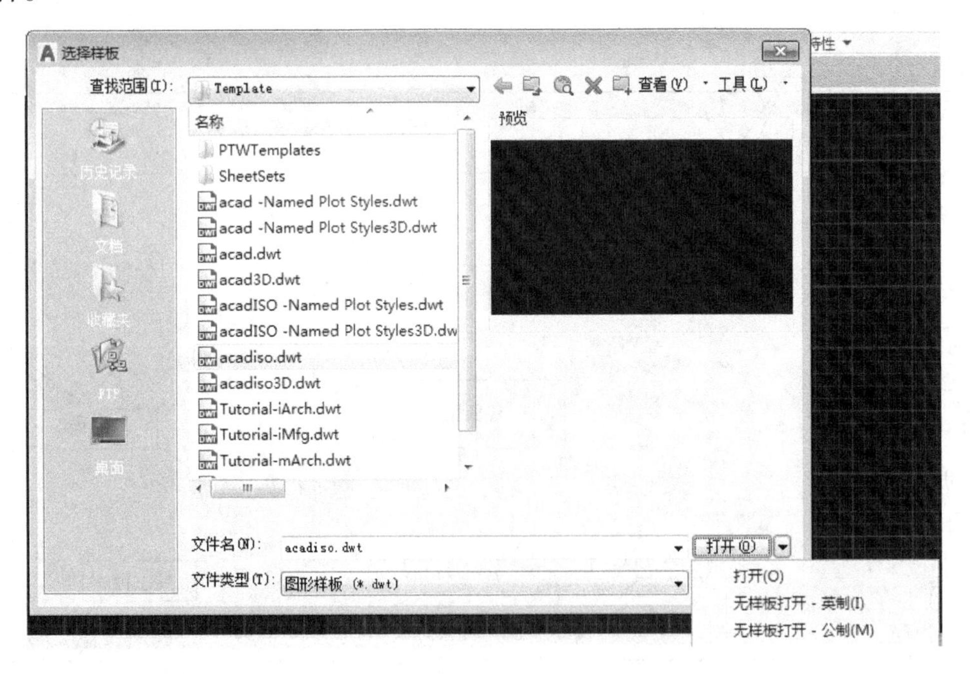

图 5-3　“选择样板”对话框

绘制一幅完整的工程图样应包括一些基本参数的设置（如图纸的幅面，选用的长度计数制单位和角度计数制单位等）以及一些附加的注释信息（如图框、标题栏、文字等）。AutoCAD 根据不同国家和地区的制图标准，将这些基本参数预先组织起来，以文件的形式存放在系统当中，这些文件称为“样板文件”。所以选择合适的样板文件，可以减少用户绘图时的工作量，提高绘图效率，并能在相互引用时保持工程图样的一致性。

二、保存图形文件

如果当前图形文件已经命名，单击“快速访问”工具栏中的“保存”按钮，系统会自动以当前图形文件名保存文件。如果当前图形是第一次保存，系统会打开“图形另存为”对话框，如图 5-4 所示。默认情况下，AutoCAD 以格式“ ＊. dwg”保存图形文件。通过“文件类型”下拉列表框可选择将图形文件保存为其他格式。

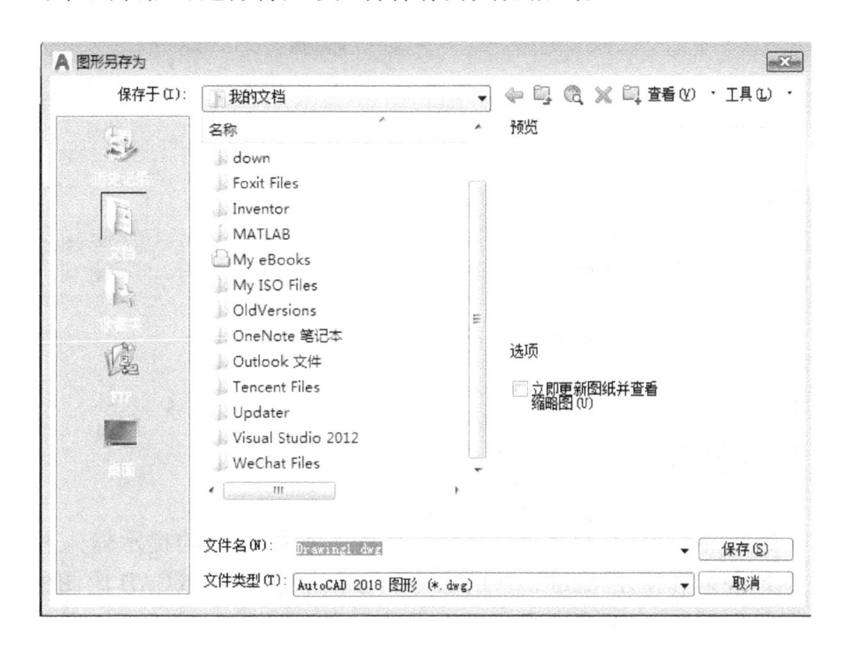

图 5-4 “图形另存为”对话框

三、打开图形文件

单击工具栏的“打开”按钮，打开“选择文件”对话框，如图 5-5 所示。在其中搜索需要打开的图形文件，其右侧的“预览”区域将显示用户所选图形文件的预览图像。单击“打开”按钮右侧的箭头，通过快捷菜单的选项可选择图形文件的打开方式。

四、关闭图形文件和退出 AutoCAD 程序

单击“菜单浏览器”按钮，在弹出的快捷菜单中选择“关闭▷当前图形”命令，或单击绘图区的“关闭”按钮，就可以关闭当前的图形文件。若在快捷菜单中选择“关闭▷所有图形”命令，则关闭已打开的所有图形文件。

如果要退出 AutoCAD 绘图环境，则单击“菜单浏览器”按钮，在弹出的快捷菜单中选择“退出 AutoCAD”命令，或单击标题栏右上角的“关闭”按钮，就可以退出 AutoCAD 绘图环境。此时若在 AutoCAD 绘图环境下打开了多个图形文件，系统会关闭已打开的所有图形文件。

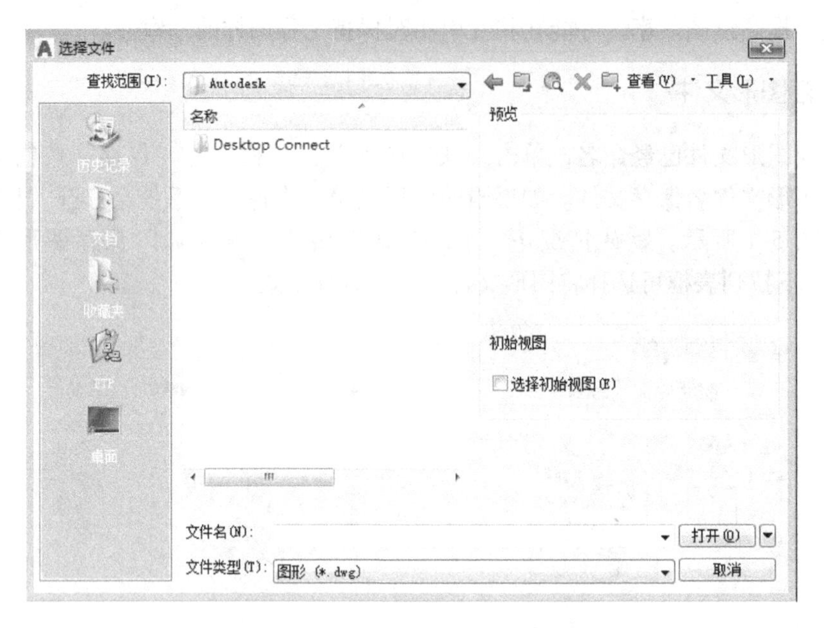

图 5-5 “选择文件”对话框

第三节 基本操作

AutoCAD 在绘图的过程中，用户需要输入命令，根据系统的提示输入相关的必要信息。因此，正确地理解和使用 AutoCAD 的命令，了解和掌握 AutoCAD 绘图的一些基本操作，如键盘、鼠标等输入设备的使用，坐标系统及数据的输入方式等，是学习 AutoCAD 的基础。

一、命令输入设备

在使用 AutoCAD 绘制图形时，最常用的命令输入设备是键盘和鼠标。

1. 键盘

在 AutoCAD 中，输入文本对象、数值参数、点的坐标等信息时，需要通过键盘。此外，还可以通过键盘在命令窗口输入所要执行的命令，并按<Enter>键或空格键执行。

2. 鼠标

AutoCAD 用鼠标来控制其光标和屏幕指针。移动鼠标当光标在绘图区时，光标显示为十字线形式；当光标移出绘图区时，则显示为箭头形式。

1）左键称拾取键，用于在绘图区输入点和选择图形对象（称拾取），或单击菜单项和工具按钮，以执行相应的操作。

2）一般情况下，右键相当于键盘上的<Enter>键。默认情况下，在命令执行的过程中，单击鼠标右键会弹出包含“确认”“退出”以及该命令所有选项的右键快捷菜单，此时以鼠标左键单击菜单中的“确认”选项等效于<Enter>键。

单击右键，弹出快捷菜单，不同状态下，快捷菜单内容不同。

3）在绘图区域的空白处同时按下键盘上的<shift>键和鼠标右键，弹出“对象捕捉和点过滤”快捷菜单（图 5-6），其功能与“对象捕捉”工具栏相似。

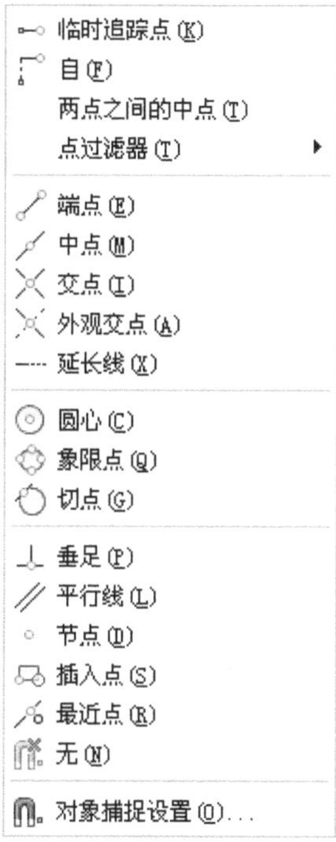

二、AutoCAD 命令的执行方式

一般情况下，可以通过以下方式执行 AutoCAD 2019 的命令。

1. 通过工具按钮执行命令

单击工具按钮是最常用的命令执行方式。单击工具栏上某一按钮，即可执行相应的 AutoCAD 命令。

2. 通过菜单栏执行命令

选择某一菜单命令，即可执行相应的 AutoCAD 命令。

3. 由键盘输入命令

当命令窗口中最后一行提示为“命令:”时，可通过键盘输入命令的全名或简写方式后，按<Enter>键或<Space>键，即可执行输入的命令。命令的简写方式又称“简令”是指系统或用户事先定制好的常用命令的缩写，如系统定制的“直线（Line）”命令的别名为“L”，“圆（Circle）”命令的别名为“C”。

临时追踪点(K)
自(F)
两点之间的中点(T)
点过滤器(T)
端点(E)
中点(M)
交点(I)
外观交点(A)
延长线(X)
圆心(C)
象限点(Q)
切点(G)
垂足(P)
平行线(L)
节点(D)
插入点(S)
最近点(R)
无(N)
对象捕捉设置(O)...

图 5-6　快捷菜单

4. 透明命令的使用

透明命令是指在执行 AutoCAD 的命令过程中可以执行的某些命令。不是所有的命令都可以透明使用，通常只是一些绘图辅助工具的命令，如缩放、平移、捕捉、正交、对象捕捉等可透明使用。从键盘输入透明使用的命令时必须在命令名前加单引号“'”，如“'Zoom”，但单击工具按钮输入可透明使用的命令时，系统将自动切换到透明使用的命令状态。

三、取消与重复执行命令

1. 取消命令

在执行命令的过程中，随时可以通过按键盘上的<Esc>键终止正在执行的命令。

2. 重复执行命令

执行完一条命令后，直接按键盘上的<Enter>键或空格键可重复执行该命令，或在绘图区的空白区域单击鼠标右键，在弹出的快捷菜单中选择“重复”命令，AutoCAD 允许重复执行最近使用的六个命令中的某一个命令，因此，在弹出的快捷菜单中包含有“最近的输入”选项。

第四节　点的输入

用 AutoCAD 2019 绘图时，经常需要确定点的位置，例如，确定直线的端点、圆的圆心等。本节介绍常用的点的输入方法和 AutoCAD 2019 的坐标系统。

绘图过程中，用户根据命令行的提示输入确定点的方式通常有以下四种。

（1）用鼠标直接在绘图区拾取点　即将光标移至指定位置后，单击鼠标左键。

（2）利用对象捕捉方式捕捉特殊点　利用 AutoCAD 提供的对象捕捉功能，精准地捕捉图形对象上的特殊点，如圆心、切点、线段的端点、中点、垂足点等（见第五节）。

（3）给定距离确定点　当 AutoCAD 提示用户指定相对于某一点的另一点的位置时（如直线的另一端点），移动鼠标使光标指引线从已确定的点指向需要确定的点的方向，然后输入两点间的距离值，再按下<Enter>键或空格键。

（4）通过键盘输入点的坐标　由键盘输入点的坐标可以采用绝对坐标方式也可以采用相对坐标方式，每一种坐标方式又可在直角坐标系、极坐标系下或在球坐标系、柱坐标系下输入点的坐标。下面详细介绍各类坐标系的含义。

一、AutoCAD 2019 的坐标系统

AutoCAD 2019 为用户提供了世界坐标系（World Coordinate System，WCS）和用户坐标系（User Coordinate System，UCS），以帮助用户通过坐标精确定点。AutoCAD 的世界坐标系和用户坐标系均采用笛卡儿右手系。

开始绘制新图时，默认的坐标系是世界坐标系。坐标原点位于绘图区域的左下角点，水平向右方向为 X 轴，竖直向上方向为 Y 轴，坐标系图标如图 5-7a 所示，通常显示在绘图区域的左下角。在三维建模工作空间，坐标系图标按三维形式显示，如图 5-7b 所示。

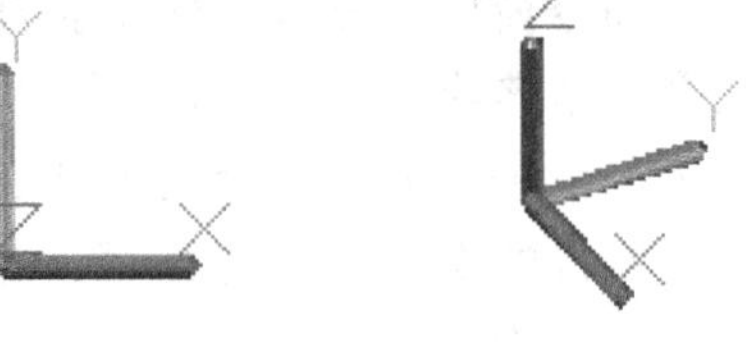

a) 坐标系二维图标　　b) 坐标系三维图标

图 5-7　世界坐标系图标

AutoCAD 2019 允许用户根据绘图和建模的需要创建用户坐标系，默认情况下和世界坐标系重合。用户坐标系原点可以移动，坐标轴也可以旋转。

二、绝对坐标

点的绝对坐标是指某一点相对于当前坐标系原点的坐标。二维点的输入一般用直角坐标和极坐标。

（1）直角坐标系　点的直角坐标在 AutoCAD 中的输入格式为 x，y，z。如 25，40，62。若移动鼠标，在绘图区拾取一点，相当于输入了一个 z 坐标为 0 的二维点，等效于由键盘输入 x，y。

（2）极坐标　极坐标用于输入二维点，在 AutoCAD 中的输入格式为 $L<\theta$。其参数含义如图 5-8 所示，如 90<30。默认状态下，极坐标系的极点与直角坐标系的原点重合，极轴的正向是直角坐标系中 x 轴的正向，逆时针方向为极角的增大方向。

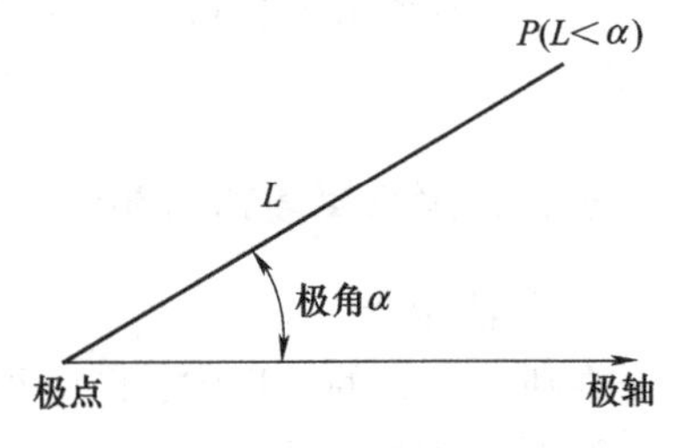

图 5-8　二维点的极坐标输入

三、相对坐标

相对坐标是指当前点相对于前一点的坐标，相对坐标也有直角坐标和极坐标，其输入格式只是在绝对坐标输入格式前加@符号。如图 5-9 所示，A 为当前点，输入点 B

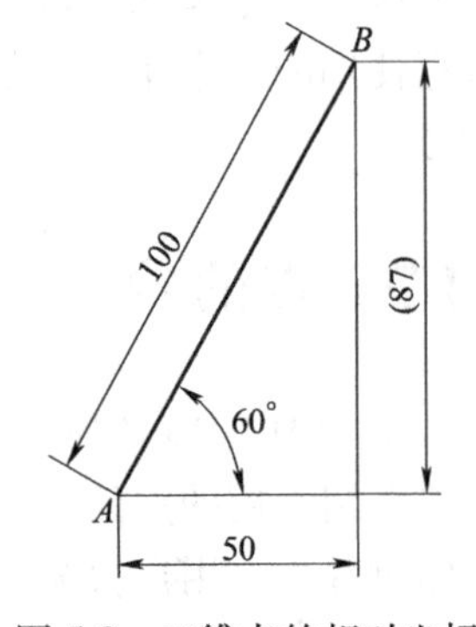

图 5-9　二维点的相对坐标

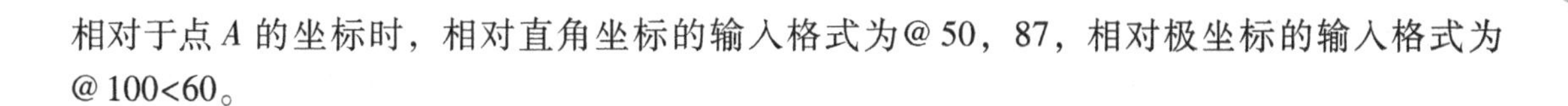

相对于点 A 的坐标时，相对直角坐标的输入格式为@ 50，87，相对极坐标的输入格式为@ 100<60。

第五节 精确绘图辅助工具

移动鼠标在屏幕上拾取点虽然方便，但却不能精确确定点的位置。在任何一幅设计图中，精确绘制图形是至关重要的。为此 AutoCAD 提供了多种精确绘图工具，如栅格、捕捉、正交、极轴追踪、对象捕捉等。将光标移至状态栏某个绘图工具按钮上（如“栅格”按钮▦）并单击鼠标右键，在弹出的快捷菜单中选择“设置”选项，即打开“草图设置”对话框。用户可通过该对话框设置这些绘图工具。

一、栅格和捕捉

通过“草图设置”对话框中的“捕捉和栅格”选项卡可设置栅格和捕捉的间距，如图 5-10 所示。

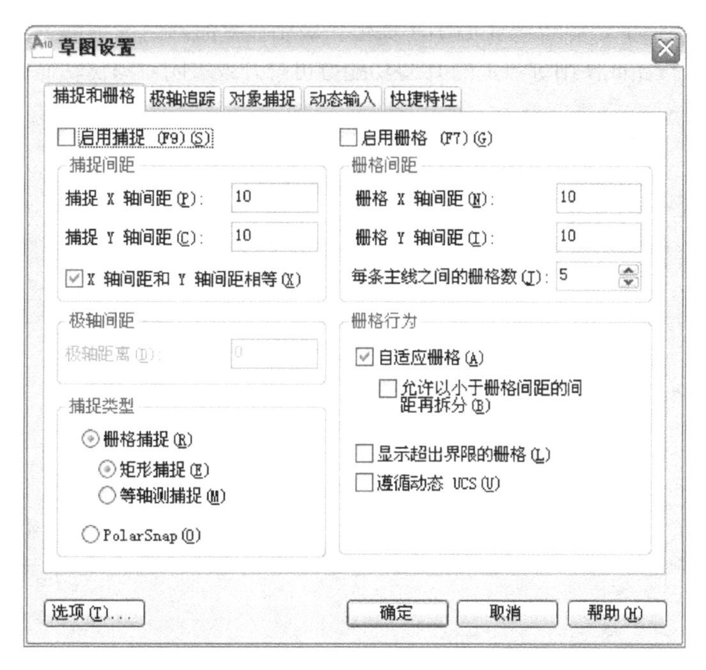

图 5-10 “草图设置”对话框的“捕捉和栅格”选项卡

1. 栅格

单击状态栏中的▦按钮或使用<F7>功能键均可打开或关闭栅格显示。打开栅格显示后，系统在由“图形边界”命令设定的绘图边界内生成栅格点阵。在“栅格间距”选项组中的“栅格 X 轴间距”与“栅格 Y 轴间距”两个文本框分别用于设置栅格点沿 X 轴和 Y 轴方向的间距。

2. 捕捉

单击状态栏中的▦按钮或使用<F9>功能键可打开或关闭捕捉功能。捕捉用于设置光标移动的步距。当捕捉功能处于打开状态时，用户会发现光标是以捕捉所设定的步距跳动而不是平滑移动。光标的跳动实际在屏幕上形成了一个不可见的以光标步距为间距的捕捉栅格。栅格显示和捕捉通常配合使用。

二、对象捕捉

利用 AutoCAD 2019 的对象捕捉功能，可以在绘图过程中快速地确定图形对象上的一些特殊点，如直线或圆弧段的端点、中点，圆的圆心点、象限点等，从而实现精确绘图的目的。在 AutoCAD 中，对象捕捉功能的启用有两种方式。

1. 对象自动捕捉模式

打开对象自动捕捉模式后，在绘图的过程中，当光标接近捕捉点时，系统会根据用户的设置，自动捕捉到图形上的一些特殊点，并以不同的捕捉标记区分点的类型，捕捉标记与如图 5-11 中所示的标记符号相对应。当出现捕捉标记符号时，单击鼠标左键，即可完成对这些点的捕捉。

将光标移至状态栏上的按钮并单击鼠标右键，在弹出的快捷菜单中选择“设置”选项，打开“草图设置”对话框，如图 5-11 所示。选中“启用对象捕捉”复选框可设置各种捕捉类型。单击状态栏上的按钮或使用键盘上的<F3>功能键可打开或关闭对象自动捕捉模式。

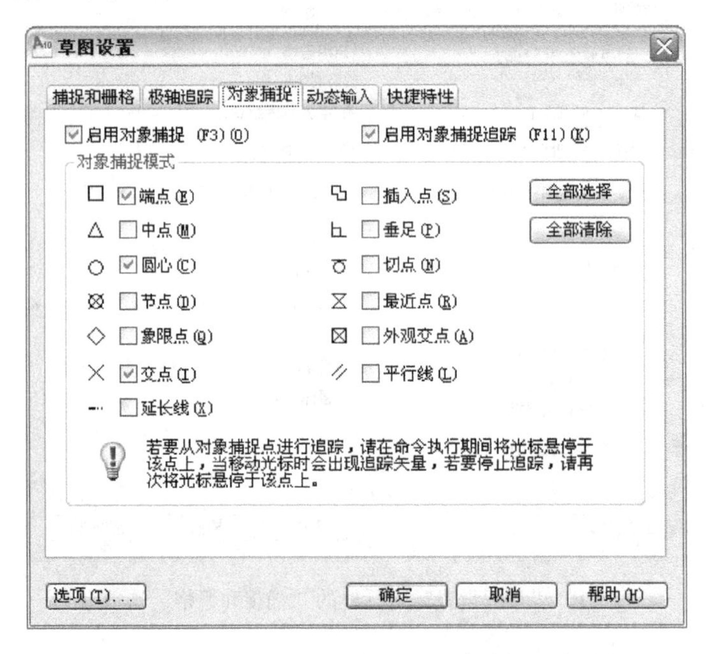

图 5-11 “草图设置”对话框的“对象捕捉”选项卡

对象自动捕捉模式的优点在于通过“草图设置”对话框中的“对象捕捉”选项卡，一次可设置一种或几种捕捉类型，一经设置，在后续的绘图过程中，系统会一直按所设置的捕捉类型自动捕捉这些特殊点，直到用户再次通过“草图设置”对话框取消设置或关闭对象自动捕捉模式。

2. 对象捕捉的单点优先模式

在绘图过程中，当需要指定某一类特殊点时，将光标移至状态栏上的按钮并单击鼠标右键，在弹出的快捷菜单（图 5-12）中拾取某项捕捉类型，可在绘图区域已绘制对象上捕捉所需要的点；按下键盘上的<Shift>键，同时在绘图区的空白区域单击鼠标右键，在弹出的“对象捕捉”快捷菜单（图 5-6）中选择相应选项，可捕捉所需要的点。

使用快捷菜单或快捷菜单选项捕捉特殊点，一次只能选择一种捕捉类型，且只对当前点的输入有效。这就是说，在绘图的过程中，每当需要拾取一个特殊点时，都必须先打开快捷菜单或快捷菜单并单击其中的对应按钮或选项，再拾取所需要的点。

上述内容说明，不同的对象捕捉模式在绘图的过程中所发挥的作用不同。对象自动捕捉模式一旦设置就会一直处于工作状态，直到将其关闭为止；而单点优先模式只对当前输入点有效。单点优先模式可嵌套在对象自动捕捉模式中使用，单点优先模式具有优先权。

对象捕捉设置及其使用均为可以透明使用的命令。对象捕捉功能是绘图过程中非常实用的一种精确定点的方式。通常结合上一节内容中介绍过的坐标系统及数据输入方式，在绘图过程中综合应用。

图 5-12 “对象捕捉”快捷菜单

三、对象捕捉追踪

对象捕捉追踪是对象捕捉和极轴追踪功能的联合应用，其功能是当AutoCAD要求指定一个点时，首先使用对象捕捉功能捕捉到图形对象上的某一特殊点，系统会在对象捕捉点上显示一条无限延伸的辅助线（以虚线形式显示），用户沿辅助线追踪在得到光标点的同时拾取该点。对象捕捉追踪各项参数的设置可通过“草图设置”对话框的“极轴追踪”选项卡（图 5-13）来完成。

1）“对象捕捉追踪设置”选项组：选择“仅正交追踪”单选项，当启用对象捕捉追踪功能后，只显示获取的对象捕捉点的正交追踪路径；若选择“用所有极轴角设置追踪”单选项，当启用对象捕捉追踪功能后，按设置的极轴增量角，在获取的对象捕捉点上显示追踪路径。

2）单击状态栏上的“对象捕捉追踪”按钮或使用键盘上的<F11>功能键均可打开或关闭对象捕捉追踪功能。选中“对象捕捉”选项卡（图 5-11）的“启用对象捕捉追踪”复选框也可打开或关闭对象捕捉追踪功能。

四、正交功能

AutoCAD 提供的正交功能，可以方便地绘制与当前坐标系中 X 轴和 Y 轴平行或垂直的线段。单击状态栏上的按钮或使用键盘上的<F8>功能键可打开或关闭正交模式。

正交模式为打开状态时，此时绘制直线，当输入第一点后通过移动光标来确定另一端点时，引出的橡皮筋线不再是光标点与起始点间的连线，而是起始点与光标十字线的两条垂直线中较长那段的连线。因此，在二维绘图中打开正交模式绘制图形中水平或垂直的直线十分方便。正交与捕捉功能仅影响通过光标输入的点，通过键盘以点的坐标方式输入的点不受其影响。

五、极轴追踪

极轴追踪可按事先设定的角度增量追踪特征点，其功能是当 AutoCAD 要求指定一个点时，拖动光标，使光标接近预先设定的角度方向，AutoCAD 会自动显示橡皮筋线，同时沿该方向显示极轴追踪矢量，并浮现出一个小标签，表明当前光标位置相对于前一点的极坐标。通过“草图设置”对话框的“极轴追踪”选项卡（图 5-13）可设置极轴追踪的各项参数。

图 5-13 “极轴追踪”选项卡

（1）“极轴角设置”选项组　在“增量角”下拉列表框中选择系统预设的角度增量，或通过单击按钮，从弹出的快捷菜单中选择系统预设的角度增量。

如果下拉列表框中的角度不能满足使用要求，可选中“附加角”复选框，然后单击“新建”按钮，在列表框中添加新的角度。

（2）“极轴角测量”选项组　设置极轴追踪增量角的测量基准。选择“绝对”单选项，以当前坐标系为测量基准确定极轴追踪增量角；选择“相对上一段”单选项，则以最后绘制的直线段为测量基准确定极轴追踪增量角。

（3）“启用极轴追踪”复选框　打开或关闭极轴追踪功能。另外单击状态栏上的“极轴追踪”按钮或使用键盘上的<F10>功能键均可打开或关闭极轴追踪功能。

六、动态输入模式

在 AutoCAD 2019 中，如果启用动态输入功能，绘图时光标附近会显示提示框，供用户查看相关的系统提示并输入相应的信息。

AutoCAD 2019 的动态输入由三部分组成，如图 5-14 所示。

1）指针输入功能，即在绘图区的文本框中输入绘图所需的数据信息。

2）标注输入功能，即显示当前图形的几何属性，如线段的长度、与水平方向的夹角、标注信息等。

3）动态提示功能，即在提示框中显示所执行命令的相关操作提示，并随不同的命令及命令执行的不同状态而动态变化。若执行的命令有多个选项，则在提示框右侧显示向下的箭头，此时按下键盘上的方向键<↓>会显示该命令的其他相关选项。单击其中的某一选项，即可执行该选项。

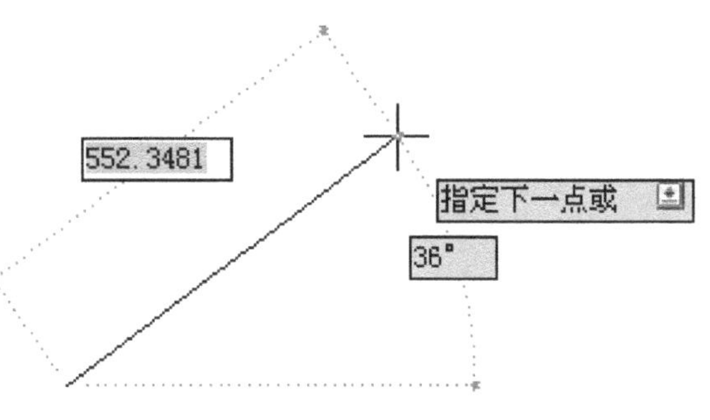

图 5-14 AutoCAD 2019 的动态输入功能

1. 启用动态输入

单击状态栏上的“动态输入”按钮 或使用键盘上的<F12>功能键打开或关闭动态输入功能。

2. 动态输入的设置

通过“草图设置”对话框的“动态输入”选项卡可设置动态输入的各项参数，如图 5-15 所示。

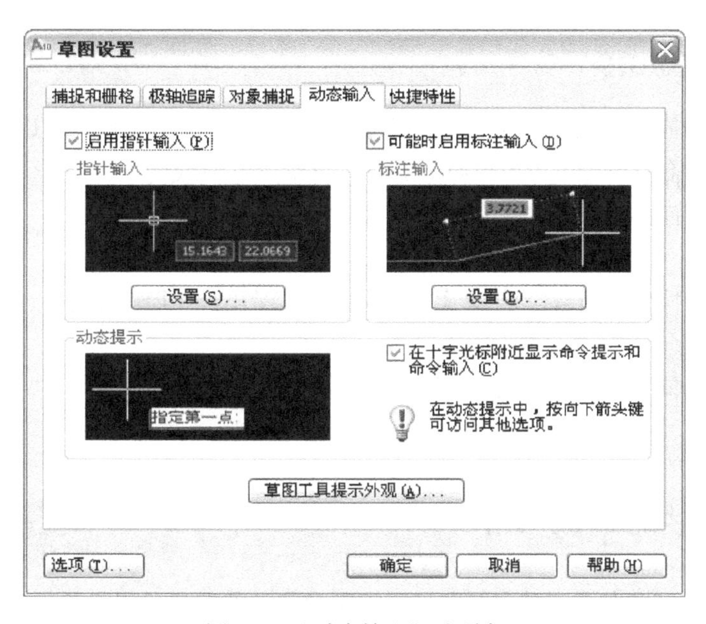

图 5-15 “动态输入”选项卡

（1）设置指针输入 在如图 5-15 所示的对话框中，选中“启用指针输入”复选框即可打开指针输入功能；在“指针输入”区域单击“设置”按钮，打开“指针输入设置”对话框，如图 5-16 所示，可设置指针的格式和可见性。

（2）设置标注功能 在如图 5-15 所示的对话框中，选中“可能时启用标注输入”复选框，即可打开标注功能。在“标注输入”区域单击“设置”按钮，打开“标注输入的设置”对话框，如图 5-17 所示，可设置标注的可见性及标注的显示形式。

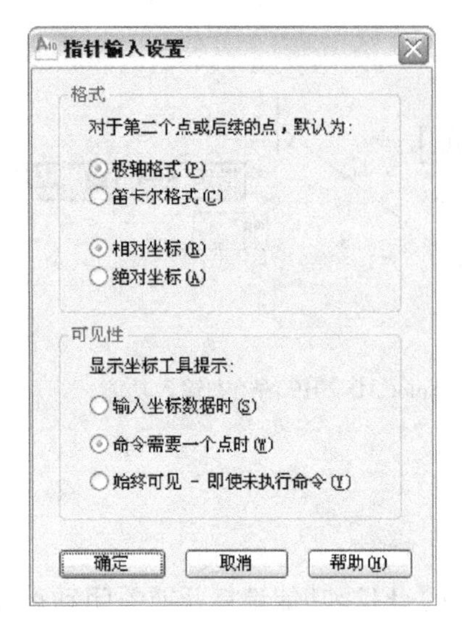

图 5-16 “指针输入设置”对话框

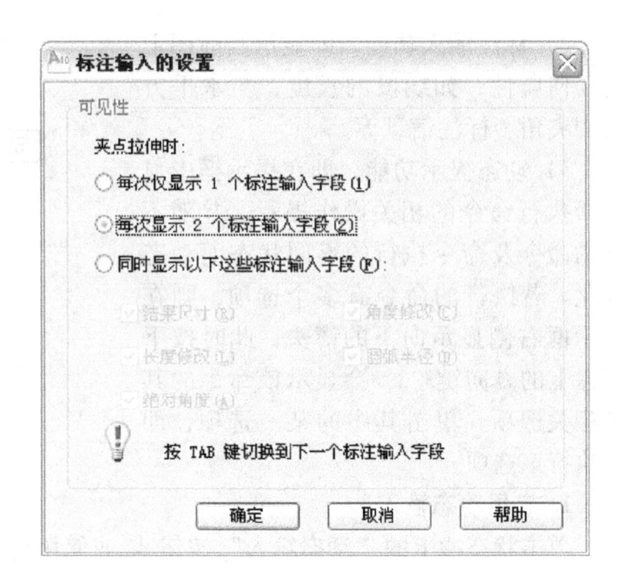

图 5-17 “标注输入的设置”对话框

（3）显示动态提示　在如图 5-15 所示的对话框中，选中“在十字光标附近显示命令提示和命令输入”复选框，可在光标处显示动态提示框。

七、撤销与重做命令

单击“快速访问”工具栏中的“放弃”按钮，或在命令行输入“U”，即可取消上一次执行的命令。在命令行输入“UNDO”命令，再输入需要取消的命令个数，可取消最近执行的多个命令。下面的例子演示了如何取消最近的三个命令。

命令：UNDO↙

输入要放弃的操作数目或［自动（A）/控制（C）/开始（BE）/结束（E）/标记（M）/后退（B）］<1>：3↙

单击“快速访问”工具栏上的“重做”按钮，或在命令行输入“REDO”命令可重做所取消的操作。

第六节　图形的缩放显示

AutoCAD 为用户提供了一系列图形显示控制命令，使用户可以灵活地查看图形的整体效果或局部细节，其中最常用的操作就是视图的平移和缩放。

为学习方便，用户可以打开安装目录下的“\ Autodesk \ AutoCAD 2019 \ Sample \ Database Connectivity \ Floor Plan Sample. dwg”进行操作，该文件如图 5-18 所示。

一、缩放视图

视图的缩放功能是在保持图形的实际尺寸不变的前提下，通过放大或缩小图形在屏幕上的显示尺寸，从而方便地观察图形的整体效果或局部细节。在 AutoCAD 经典工作界面，单击菜单栏“视图”▷“缩放”，弹出如图 5-19 所示的子菜单，包含了 AutoCAD 中提供的各种视图缩放命令。各选项的功能及操作介绍如下：

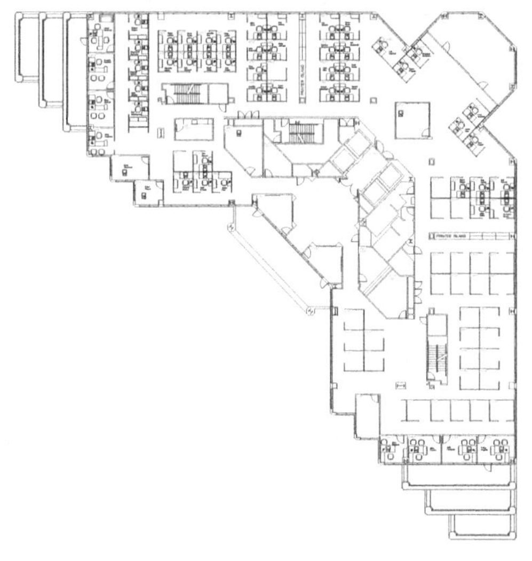

图 5-18 视图操作

图 5-19 “缩放”的子菜单

1. 实时缩放

选择该命令选项，光标变为类似于放大镜的图标，此时按下鼠标左键不放，向外拖动鼠标使图形放大，向内拖动鼠标则缩小图形。缩放完毕后，按下键盘上的<Esc>键或<Enter>键，或在绘图区单击鼠标右键，在弹出的快捷菜单中选择“退出”，均可结束实时缩放操作。滚动鼠标上的滚轮也可实时缩放图形。

2. 上一步

选择该命令选项，将恢复到上一次显示的视图。

3. 窗口缩放

该选项允许用户指定一个矩形区域作为窗口，窗口内的图形被放大到占满整个绘图区。如果要观察图形指定区域的局部细节，可以选择窗口缩放形式。选择该命令选项后，AutoCAD 提示为：

指定第一个角点：

指定对角点：

根据提示依次确定缩放窗口的角点位置即可。

4. 动态缩放

选择该选项后，屏幕进入动态缩放模式。绘图区域出现三个线框。最外侧的蓝色虚线框表示当前图形的边界，中间的绿色虚线框表示上一次的缩放区域，带有符号“×”的灰色方框为缩放图形的选取框。用户可移动该选取框，使其左边线与待缩放区域的左边线重合，并按下鼠标左键，此时符号“×”变为箭头“→”，且指向选取框的右边界，左右移动鼠标，可改变选取框的大小以确定新的显示区域。确定好显示区域后按下键盘上的<Enter>键，即可完成图形的动态缩放。

5. 全部缩放

显示整个图形。执行此命令后，如果所有图形均绘制在预先设置的绘图边界以内，则参照图纸的边界显示图形，即图形占满整个绘图区域。如果有图形超出了绘图边界，则按图形的实际范围显示图形。

6. 范围缩放

该选项允许用户在绘图区内尽可能大地显示图形，与图形的边界无关。

在实际绘图的过程中，经常使用的缩放方式只是其中的几种，如“实时缩放”、“窗口缩放”和“缩放上一个”等。

二、平移视图

平移视图是指移动整个图形，将图样的特定部分显示在绘图区。执行平移视图操作后，图形相对于图纸的实际位置不发生变化。

PAN 命令用于实现图形的实时移动。执行该命令后，绘图区的光标变为手形图标，同时 AutoCAD 提示：“按<ESC>或<Enter>键退出，或单击右键显示快捷菜单”。

同时状态栏提示：“按住拾取键并拖动进行平移”。此时按下鼠标左键不放，向某一方向拖动鼠标时，图形会随之作相应的移动。移动到指定的位置后，在绘图区单击鼠标右键，在弹出的快捷菜单中选择“退出”，或按下键盘上的<Esc>键或<Enter>键均可结束命令。

另外，AutoCAD 还提供了用于平移视图操作的菜单命令，这些命令位于“视图”▷“平移”子菜单中，如图 5-20 所示。其中的选项不仅可以向左、右、上、下四个方向平移视图，还可以使用“实时”和“定点”选项平移视图。也可利用“标准”工具栏上的（实时平移）按钮实现实时平移视图操作。此外，按下鼠标滚轮，屏幕光标变为手形，也可实现图形的实时平移，松开鼠标滚轮即退出实时平移。

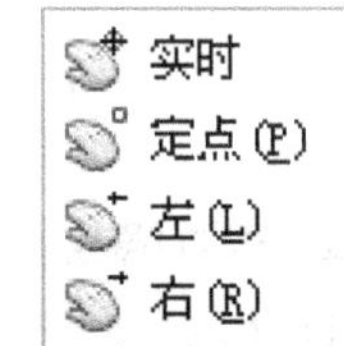

图 5-20 “平移”子菜单

三、应用实训

实训 1：应用直线命令，按照给定尺寸绘制如图 5-21 所示的图形。绘制过程的视频可通过扫描视频 5-1 的二维码观看。

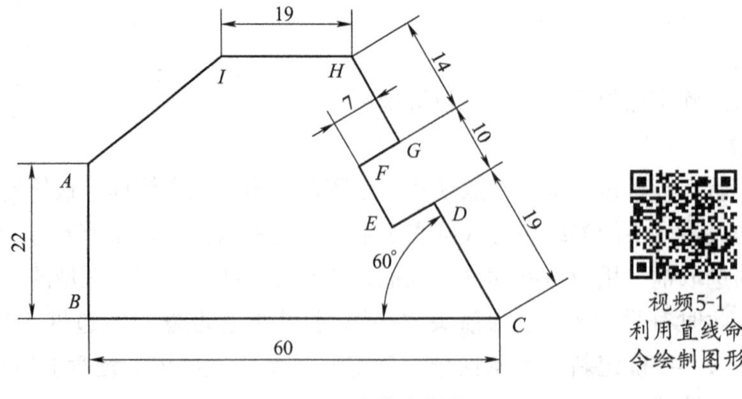

图 5-21 直线实例练习

作图过程如下：

命令：LINE

指定第一点：（80，100）指定作图起点 *A*。

指定下一点或［放弃（U）］：（80，78）输入点 *B* 坐标，作直线 *AB*。

指定下一点或［放弃（U）］：（@60，0）输入点 *C* 坐标，作直线 *BC*。

指定下一点或［闭合（C）/放弃（U）］：（@19<120）输入点 *D* 坐标，作直线 *CD*。

指定下一点或［闭合（C）/放弃（U）］：（@7<210）输入点 *E* 坐标，作直线 *DE*。

指定下一点或［闭合（C）/放弃（U）］：（@10<120）输入点 *F* 坐标，作直线 *EF*。

指定下一点或［闭合（C）/放弃（U）］：（@7<30）输入点 *G* 坐标，作直线 *FG*。

指定下一点或［闭合（C）/放弃（U）］：（@14<120）输入点 *H* 坐标，作直线 *GH*。

指定下一点或［闭合（C）/放弃（U）］：（@－19，0）输入点 *I* 坐标，作直线 *HI*。

指定下一点或［闭合（C）/放弃（U）］：（C）选择“闭合（C）”选项，完成作图。

试一试：联合使用前面讲的“极轴追踪”“直接距离法”等命令来画上图，是不是绘图效率可以得到极大的提高哦！

实训 2：利用画圆的命令，按照给定尺寸绘制如图 5-22 所示几何图形。绘制过程的视频可通过扫描视频 5-2 的二维码观看。

提示：先画 *R*20 的圆，利用“捕捉象限点” ◇ 命令绘制半径相同的四个圆；利用“两点”（2P）画圆的命令，捕捉两个圆上两个象限点绘制半径 *R*10 的四个圆；利用“相切、相切、半径”画圆的命令，捕捉两个切点绘制半径 *R*12 的两个圆；其余各圆利用“绘图”下拉菜单中的“圆/相切”、“相切、相切”的命令绘制，或用“三点”画圆的命令，捕捉三个切点画出；最后利用捕捉切点的方法绘制公切线。绘制结果如图 5-22c 所示。比较两种画法的异同，并在绘制时注意利用<Enter>键练习重复执行画圆的命令。

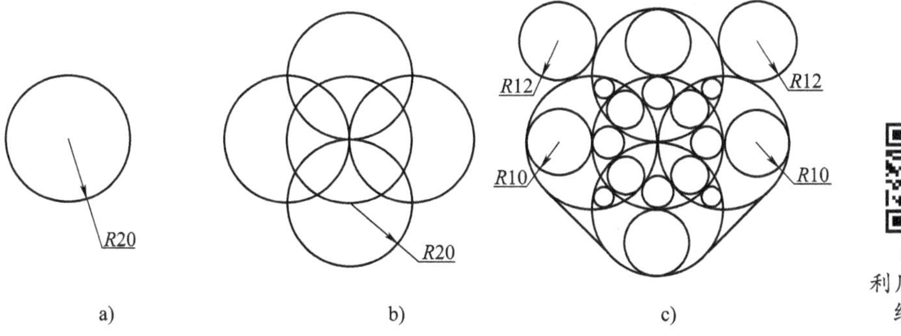

视频5-2
利用画圆命令
绘制图形

图 5-22　几何图形实例练习

课 后 练 习

1. 绘制如图 5-23 所示的平面几何图形。
2. 绘制如图 5-24 所示的平面几何图形。
3. 绘制如图 5-25 所示的平面几何图形。

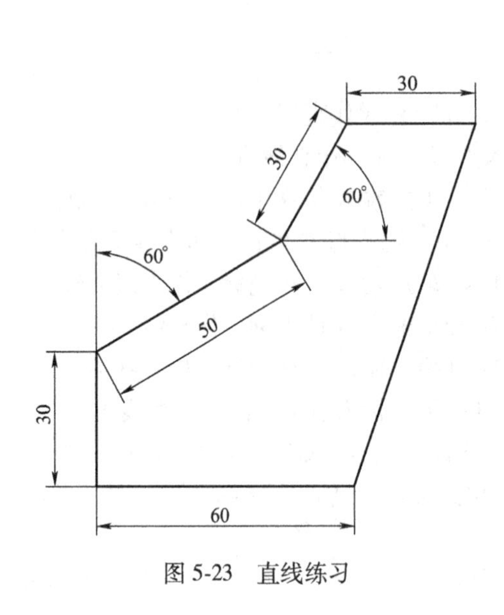

图 5-23　直线练习

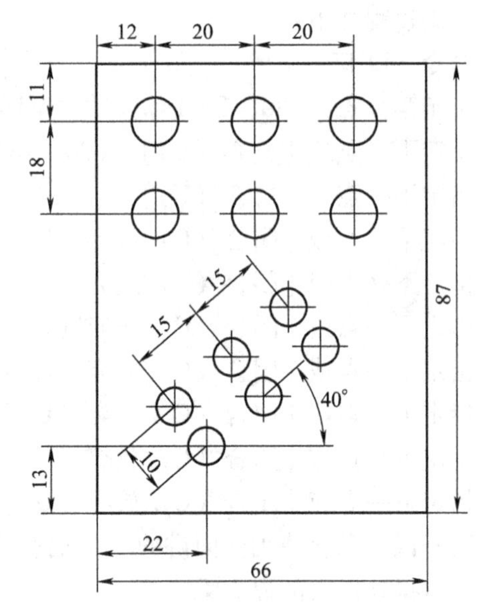

图 5-24　平面几何图形 1

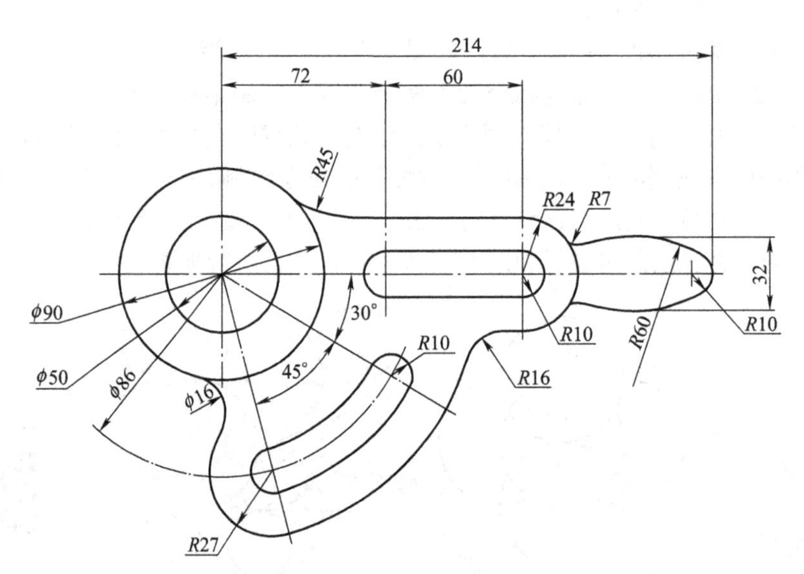

图 5-25　平面几何图形 2

第六章

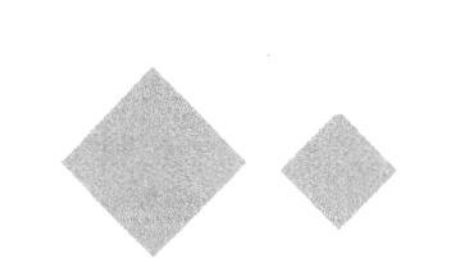

AutoCAD 2019二维绘图和编辑

本章学习导读

目的与要求：了解图层的作用与特点；了解目标选择的方法；熟练掌握绘图环境的设置及样板图的设置；能熟练运用“正多边形”“圆弧”“椭圆”“圆环”“点”“多线”等命令绘制二维图形；能熟练运用“复制”“移动”“旋转”“镜像”“偏移”“修剪”“圆角”“阵列”“比例缩放”等命令对图形进行编辑，使绘图速度更快、更准确。

内容：绘图环境的设置；样板图的设置；目标的选择；二维绘图命令：正多边形、圆弧、椭圆、圆环、点、多线、构造线；图形编辑命令：复制、移动、旋转、镜像、偏移、修剪、阵列、比例。

第一节 绘图环境的设置

在开始绘图前，首先应当对绘图环境进行设置，以提升绘图效率。设置绘图环境过程的视频可通过扫描视频 6-1 的二维码观看。

视频 6-1
设置绘图环境

一、绘图界限的设置

绘图界限即绘图的有效区域，是指图纸的边界，用坐标（X，Y）来指定。只需要设置图纸的左下角点和右上角点的坐标，这两点就为绘图建立了一个不可见的封闭矩形。

绘制工程图样时，应优先选用国家标准规定的五种基本图幅，即 A0～A4。

设置绘图界限方法如下：

键盘输入“limits”（按<Enter>键）或者选择“格式”下拉菜单中的“图形界限”，命令行出现提示：

```
指定左下角点或 [开(ON)/关(OFF)] <0.0000,0.0000>: ↙
指定右上角点 <420.0000,297.0000>: ↙
```

一般情况下，应将绘图界限左下角点的坐标设置为（0，0），便于后续绘图中输入坐标。如果用户要将绘图界限设置为 A3 图纸大小，接受系统默认的坐标值即可。若设置为其他图纸幅面，需输入新的右上角点坐标值，如输入（841，594），绘图界限即为 A1 图纸大小。

二、绘图单位的设置

在 AutoCAD 中所使用的坐标是用表示任何客观世界尺寸的单位来计量的，如英寸或米。

AutoCAD 提供了五种单位类型，分别是十进制、工程、建筑、分数、科学，这些单位类型影响着坐标在状态栏中的显示及 AutoCAD 有关对象信息的列表。AutoCAD 可以使用任何一种单位类型接受坐标值，坐标通常使用用户选择的单位类型进行输入。

不同行业对度量单位的要求各不相同，因此用户在使用 AutoCAD 绘图前，首先要设置绘图单位。方法如下：

键盘输入“units”（按<Enter>键）或者选择“格式”下拉菜单中的“单位”，弹出如图 6-1 所示的“图形单位”对话框。该对话框的主要选项介绍如下：

图 6-1 “图形单位”对话框

1. 长度选项组

该选项组用于选择长度单位类型及精度。机械行业的用户在“类型”下拉列表和“精度”下拉列表中均可选择默认的单位类型“小数”和精度“0.0000”。

2. 角度选项组

该选项组用于选择角度单位类型及精度。AutoCAD 提供了十进制角度、度/分/秒、百分度、弧度、勘测单位五种角度单位。角度单位的选择依赖于用户的专业和工作环境。机械行业的用户在“类型”下拉列表和“精度”下拉列表中均可选择默认的单位类型“十进制度数”和精度“0”。

按照标准约定，角度以东方为零度，以逆时针方向为增加的正向。用户根据需要也可选择除东方以外的其他方向作为起始零度，或选择角度按顺时针方向增加。

三、图层、颜色、线型和线宽的设置

图层是一个用来组织图形中对象显示的工具，图中的每一个对象（如不同的图线、尺寸、文字等）应放在不同的图层中。图层就像透明胶片一样，不同的对象虽然处在不同的图层上，但重叠在一起后就可形成一幅完整的图形。

图层是组织管理图形文件的有效手段，特别是在绘制复杂的图形时，可以关闭无关的图层，避免由于对象过多而产生互相干扰，从而降低图形编辑的难度，确保绘图精度。

每一个图层都必须有一种颜色、线型和线宽，图层、颜色、线型和线宽被称为对象特性。用户可以按照绘图需要来设置图层和管理图层，修改对象特性。

1. 创建新图层

（1）启动命令　键盘输入简令：“la”（按<Enter>键）/ 依次单击“常用（默认）”选项卡▷“图层”面板▷“图层特性”按钮，即可打开如图 6-2 所示的“图层特性管理器”对话框。此时该对话框中只有 0 图层。单击“新建图层”按钮，列表框中出现名为“图层 1”的新图层，AutoCAD 给图层 1 分配有默认的颜色、线型和线宽，颜色为白色，线型为

“Continuous”。

新建的图层处于被选中的状态，用户可以修改图层的名称，如将“图层 1”改为粗实线层或点画线层或虚线层等。

修改图层名称的操作如下：

单击按钮，列表框中出现一行名为“图层 1”的新图层：图层1 白 Continu... —— 默认 0。此时图层 1 处于待修改状态，打开中文输入法，将图层 1 改为“点画线层”，单击左键确定。

重复上述过程，可以连续创建多个新图层。

图 6-2 “图层特性管理器”对话框

（2）设置图层的颜色 若要修改默认颜色，可以鼠标左键单击颜色名“白色”，打开如图 6-3 所示的“选择颜色”对话框，选择要设置的颜色如红色，并单击“确定”按钮，返回到“图层特性管理器”对话框，则图层 1 颜色改为红色。

国家标准机械工程 CAD 制图规则对图线颜色的规定（GB/T 14665—2012），一般按表 6-1 提供的颜色进行设置，优先使用九种标准颜色。

表 6-1 标准图线与颜色

	图线	屏幕上的颜色
粗实线		绿色
细实线		白色
波浪线		
双折线		
虚线		黄色
细点画线		红色
粗点画线		棕色
双点画线		粉红

（3）设置图层的线型 要修改默认的线型设置，可用鼠标左键单击线型名“Continuous”，

打开“选择线型”对话框，如图 6-4 所示。如果“已加载的线型”列表中没有想要的线型，则需要加载线型。单击 加载(L)... 按钮，打开“加载或重载线型”对话框，如图 6-5 所示，移动滚动条选择需要的线型如“CENTER2”，并单击 确定 按钮，返回到如图 6-6 所示的“选择线型”对话框。在该对话框中出现“Continuous”和“CENTER2”两种线型，选择“CENTER2”并单击 确定 按钮，则图层 1 的线型改为“点画线”。

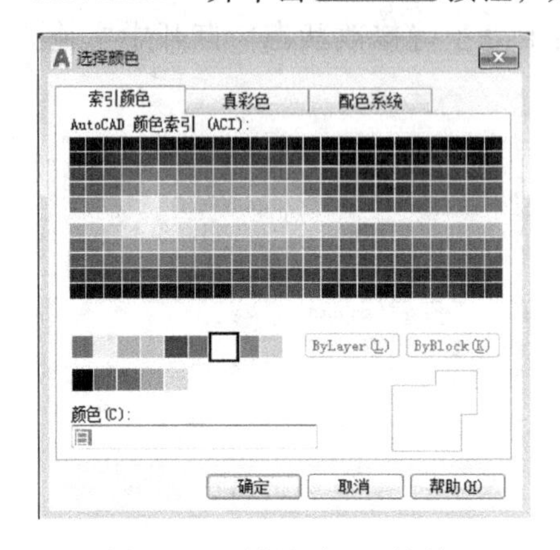

图 6-3 “选择颜色”对话框

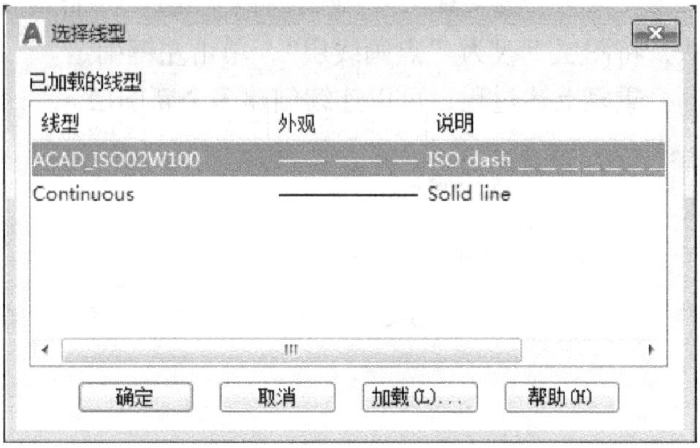

图 6-4 “选择线型”对话框

（4）设置图层的线宽　在“图层特性管理器”对话框中，线宽用宽度不等的实线段表示，即线宽图标，并在其右侧显示线宽值。要修改默认的线宽设置，单击线宽图标，弹出如图 6-7 所示的“线宽”对话框，用户可以在其中选择所需的线宽。

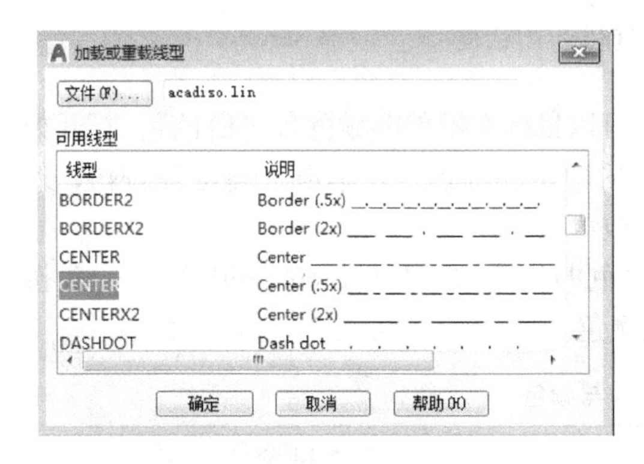

图 6-5 “加载或重载线型”对话框

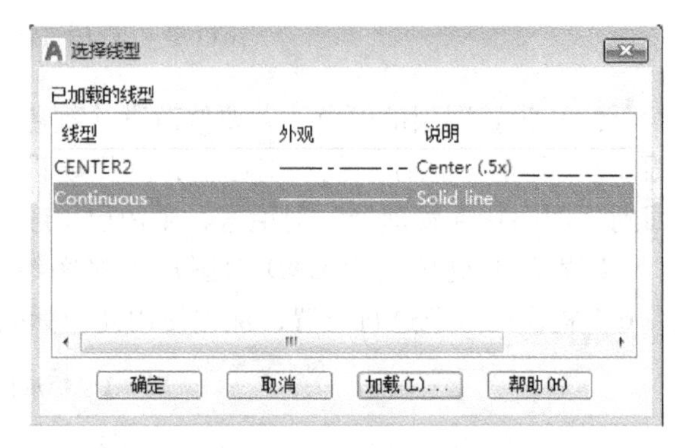

图 6-6 “选择线型”对话框

（5）设置图层的状态　通过设置图层的四种状态——打开/关闭、解冻/冻结、解锁/锁定、可打印/不可打印，可以控制图层上的对象是否显示、是否能编辑及打印，为图形的绘制和组织提供方便。

1）打开/关闭：图标是一盏灯泡，用灯泡的亮和灭表示图层的打开和关闭。单击图标，即可将图层在打开、关闭状态之间进行切换。图层被关闭，则该图层上的对象既不能在绘图区上显示，也不能编辑和打印，但该图层仍参与处理过程的运算。

2）解冻/冻结：解冻状态的图标是太阳，冻结状态的图标是雪花。单击这两个图标，即可将图层在解冻、冻结状态之间进行切换。图层被冻结，则该图层上的对象既不能显示，也不能编辑和打印，该图层也不参与处理过程的运算。一般情况下，用户不要冻结当前图层。

3）解锁/锁定：图标是一把锁头，用锁头的开和锁表示图层的解锁和锁定。单击图标，即可将图层在解锁、锁定状态之间进行切换。图层被锁定，则该图层上的对象既能显示，也能打印，但不能编辑。用户在当前图层上对部分对象进行编辑操作时，可以对其他图层加以锁定，以免不慎对其上的对象进行误操作。

4）可打印/不可打印：图层可打印状态的图标为，单击该图标使之变为，则该图层就是不可打印的，可打印/不可打印状态可以反复切换。

参照上述方法，用户可以创建多个图层，可以修改这些图层的特性和状态。设置的图层在“图层”面板中的“图层控制”下拉列表中均有显示，便于用户使用，如图 6-8 所示。

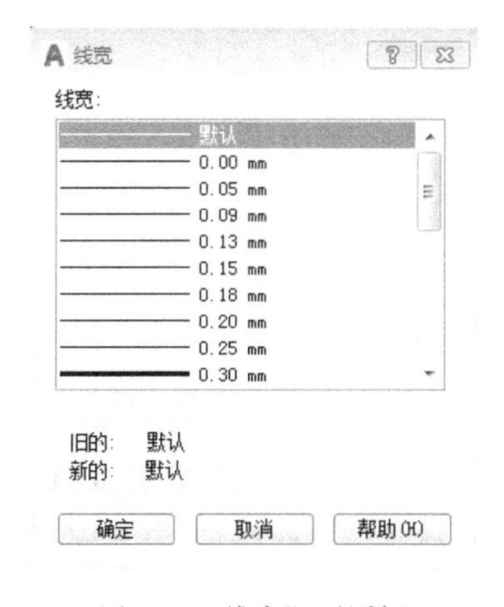

图 6-7 “线宽”对话框

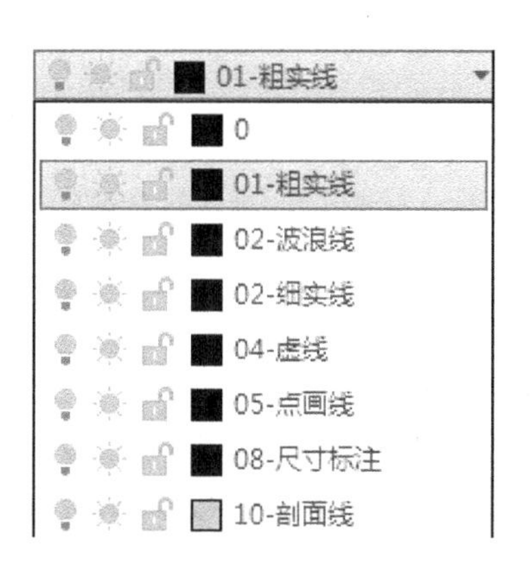

图 6-8 “图层控制”下拉列表

2. 管理图层

（1）设置当前图层　要将某个图层设置为当前图层，应在“图层特性管理器”对话框的图层列表中选择该图层，单击“置为当前”按钮（或双击该图层），则该图层被设置为当前图层。

还可以在“图层”面板中单击“图层控制”下拉列表的箭头，在弹出的下拉列表中单击想要使之成为当前图层的图层名称。如图 6-8 所示，移动鼠标至“点画线层”，单击即可将点画线层设置为当前图层。

（2）删除图层　要删除某个图层，应在“图层特性管理器”对话框的图层列表中选择该图层，单击“删除图层”按钮，则该图层被删除。注意：系统默认的 0 层不能删除。

四、样板图的设置

在绘制零件图之前，要根据机械制图国家标准，创建符合国标要求的图纸幅面、线型、字体、尺寸样式等绘图环境并保存成模板图，以备反复调用，提高绘图效率。

1. 设置图纸幅面

在命令窗口中输入命令“NEW”按<Enter>键/单击“快速访问”工具栏上的按钮/“文件”下拉菜单中的“新建”。弹出“选择样板”对话框，选择默认图形样板

“acadiso. dwt”。该默认样板图纸幅面为420×297 即 A3 图纸，如图 6-9 所示。如果要设置成其他大小的图纸幅面，可采用本节第一部分中的“绘图界限的设置”所用方法进行设置。

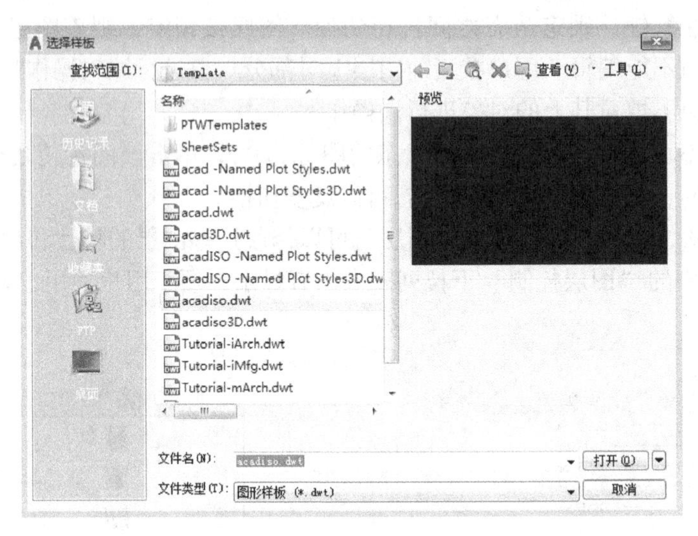

图 6-9 “选择样板”对话框

2. 设置图层、颜色、线型

按照上文“图层、颜色、线型和线宽的设置”中的方法对图层进行设置，粗实线宽度为 0.5，图框线宽度为 1.2，其余细实线均保持默认线宽（0.25），如图 6-10 所示。

0	白	Continuous	—— 默认	0	
01-粗实线	白	Continuous	—— 0.50 毫米	0	
02-波浪线	白	Continuous	—— 默认	0	
02-细实线	白	Continuous	—— 默认	0	
04-虚线	白	ACAD_ISO...	—— 默认	0	
05-点画线	白	CENTER	—— 默认	0	
08-尺寸标...	白	Continuous	—— 默认	0	
10-剖面线	254	Continuous	—— 默认	0	
11-文本	140	Continuous	—— 默认	0	
12-图块	青	Continuous	—— 默认	0	
14-边框线	白	Continuous	—— 默认	0	
15-图框线	白	Continuous	—— 1.20 毫米	0	

图 6-10 图层设置

3. 设置文字样式

根据国家标准 GB/T 14691—1993 中的规定，汉字字体应设为“T 仿宋_GB2312”，如图 6-11 所示。字母与数字应设为“gbeitc. shx”，使用大字体，大字体设为“gbcbig. shx”，如图 6-12 所示。具体设置见第八章第一节。

4. 设置尺寸标注样式

应根据国家标准 GB/T 4458. 4—2003 机械制图尺寸标注设置尺寸样式，如箭头形状和大

图 6-11 汉字的设置

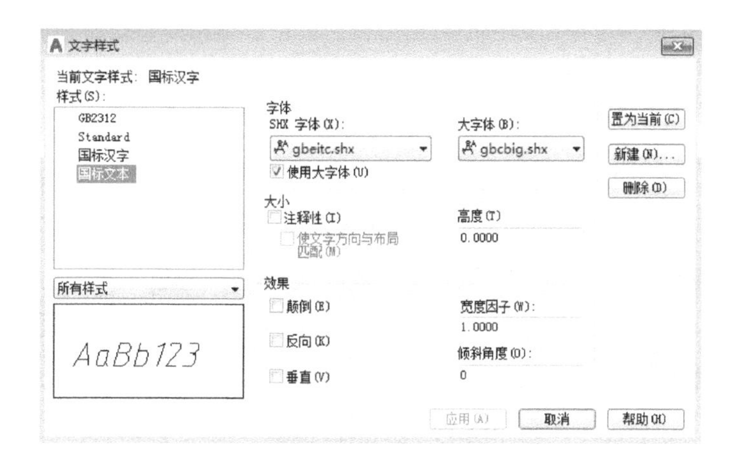

图 6-12 字母与数字的设置

小、尺寸线和尺寸界线的关系、文字放置的位置。此外还应根据不同的标注对象设置不同的标注样式，如角度标注、尺寸公差标注等。应尽可能地将尺寸样式设置齐全，以保证尺寸标注的顺利进行。尺寸标注样式的设置过程详见第八章第四节。

5. 绘制图框和标题栏

下面以 A3（420×297）图幅为例说明绘制图框的过程。

1）选择 02-细实线 白 Continuous 作为当前层。

2）单击“绘图”面板中的绘制矩形的按钮 。

3）**指定第一个角点或 [倒角(C)/标高(E)/圆角(F)/厚度(T)/宽度(W)]：**（0，0↙）

4）**指定另一个角点或 [面积(A)/尺寸(D)/旋转(R)]：**（420，297↙），画出外框。

5）选择 01-粗实线 白 Continuous 作为当前层。

6）单击“绘图”面板中的绘制矩形按钮 。

7）**指定第一个角点或 [倒角(C)/标高(E)/圆角(F)/厚度(T)/宽度(W)]：**（25,5↙）

8）**指定另一个角点或 [面积(A)/尺寸(D)/旋转(R)]:from 基点:<偏移>:**（捕捉矩形外框的右上顶点）

9）**指定另一个角点或 [面积(A)/尺寸(D)/旋转(R)]:_from 基点:<偏移>:**（@-5，-5↙），完成内框的绘制，如图 6-13 所示。

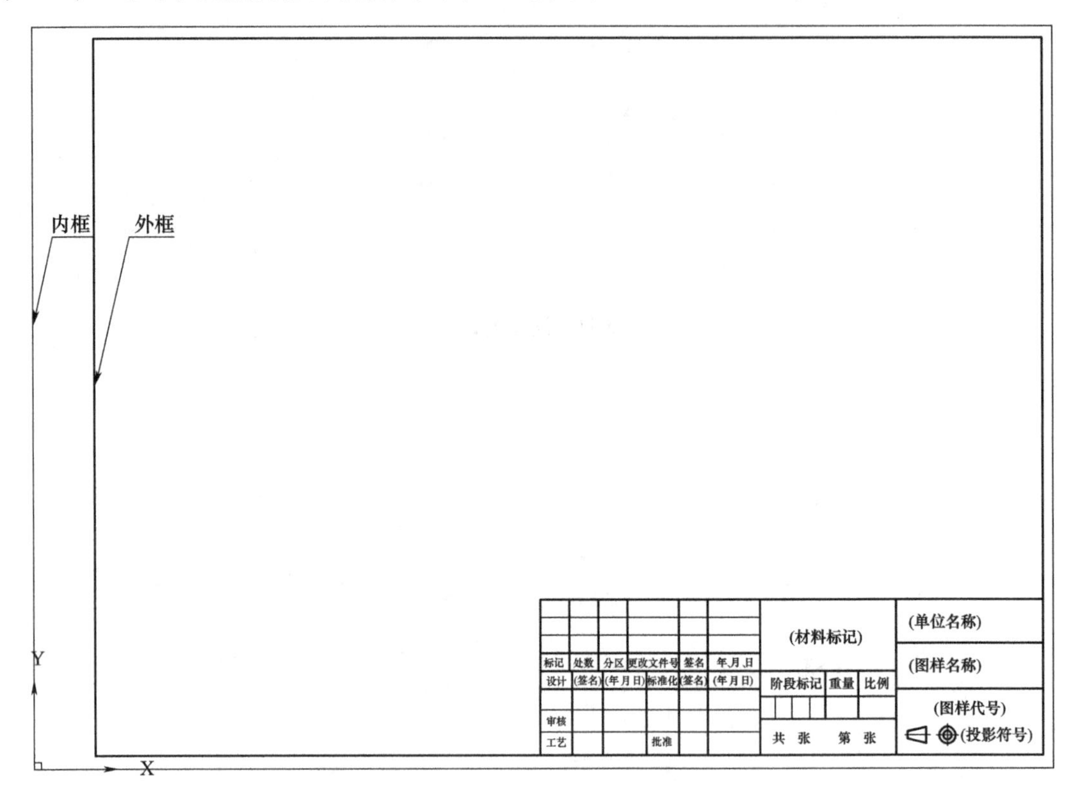

图 6-13 A3 图框与标题栏

图框完成后，按标准绘制标题栏。也可以利用“插入块”的命令将绘制好的标题栏插入到当前图形之中。

6. 保存为样板文件

单击“快速访问”工具栏的“另存为”按钮，弹出“图形另存为”对话框。在“文件类型”下拉列表框中选择“AutoCAD 图形样板（*.dwt)”，在“文件名”下拉列表框中输入“A3 样板图纸”，如图 6-14 所示。单击 保存(S) 按钮，弹出“样板选项”对话框，在该对话框中输入“A3 样板图（横放)”，如图 6-15 所示，单击 确定 按钮，完成样板图的保存。创建的“A3 样板图纸”自动保存在 AutoCAD 的 Template 文件夹中，成为本机系统文件，供反复调用。

以后在启动 AutoCAD 用 A3 图纸绘制零件图时，可在“选择样板”对话框的下拉列表框中选择“A3 样板图纸”直接开始绘图。不必再进行烦琐的设置，可节省大量时间，提高工作效率。

创建其他尺寸的图纸样板时，可利用已创建好的 A3 图纸样板，通过重新设置图幅尺寸、绘制或用“拉伸”命令拉伸边框即可，不必重新绘制图框、标题栏和设置各项参数。

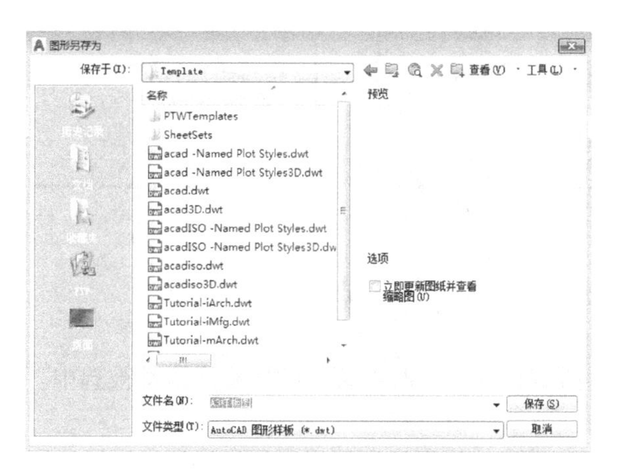

图 6-14 选择文件类型

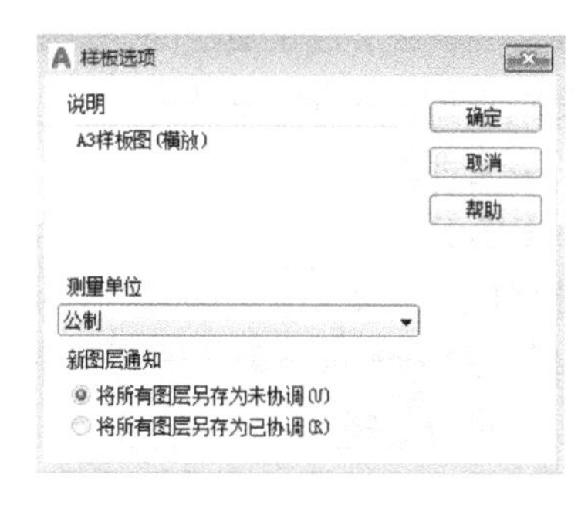

图 6-15 “样板选项”对话框

第二节 目标选择

AutoCAD 的许多编辑命令要求用户选择一个或多个目标进行编辑，当选择了目标之后，AutoCAD 用虚线显示它们以示醒目。

1. 拾取框选择

在选择状态下，AutoCAD 将用一个小方框代替十字光标，这个小方框称为目标拾取框。用鼠标将拾取框移到待选目标上的任意位置，如图 6-16a 所示，单击鼠标左键即可选中目标。如图 6-16b 所示，被选中的是矩形中的椭圆。

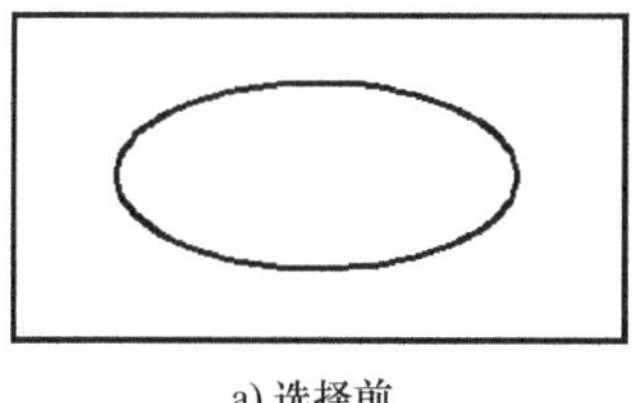

a) 选择前

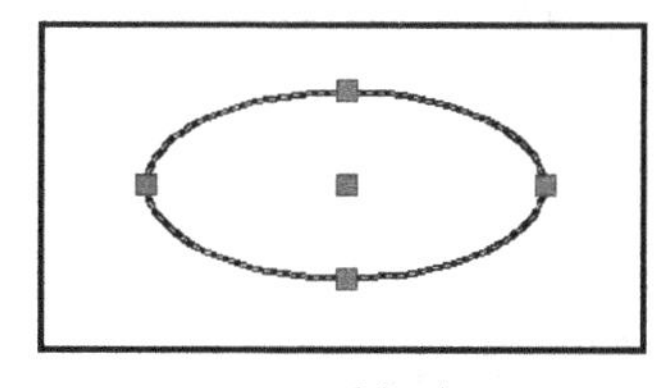

b) 选择后

图 6-16 利用拾取框单选目标

2. 拾取窗口选择

在选择状态下，用拾取框在屏幕上从左到右指定一个拾取窗口（该窗口为实线框显示为淡蓝色），如图 6-17a 所示，如果待选目标完全在此窗口中，该目标既被选中，否则不被选中。如图 6-17b 所示，包含在拾取窗口内的图形元素（圆和用“直线”命令绘制的四边形左侧的直线）被选中。

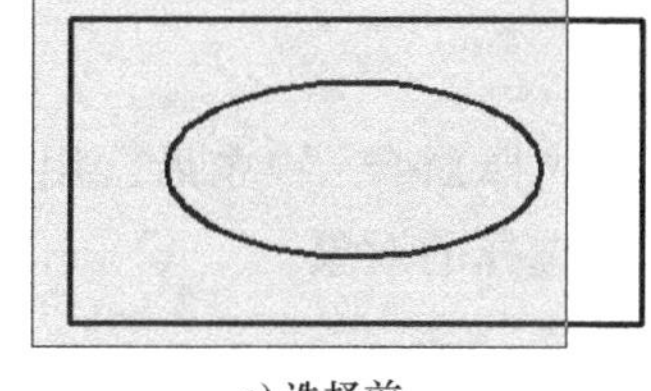

a) 选择前

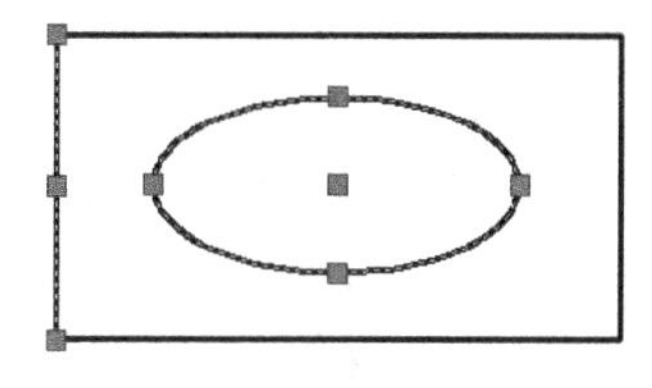

b) 选择后

图 6-17 利用从左到右窗口选择目标

在选择状态下，用拾取框在屏幕上从右到左指定一个拾取窗口（该窗口为虚线框显示为淡绿色)，如图 6-18a 所示，则被该窗口全部或部分包含的目标全部选中。如图 6-18b 所示，圆、用“直线”命令绘制的四边形右侧直线和上下两条直线被选中。

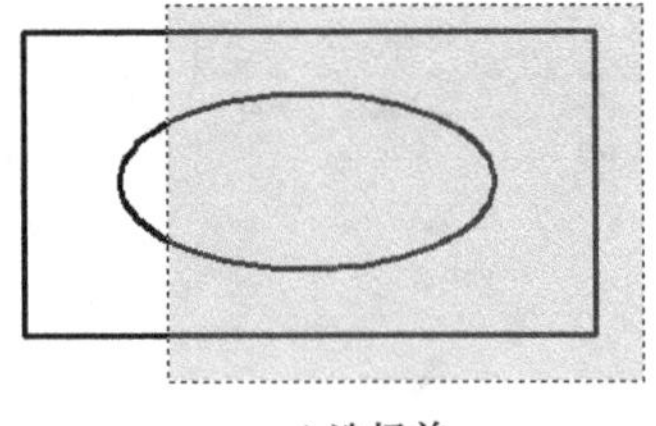

a) 选择前

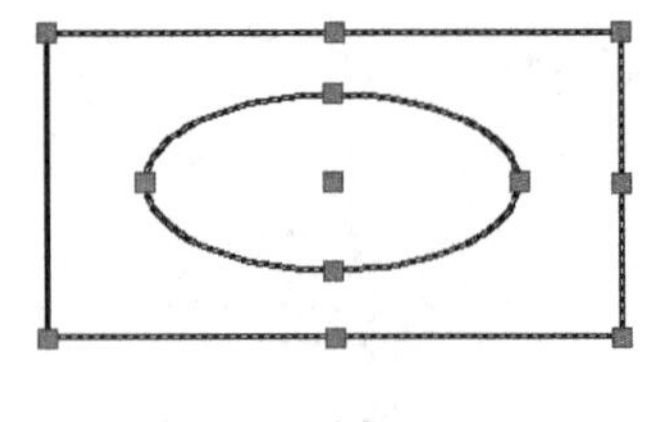

b) 选择后

图 6-18 利用从右到左窗口选择目标

3. 全部选择

在选择状态下，系统提示“选择对象:”之后，用键盘输入“ALL”后按<Enter>键，即可选中图形中的所有目标，此时屏幕上的所有元素都被选中。

4. 窗口选择

在选择状态下，系统提示“选择对象:”之后，用键盘输入“W”或按<Enter>键，拾取框变为十字光标，同时命令行中出现提示：“**指定第一个角点:**”用鼠标选取一个点后，出现提示：“**指定对角点:**”用户无论从左向右还是从右向左指定矩形的两个对角点后，完全位于该矩形窗口内的对象将被选中。窗口选择与拾取框选择的区别有两点：第一，两者的光标形状不同，第二，当指定矩形窗口的第一角点时，无论拾取的点是否在图形对象上，窗口选择均把该点作为第一角点，而不会选择对象。

5. 交叉窗口选择

在选择状态下，系统提示“选择对象:”之后，用键盘输入“C”后按<Enter>键，拾取框变为十字光标，同时命令行中出现提示：“**指定第一个角点:**”用鼠标选取一个点后，出现提示：“**指定对角点:**”用户无论从左向右还是从右向左指定矩形的两个对角点后，位于矩形窗口内的对象以及与窗口边界相交的对象将被选中。

6. 多边形窗口选择

在选择状态下，系统提示“选择对象:”之后，用键盘输入“WP”后按<Enter>键，拾取框变为十字光标，同时命令行中出现提示：

```
第一圈围点:
指定直线的端点或 [放弃(U)]:
指定直线的端点或 [放弃(U)]:
```

要求用户依次指定多边形的顶点，直至按<Enter>键结束指定顶点，则完全位于该多边形内的全部对象将被选中。

7. 多边形交叉窗口选择

在选择状态下，系统提示“选择对象:”之后，用键盘输入“CP”后按<Enter>键，拾取框变为十字光标，按照提示依次指定多边形的顶点，则位于该多边形内以及与窗口边界相交的全部对象将被选中。

8. 上一次选择

在选择状态下，系统提示“选择对象:”之后，用键盘输入“P”后按<Enter>键，AutoCAD 将再次选中上一次操作所选择的对象。

9. 最后选择

在选择状态下，系统提示“选择对象:”之后，用键盘输入“L”后按<Enter>键，AutoCAD 将选中最后一次操作所选择的对象。

10. 栏选

在选择状态下，系统提示“选择对象:”之后，用键盘输入“F”后按<Enter>键，拾取框变为十字光标，同时命令行中出现提示：

指定第一个栏选点：
指定下一个栏选点或 [放弃(U)]：
指定下一个栏选点或 [放弃(U)]：

要求用户依次指定选择线的端点，直至按<Enter >键结束指定。AutoCAD 将选中与选择线相交的所有对象。

11. 加入对象

在选择状态下，系统提示“选择对象:”之后，用键盘输入“A”后按<Enter>键，根据AutoCAD 的提示，可将选中的对象加入到选择集中。

12. 删除选择集

在选择状态下，系统提示“选择对象:”之后，用键盘输入“R”后按<Enter>键，根据AutoCAD 的提示，可将选中的对象从选择集中删除。

13. 交替选择

如果要选择的对象与其他对象重合或距离很近，很难准确地选择对象，则可以使用交替选择，方法如下：

在选择状态下，系统提示选择对象时，按住<Ctrl>键，将拾取框移到待选对象上，单击鼠标左键选中一对象，拾取框变为十字光标。如果该对象不是要选择的对象，则应松开<Ctrl>键并继续单击，AutoCAD 会依次选择对象，直至选中待选对象。

14. 取消选择

在选择状态下，系统提示“选择对象:”之后，用键盘输入“U”后按<Enter>键，可以取消最后的选择操作；连续输入“U”并按<Enter>键，则可从后向前依次取消前面的选择操作。

第三节 基本绘图命令

一、“正多边形”命令

1. 功能

“正多边形”（Polygon）命令可以用来绘制 3~1024 边的正多边形。

2. 启动命令

键盘输入简令“pol”（按<Enter>键）/单击“矩形”命令旁的下拉箭头，选择“正多边形”⬠。命令窗口出现提示：

POLYGON_polygon 输入侧面数 <4>:（指定所画正多边形的边数）

POLYGON 指定正多边形的中心点或 [边(E)]:（指定正多边形中心点或正多边形边长）

键盘输入“e”按<Enter>键后窗口提示：

POLYGON 指定边的第一个端点:（指定一个端点），出现提示：

POLYGON 指定边的第一个端点: 指定边的第二个端点:（在屏幕上指定中心点），窗口提示：

POLYGON 输入选项 [内接于圆(I) 外切于圆(C)] <I>:

（1）内接于圆（I）选项　要求用户指定从正多边形中心点到正多边形顶点的距离，这就定义了一个圆的半径，所画的正多边形内接于此圆。

用内接于圆的方式绘制如图 6-19a 中所示的正七边形的步骤如下：

POLYGON 输入侧面数 <4>:（7↙）

POLYGON 指定正多边形的中心点或 [边(E)]:（在屏幕上指定中心点，如半径为 50 的圆的圆心）

POLYGON 输入选项 [内接于圆(I) 外切于圆(C)] <I>:（↙）

POLYGON 指定圆的半径：50（↙，结束命令）

（2）外切于圆（C）选项　可以指定从正多边形中心点到正多边形一边中点的距离，这就定义了一个与正多边形相内切的圆。

用外切于圆的方式绘制如图 6-19b 中所示的正七边形的步骤如下：

POLYGON 输入侧面数 <4>:（7↙）

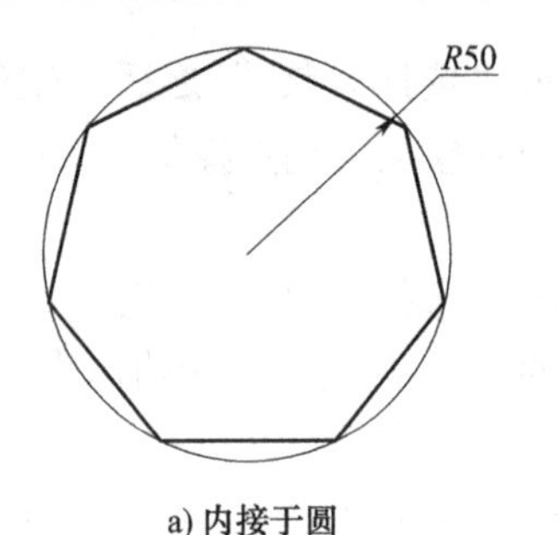

a) 内接于圆

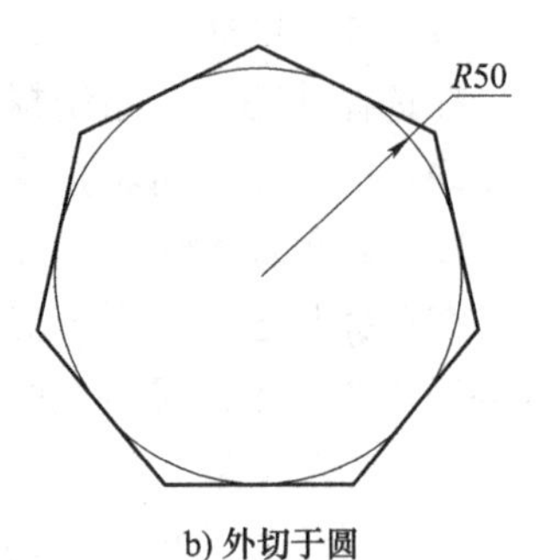

b) 外切于圆

图 6-19　正多边形命令中两个选项的说明

POLYGON 指定正多边形的中心点或 [边(E)]:（在屏幕上指定中心点，如半径为 50 的圆的圆心）

POLYGON 输入选项 [内接于圆(I) 外切于圆(C)] <I>:（C↙）

指定圆的半径：50（↙，结束命令）

注：如果用键盘输入半径，得到的正多边形的底边是水平方向；如果用鼠标拾取点来得到半径，可以得到所要求方向的正多边形。转动鼠标光标，正多边形也在转，当转到满意位置时，选定即可。

二、“圆弧”命令

1. 画圆弧的方式

圆弧（Arc）是圆的一部分，因此为定义圆弧，不仅必须定义一个圆（如指定圆心、半径），而且还要定义圆弧的起点和端点。AutoCAD 提供了多种定义圆弧的方法，用户选用何种方法依赖于已拥有所要绘制圆弧的信息。

圆弧的选项有很多，在理解圆弧的各要素和 AutoCAD 的术语的前提下，才能够选择适合自己要求的选项。在理解圆弧选项时可以参考如图 6-20 所示的圆弧各要素。

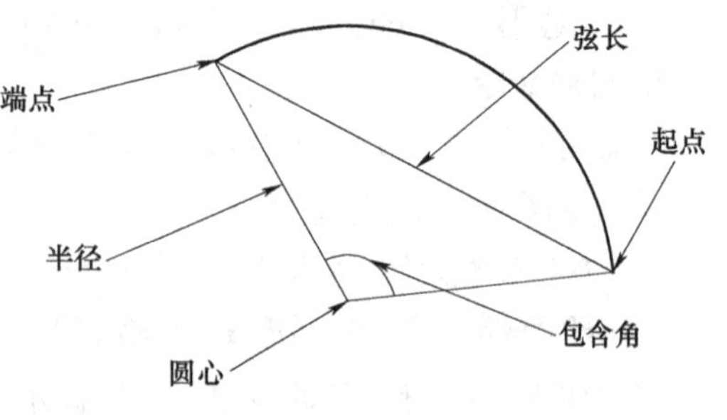

图 6-20　圆弧的要素

2. 启动命令

键盘输入简令“a”（按<Enter>键）/单击“绘图”工具面板中的按钮/选择“绘图”下拉菜单中的“圆弧”。

在启动“圆弧”命令时有两个选项：

“起点”和“圆心”。根据这两个选项会给出更多的选择。图 6-21 所示是“圆弧”命令选项。

注：当利用“起点、端点和半径”选项画圆弧时，AutoCAD 在逆时针方向上绘出小圆弧作为默认（小圆弧指小于半圆的圆弧）。如果输入负数作为半径，则画大圆弧。要求角度值的选项也定义了两个可能的圆弧：一个顺时针方向和一个逆时针方向。AutoCAD 默认为按逆时针方向画圆弧，如果给出一个负角度值，AutoCAD 则按顺时针方向画圆弧。

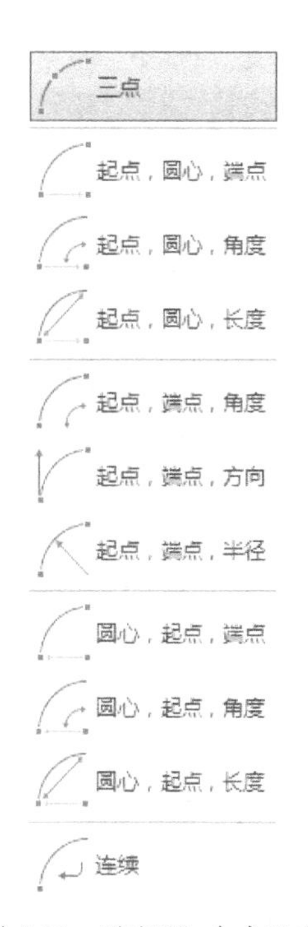

图 6-21　“圆弧”命令选项

三、“椭圆”命令

1. 定义

创建椭圆（Ellipse），AutoCAD 提供了三个选项，可以通过先定义圆心来画椭圆，也可以先定义轴端点，还可以建立椭圆弧。此时，必须指明起始角度和终止角度。

2. 启动命令

键盘输入简令“ell”（按<Enter>键）/单击“绘图”工具面板上的按钮/选择“绘图”下拉菜单中的“椭圆”。

激活椭圆命令后，命令窗口提示：

命令：_ellipse

ELLIPSE 指定椭圆的轴端点或 [圆弧(A) 中心点(C)]：

以图 6-22 所示为例说明绘制椭圆的三个选项。

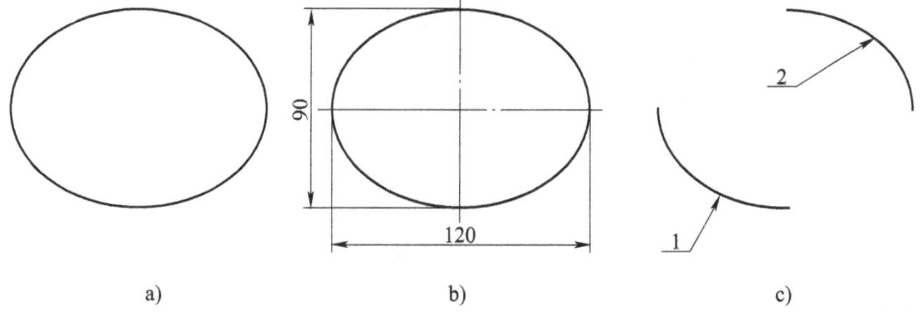

图 6-22　画椭圆及椭圆弧

（1）选择“椭圆的轴端点”选项　AutoCAD 要求用户指定轴的另一端点，然后指定另一条半轴长度或绕长轴旋转的角度（该角度的余弦值为短轴与长轴的比值）。此角度应在 0°～89.4°之间，当此角度为 0°时，得到一个圆，随着此角度的增加，椭圆越来越扁。

绘制如图 6-22a 所示椭圆的操作步骤如下：

ELLIPSE 指定椭圆的轴端点或 [圆弧(A) 中心点(C)]：（指定一点以确定长轴左端点）

ELLIPSE 指定轴的另一个端点：（@120，0↙）

ELLIPSE 指定另一条半轴长度或 [旋转(R)]：（45↙）

（2）选择“椭圆中心点（C）”选项　AutoCAD 要求用户指定第一根轴的端点，此轴可以是长轴也可以是短轴，然后指定另一根半轴长度。

绘制如图 6-22b 所示椭圆的操作步骤如下：

用“直线”命令绘制两条正交的点画线，再启动“椭圆”命令。

命令：ELLIPSE

ELLIPSE 指定椭圆的轴端点或 [圆弧(A) 中心点(C)]：（C↙）

ELLIPSE 指定椭圆的中心点：（捕捉点画线交点）

ELLIPSE 指定轴的端点：（@ -60，0↙）

ELLIPSE 指定另一条半轴长度或 [旋转(R)]：（45↙）

（3）选择“圆弧（A）”选项　AutoCAD 要求用户先定义椭圆，再输入起始角度和终止角度或椭圆弧包含的圆心角，即可画出椭圆弧。

绘制如图 6-22c 中所示第一条椭圆弧的操作步骤如下：

命令：ELLIPSE

ELLIPSE 指定椭圆的轴端点或 [圆弧(A) 中心点(C)]：（A↙）

ELLIPSE 指定椭圆弧的轴端点或 [中心点(C)]：（指定一点以确定长轴左端点）

ELLIPSE 指定轴的另一个端点：（@ 120，0↙）

ELLIPSE 指定另一条半轴长度或 [旋转(R)]：（45↙）

ELLIPSE 指定起点角度或 [参数(P)]：（0↙）

ELLIPSE 指定端点角度或 [参数(P) 夹角(I)]：（90↙）

绘制如图 6-22c 中所示第二条椭圆弧的操作步骤如下：

命令：ELLIPSE

ELLIPSE 指定椭圆的轴端点或 [圆弧(A) 中心点(C)]：（A↙）

ELLIPSE 指定椭圆弧的轴端点或 [中心点(C)]：（指定一点以确定长轴左端点）

ELLIPSE 指定轴的另一个端点：（@ 120，0↙）

ELLIPSE 指定另一条半轴长度或 [旋转(R)]：（45↙）

ELLIPSE 指定起点角度或 [参数(P)]：（180↙）

ELLIPSE 指定端点角度或 [参数(P) 夹角(I)]：（I↙）

ELLIPSE 指定圆弧的夹角 <180>：（90↙）

注：弧的包含角度为沿逆时针方向从起点到终点之间的角度。

四、“圆环”命令

1. 概念和功能

圆环（Donut）由一对同心圆组成，常用在电路图设计和创建符号中。如果圆环的内径为零，则得到一个实心的填充圆，如图 6-23 所示。

2. 启动命令

键盘输入简令“do”（按<Enter>键）/选择“绘图”下拉菜单中的“圆环”。

绘制如图 6-24 所示的五圆环操作步骤如下：

命令：_donut

DONUT 指定圆环的内径 <0.5000>：（50↙）

DONUT 指定圆环的外径 <1.0000>：（60↙）

DONUT 指定圆环的中心点或 <退出>：（拾取一点以画出第一个圆环）

DONUT 指定圆环的中心点或 <退出>：（拾取一点以画出第二个圆环）

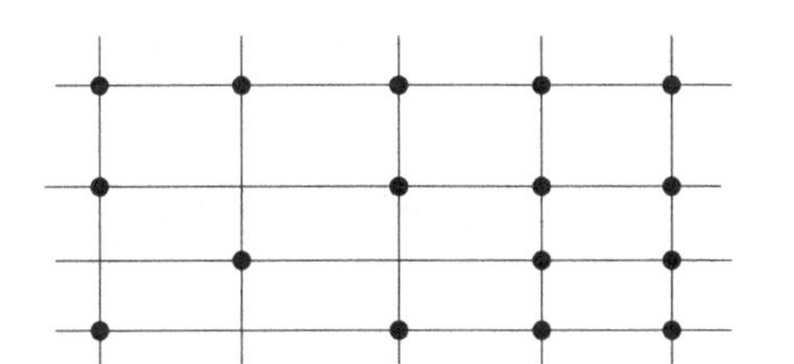

图 6-23 实心的填充圆

图 6-24 五圆环

DONUT 指定圆环的中心点或 <退出>：（拾取一点以画出第三个圆环）

DONUT 指定圆环的中心点或 <退出>：（拾取一点以画出第四个圆环）

DONUT 指定圆环的中心点或 <退出>：（拾取一点以画出第五个圆环）

DONUT 指定圆环的中心点或 <退出>：（↙，结束命令）

注：AutoCAD 一直提示用户输入圆心的位置，因此每次可以画许多个圆环，直至按<Enter>键结束命令。

五、“点”命令

1. 概念

在 AutoCAD 中，点可以作为实体，用户可以像创建直线、圆和圆弧一样创建点。同其他实体一样，点具有各种实体属性，也可以被编辑。

2. 设置点样式

键盘输入命令“DDPTYPE”（按<Enter>键）/选择“格式”下拉菜单中的“点样式”。

激活“点样式”命令后，出现“点样式”对话框，如图 6-25 所示。在其中设置点样式的具体步骤如下：

1）在样式列表中选取所需的点样式。

2）在“点大小”文本框中输入控制点的大小。

3）选择“相对于屏幕设置大小”单选项或“按绝对单位设置大小”单选项。

◇ 相对于屏幕设置大小：用于按屏幕尺寸的百分比设置点的显示大小。当进行缩放时，点的显示大小并不改变。

◇ 按绝对单位设置大小：用于按“点大小”文本框中指定的实际单位设置点显示的大小。当进行缩放时，AutoCAD 显示的点的大小随之改变。

4）设置完成后单击“确定”按钮，关闭“点样式”对话框。

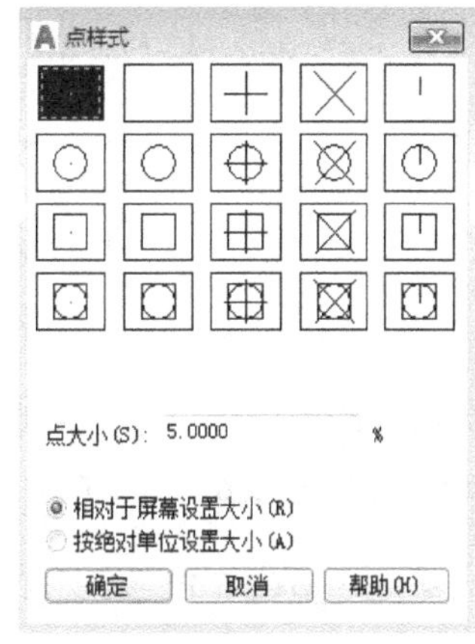

图 6-25 设置点样式

3. 绘制点

键盘输入命令“point”（按<Enter>键）/单击“绘图”工具面板中的按钮/单击“绘图”下拉菜单中的“点”▷“单点”或者“多点”。激活命令后，命令行显示：

当前点模式： PDMODE=0 PDSIZE=0.0000

POINT 指定点：

可以在绘图区单击鼠标左键指定点的位置或直接在命令行、动态输入区域内输入点坐标。若执行的是连续绘制多个点，可按<Esc>键结束命令。

4. 绘制等分点

键盘输入命令“DIVIDE”（按<Enter>键）/单击“绘图”下拉菜单中的“点”▷“定数等分”。

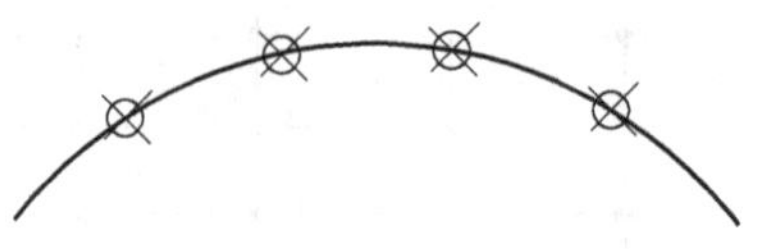

图 6-26　定数等分圆弧

该命令是在某一图形上以等分长度设置点或块。被等分的对象可以是直线、圆、圆弧、多段线等。等分数目由用户指定。图 6-26 所示是将已知线段等分为五段。操作如下：

```
命令: _divide
DIVIDE 选择要定数等分的对象: （选择圆弧）
DIVIDE 输入线段数目或 [块(B)]:5
```

5. 绘制等距点

键盘输入命令“MEASURE”（按<Enter>键）/单击“绘图”下拉菜单中的“点”▷“定距等分”。

该命令用于在所选对象上用给定的距离设置点。实际上是提供了一个测量图形长度，并按指定距离标上标记的命令，或者说它是一个等距绘图命令。与 DIVIDE 命令相比，后者是以给定数目等分所选实体，而 MEASURE 命令则是以指定的距离在所选实体上插入点或块，直到余下部分不足一个间距为止。用 MEASURE 命令在直线上绘制如图 6-27 所示的等距点，操作步骤如下：

```
命令: _measure
MEASURE 选择要定距等分的对象: （选取线段）
MEASURE 指定线段长度或 [块(B)]:15 （↙）
```

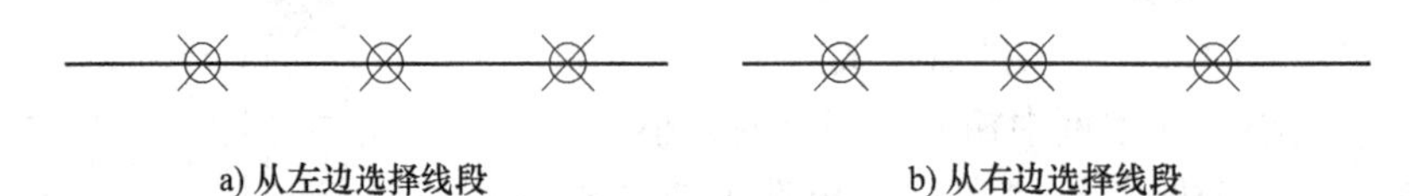

a) 从左边选择线段　　b) 从右边选择线段

图 6-27　定距等分线段

注：进行定距等分时，注意在选择等分对象时鼠标左键应单击被等分对象的位置。单击位置不同，结果可能不同，如图 6-27a、b 所示。

六、“多线”命令

1. 功能

所谓多线（MLINE），是指由多条平行线构成的线型，连续绘制的多线是一个图元。多线内的直线线型可以相同，也可以不同。多线常用于建筑图的绘制。在绘制多线前应该对多线样式进行定义，然后用定义的样式绘制多线。

2. 设置多线样式

定义多线样式的操作步骤如下：

1）自定义“快速访问”工具栏，选择“显示”菜单栏。

2）执行“格式”▷“多线样式”命令，弹出“多线样式”的对话框，如图 6-28 所示。

3）单击 新建(N)... ，在弹出的“创建新的多线样式”对话框中输入新建样式名称，如“ST1”，如图 6-29 所示。之后单击 继续 按钮。弹出“新建多线样式：ST1”对话框，如图 6-30 所示。在该对话框中可修改元素特性。

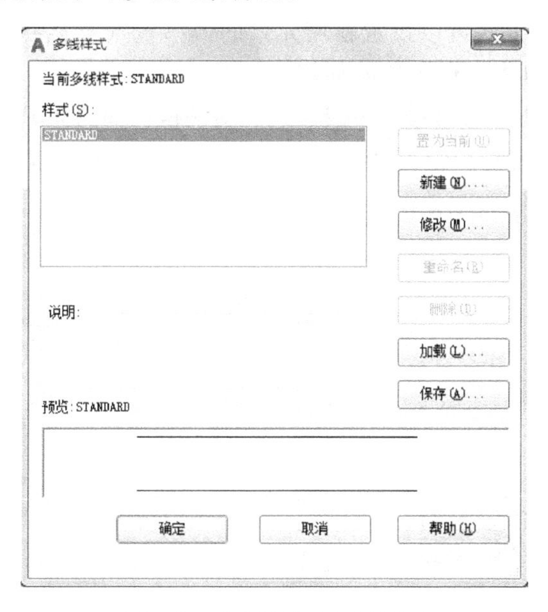

图 6-28　“多线样式”对话框

图 6-29　“创建新的多线样式”对话框

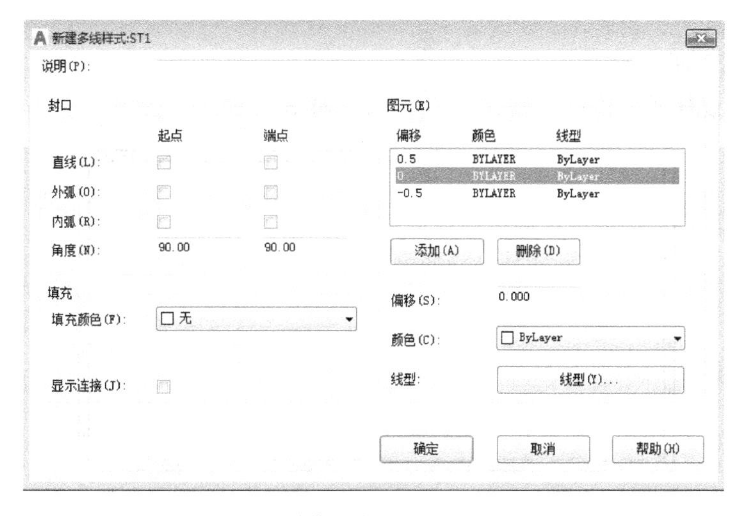

图 6-30　“新建多线样式：ST1”对话框

4）单击 添加(A) 按钮，在元素列表框内增加了一个元素，新增元素设置在两默认元素之间。

5）分别利用 ByLayer 、 线型(Y)... 按钮设置新增元素的颜色和线型。

6）在“偏移”文本框内可以设置新增元素的偏移量（默认状态下多线形式是距离为20的平行线，即偏移量0.5～-0.5之间为20）。

7）单击 确定 按钮，返回到“多线样式”对话框。如图6-31所示。

8）单击 修改(M)... 按钮，显示“修改多线样式：ST1”对话框，如图6-32所示。

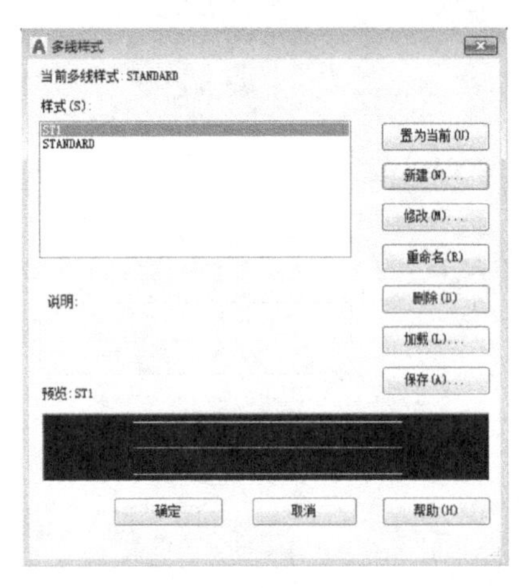

图6-31 “多线样式”对话框

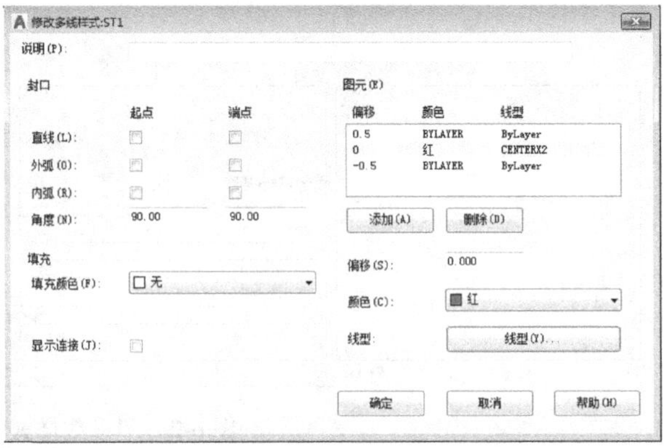

图6-32 “修改多线样式：ST1”对话框（新增元素后）

9）确定多线的封口形式、填充和显示连接，单击“确定”按钮，返回到“多线样式”对话框，如图6-31所示。

10）单击 保存(A)... 按钮，对所设置的多线样式进行存储。

3. 启动命令

键盘输入简令“ML”（按<Enter>键）/选择“绘图”下拉菜单中的“多线（M）”。

4. 举例

绘制如图6-33所示的图形。

（1）设置多线样式　执行“格式”▷“多线样式”命令，弹出“多线样式”对话框，

图6-33　多线图例

如图 6-28 所示。设置多线样式名称为“ST1”，元素特性如图 6-32 所示，多线特性默认。

（2）绘制多线 键盘输入简令“ML”按<Enter>键/选择“绘图”下拉菜单中的“多线（M）”。操作步骤如下：

命令: ML MLINE
当前设置: 对正 = 上, 比例 = 20.00, 样式 = STANDARD

MLINE 指定起点或 [对正(J) 比例(S) 样式(ST)]:

MLINE 指定起点或 [对正(J) 比例(S) 样式(ST)]:（J↙，选择对正方式）

MLINE 输入对正类型 [上(T) 无(Z) 下(B)] <上>:（Z↙，中间对正方式）

MLINE 指定起点或 [对正(J) 比例(S) 样式(ST)]:（S↙，确定多线的比例）

MLINE 输入多线比例 <20.00>:（1↙）

MLINE 指定起点或 [对正(J) 比例(S) 样式(ST)]:（鼠标确定左上角点）

MLINE 指定下一点:（利用“极轴追踪”方式给出右上角点）

MLINE 指定下一点或 [放弃(U)]:（利用“极轴追踪”方式给出右下角点）

MLINE 指定下一点或 [闭合(C) 放弃(U)]:（利用“极轴追踪”方式给出左下角点，左下角点要选在左上角点的正下方）

MLINE 指定下一点或 [闭合(C) 放弃(U)]:（C↙）

七、“构造线”命令

1. 功能

“构造线”（Xline）命令用来绘制向两个方向无限延伸的辅助直线。

2. 启动命令

键盘输入简令“XL”按<Enter>键▷单击“绘图”工具面板下拉箭头▷“构造线”按钮⟋。

3. 举例

绘制如图 6-34 所示图例。

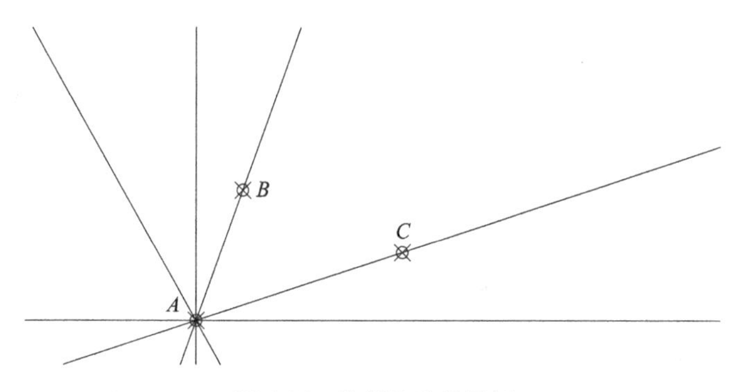

图 6-34 绘制构造线图例

操作步骤如下：

命令: _xline

XLINE 指定点或 [水平(H) 垂直(V) 角度(A) 二等分(B) 偏移(O)]:

（选择指定点选项；或输入命令选项字母↙，激活相应的命令选项）

XLINE 指定通过点：（指定构造线通过的第一点 A）

XLINE 指定通过点：（指定构造线通过的第二点 B 后画出一条经过 A、B 两点的构造线）

XLINE 指定通过点：若接着指定构造线通过点 C，将画出过 A、C 两点的构造线。系统会继续提示：

XLINE 指定通过点：如此进行下去将会画出若干条始终经过点 A 的构造线。

XLINE 指定通过点：（↙，结束命令）

选择不同的命令选项可绘制贯穿屏幕的不同方向的直线：

若选择“水平（H）”选项，可绘制一系列水平线，若选择“垂直（V）”选项，可绘制一系列垂直线，若选择“角度（A）”选项，命令提示为：

XLINE 输入构造线的角度 (0) 或 [参照(R)]：按提示操作可绘制一系列倾斜线。

若选择“二等分（B）”选项，命令提示依次为：“XLINE 指定角的顶点：”“XXLINE 指定角起点：”“XLINE 指定角的端点：”等。按提示操作可绘制过顶点的一系列角平分线。

若选择“偏移（O）”选项，命令提示为：

XLINE 指定偏移距离或 [通过(T)] <通过>：接下来可按“偏移”命令（Offset）的操作方法绘制出某一条线的一系列偏移线。

八、“多段线”命令

1. 功能

“多段线”（PLINE）命令是绘制单个对象创建的相互连接的序列直线段。

2. 启动命令

键盘输入简令“PL”按<Enter>键/单击“绘图”工具面板下拉箭头▷“多段线”按钮。

3. 举例

利用“多段线”命令绘制如图 6-35 所示图例。绘制过程的视频可通过扫描视频 6-2 的二维码观看。

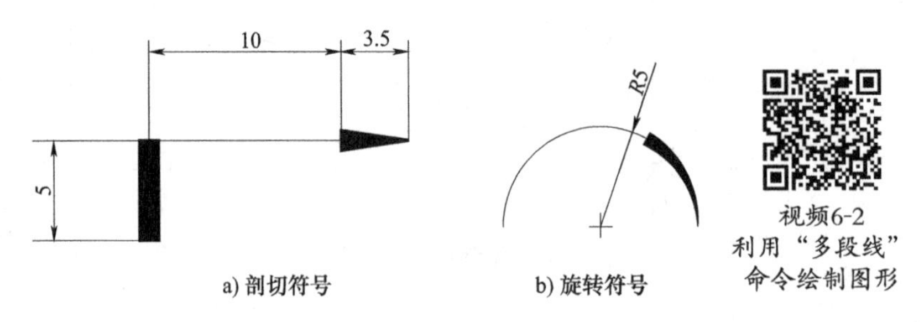

图 6-35　多段线绘制

1）绘制如图 6-35a 所示剖切符号的操作步骤：

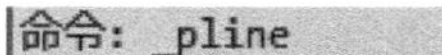
命令: _pline

PLINE 指定起点:（在绘图区域指定一点）

当前线宽为 0.0000

PLINE 指定下一个点或 [圆弧(A) 半宽(H) 长度(L) 放弃(U) 宽度(W)]:（输入 W，指定线宽）

PLINE 指定起点宽度 <0.0000>:（1）

PLINE 指定端点宽度 <1.0000>:↙

PLINE 指定下一个点或 [圆弧(A) 半宽(H) 长度(L) 放弃(U) 宽度(W)]:（利用极轴追踪竖直线，输入长度 5）

PLINE 指定下一点或 [圆弧(A) 闭合(C) 半宽(H) 长度(L) 放弃(U) 宽度(W)]:（输入 W，指定线宽）

PLINE 指定起点宽度 <1.0000>:（0）

PLINE 指定端点宽度 <0.0000>:↙

PLINE 指定下一个点或 [圆弧(A) 半宽(H) 长度(L) 放弃(U) 宽度(W)]:（利用极轴追踪水平线，输入长度 10）

PLINE 指定下一点或 [圆弧(A) 闭合(C) 半宽(H) 长度(L) 放弃(U) 宽度(W)]:（输入 W，指定线宽）

PLINE 指定端点宽度 <0.0000>:（1）

PLINE 指定起点宽度 <1.0000>:（0）

PLINE 指定下一个点或 [圆弧(A) 半宽(H) 长度(L) 放弃(U) 宽度(W)]:（利用极轴追踪水平线，输入长度 3.5）

PLINE 指定下一个点或 [圆弧(A) 半宽(H) 长度(L) 放弃(U) 宽度(W)]:↙

2）绘制如图 6-35b 所示旋转符号的操作步骤：

事先画好一半径为 5 的半圆。

命令: _pline

PLINE 指定起点:（在绘图区域指定一点）

当前线宽为 0.0000

PLINE 指定下一个点或 [圆弧(A) 半宽(H) 长度(L) 放弃(U) 宽度(W)]:（输入 W，指定线宽）

PLINE 指定起点宽度 <0.0000>:↙

PLINE 指定端点宽度 <0.0000>:（输入 1↙）

当前线宽为 0.0000

PLINE 指定下一个点或 [圆弧(A) 半宽(H) 长度(L) 放弃(U) 宽度(W)]:（输入 A↙）

PLINE [角度(A) 圆心(CE) 方向(D) 半宽(H) 直线(L) 半径(R) 第二个点(S) 放弃(U) 宽度(W)]:（输入 CE↙）

PLINE 指定圆弧的圆心:（左键单击圆弧圆心）

PLINE 指定圆弧的端点(按住<Ctrl>键以切换方向)或 [角度(A) 长度(L)]:移动鼠标，

圆弧形箭头出现预览视图，预览到适当位置单击鼠标左键，然后退出命令。

九、图案填充

1. 功能

“图案填充”（HATCH）命令在指定的封闭区域内填充选定的图案符号。

2. 启动命令

键盘输入简令“H”按<Enter>键/单击“绘图”工具面板上的“图案填充”命令按钮。

3. 功能选项介绍

执行 HATCH 命令，会增加如图 6-36 所示“图案填充创建”选项卡。其中包括“边界”“图案”“特性”等工具面板。

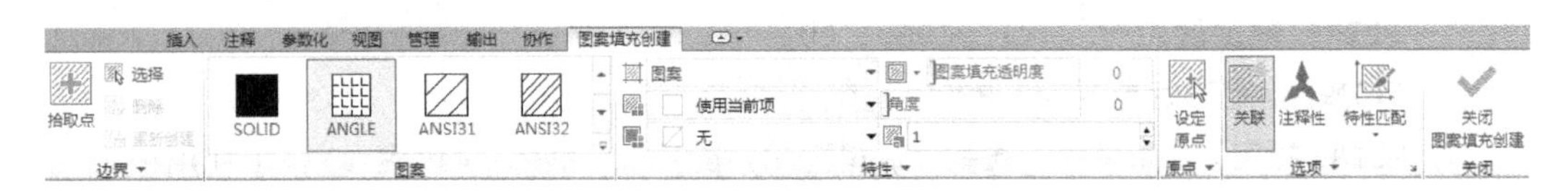

图 6-36 “图案填充创建”选项卡

1）“边界”工具面板用于指定和查看图案填充的边界。最常用的命令有“拾取点”和“选择对象”。“拾取点”命令以拾取点的方式来指定填充区域的边界。在需要填充的区域内任意拾取一点，AutoCAD 会自动搜索封闭区域的边界，搜索到的边界将以虚线显示，并且可预览填充效果。用该方式搜索边界时，若边界不封闭，则会出现“边界定义错误”的警告提示框。“选择对象”命令以选择对象的方式指定填充边界。单击该命令按钮切换到绘图区，选择要填充的图形对象，但所选图形对象必须构成封闭且独立的区域，否则将不能填充或填充不正确。选中的对象以虚线显示，并且可预览填充效果。

2）“图案”工具面板提供剖面线填充的图案。单击下拉箭头可直接显示更多填充图案，以方便用户选择。

3）“特性”工具面板可设置图案填充类型、图层属性、填充角度、填充比例等。

4）“原点”工具面板控制填充图案生成的起始位置。

5）“选项”工具面板控制几个常用的图案填充或填充选项。“关联”命令按钮指定图案填充或填充为关联图案。“注释性”命令按钮指定图案填充为注释性的。此特性会自动完成缩放注释过程，从而使注释能够以正确的大小在图纸上打印或显示。

在命令行输入“T”，会打开 AutoCAD 2019 以前版本的设置对话框，如图 6-37 所示。

4. 举例

1）填充如图 6-38 所示图例。

```
命令: _hatch
HATCH 拾取内部点或 [选择对象(S) 放弃(U) 设置(T)]:
```

左键单击如图 6-38 所示的 1～4 四个区域内部某处；“图案”工具面板选择填充图案“ANSI31”；“特性”工具面板填充“角度”为 0，填充“图案比例”为 1；单击“图案填充创建”按钮或按<Enter>键。

2）填充如图 6-39 所示实例。

尺寸标注在图形之内。根据制图标准规定，图中的尺寸数字不能被任何图线通过，所以首先标注尺寸然后填充图案。填充图案时，采用“拾取点”方式选择填充边界，AutoCAD 会自动确定包围该点的封闭区域（包括字符串外框），同时自动确定出对应的孤岛。填充效果如图 6-39 所示。

图 6-37　“图案填充和渐变色”对话框

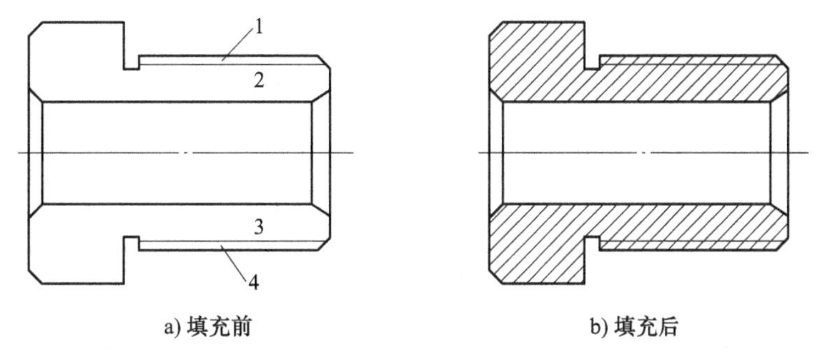

a) 填充前　　b) 填充后

图 6-38　使多处填充图案是独立对象

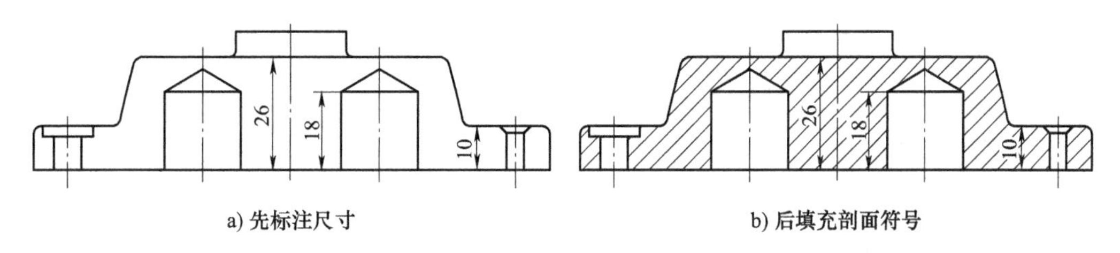

a) 先标注尺寸　　b) 后填充剖面符号

图 6-39　字符串为孤岛

第四节 基本编辑命令

一、“复制”命令

1. 功能

“复制”（COPY）命令将绘制好的图形、写好的文字复制到其他位置。

2. 启动命令

输入简令“CP”或“CO”后按<Enter>键/单击“修改”工具面板中的按钮 选择“修改”下拉菜单中的“复制”。

下面以图 6-40~图 6-44 所示为例说明复制的操作过程（先按图 6-40 所示尺寸绘制图，然后利用“复制”命令完成如图 6-44 所示的图形）。

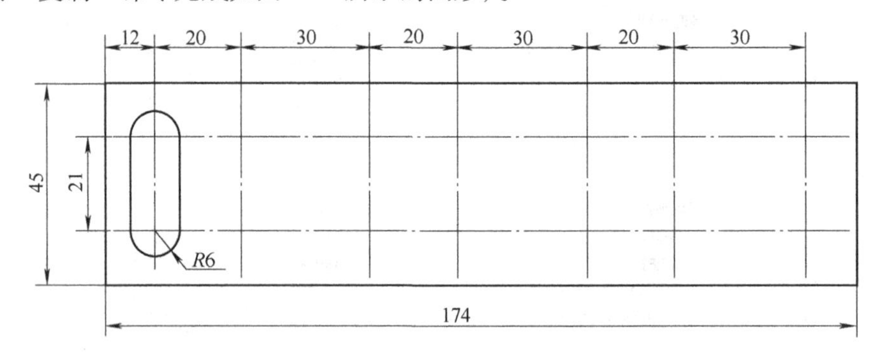

图 6-40 按尺寸绘图

执行“复制”命令后窗口提示：

命令： COPY

COPY 选择对象：（选取如图 6-41 中所示的长圆形↙）

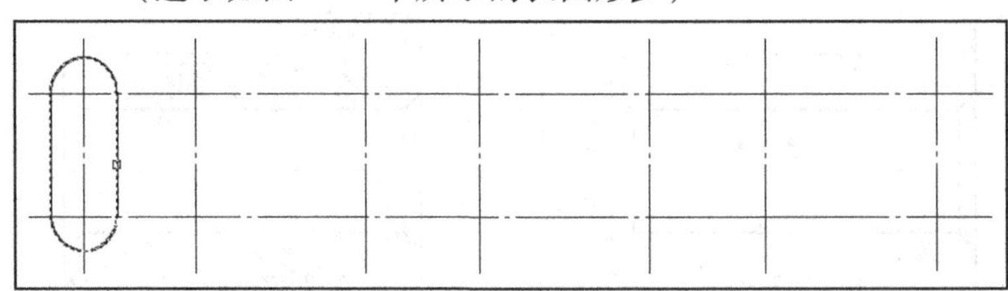

图 6-41 选择长圆形

COPY 指定基点或 [位移(D) 模式(O)] <位移>:（用光标捕捉长圆形的圆心，按下左键），如图 6-42 所示。

COPY 指定第二个点或 [阵列(A)] <使用第一个点作为位移>:（捕捉交点按下左键，完成一次复制），如图 6-43 所示。重复此步骤即可完成如图 6-44 所示的图形。

二、“移动”命令

1. 功能

将绘制好的图形沿着基点移动一定的距离，使其到达指定的位置。利用“移动”命令

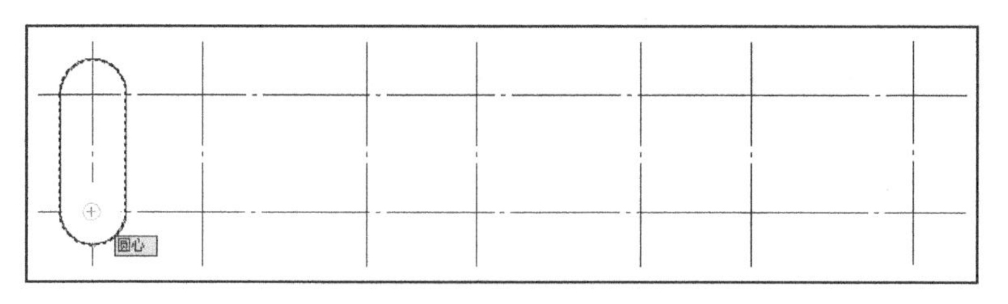

图 6-42 捕捉长圆形的圆心

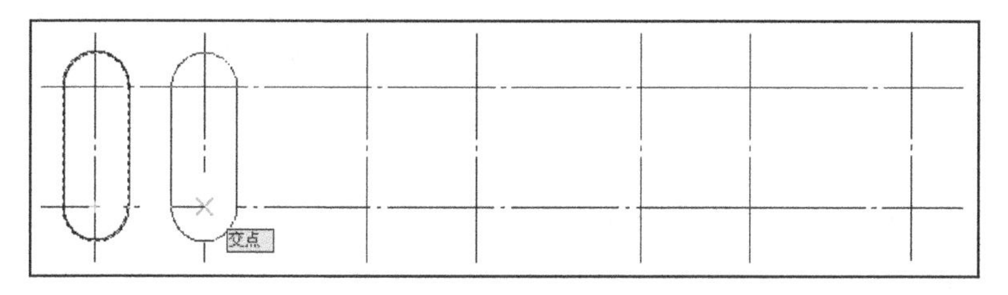

图 6-43 捕捉交点

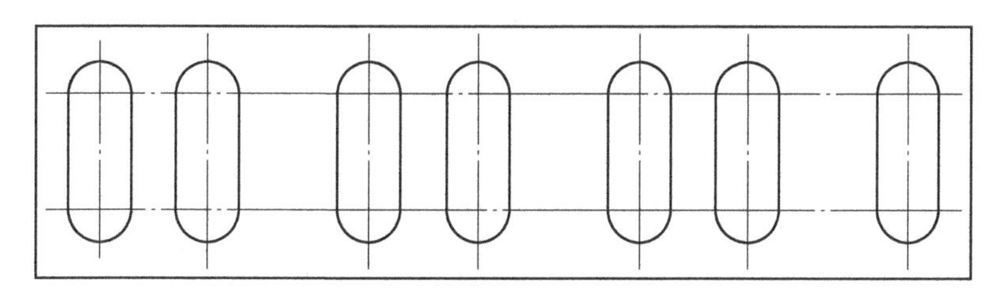

图 6-44 复制后的图形

可以使当前屏幕上的实体与实体（包括图形、尺寸、文字等各种实体）之间的距离发生变化。

2. 启动命令

输入简令“M”后按<Enter>键/单击“修改”工具面板中的按钮✥/选择“修改”下拉菜单中的“移动”命令。下面以图 6-45 所示为例说明“移动”命令的操作过程。

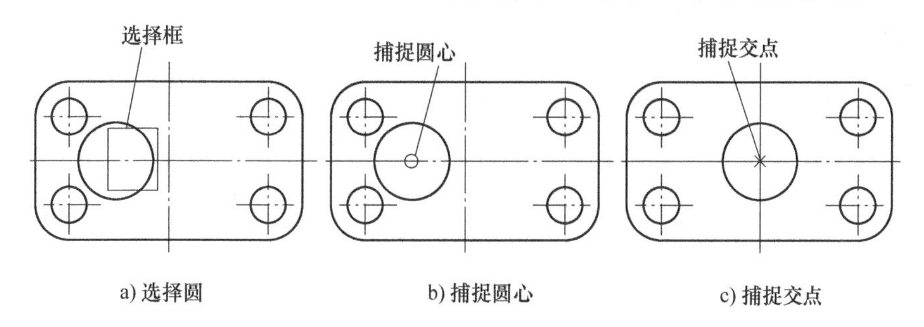

a) 选择圆　　b) 捕捉圆心　　c) 捕捉交点

图 6-45 “移动”命令的操作

执行“移动”命令后命令窗口提示：

- MOVE 选择对象：（用矩形框选中如图 6-45a 中所示的圆，按下左键后↙）

MOVE 指定基点或 [位移(D)] <位移>:（捕捉圆的圆心，如图 6-45b 所示，按下左键）

MOVE 指定第二个点或 <使用第一个点作为位移>:（捕捉交点），如图 6-45c 所示，完成移动操作。

三、“旋转”命令

1. 功能

将绘制好的图形进行适当角度的旋转。

2. 启动命令

输入简令“Ro”后按<Enter>键/单击“修改”工具面板中的按钮 /选择“修改”下拉菜单中的“旋转”命令。

下面以图 6-46 所示图形为例说明“旋转”命令的操作过程。

执行“旋转”命令后命令窗口提示：

```
命令: RO ROTATE
UCS 当前的正角方向:  ANGDIR=逆时针  ANGBASE=0
```

ROTATE 选择对象:（用矩形框选中如图 6-46a 所示的图形后按下左键↙）

ROTATE 指定基点:（用光标捕捉左下角点，如图 6-46b 所示按下左键）

ROTATE 指定旋转角度，或 [复制(C) 参照(R)] <0>:（30↙，将原图形旋转 30°），如图 6-46c 所示。

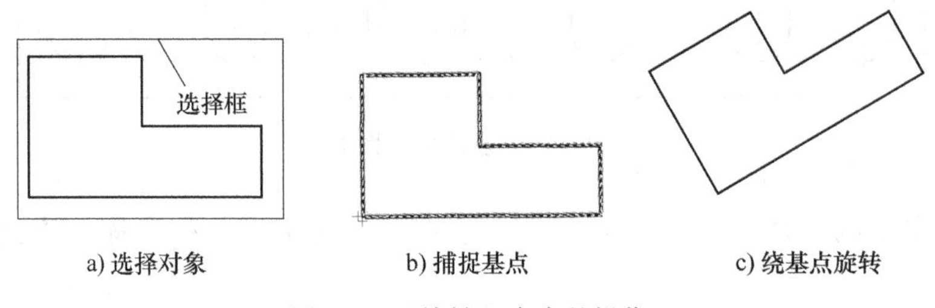

a) 选择对象　　b) 捕捉基点　　c) 绕基点旋转

图 6-46 “旋转”命令的操作

四、“镜像”命令

1. 功能

“镜像”（Mirror）命令可以将指定部分图形以给出的镜像线作镜像，绘制与原图对称的图形，原图可以保留也可以不保留。

2. 启动命令

键盘输入简令“MI”后按<Enter>键/单击“修改”工具面板中“镜像”按钮 /选择“修改”下拉菜单中的“镜像（I）”命令。

3. 举例

将如图 6-47a 所示图形进行镜像操作。

键盘输入：“MI”↙，或单击 按钮。

MIRROR 选择对象：[用交叉窗口方式选择左边图形（垂直对称中心线除外）]

MIRROR 指定镜像线的第一点：（捕捉上圆弧和垂直对称中心线的交点 A）

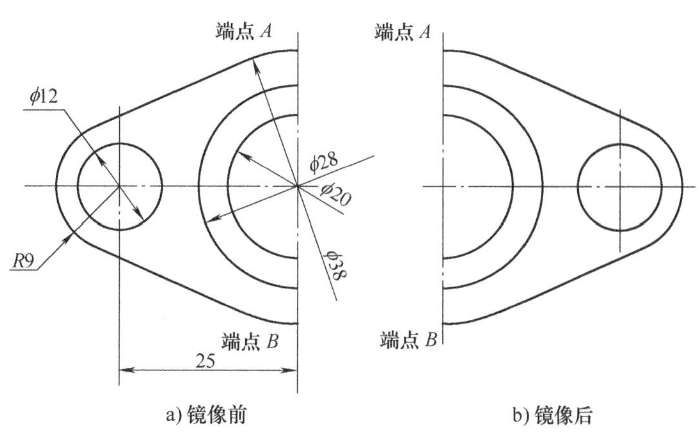

a) 镜像前　　b) 镜像后

图 6-47　删除源对象的镜像操作

MIRROR 指定镜像线的第二点：（捕捉下圆弧和垂直对称中心线的交点 *B*）

MIRROR 要删除源对象吗？[是(Y) 否(N)] <否>：（输入 Y，得到如图 6-47b 所示图形；输入 N 得到如图 6-48b 所示图形）

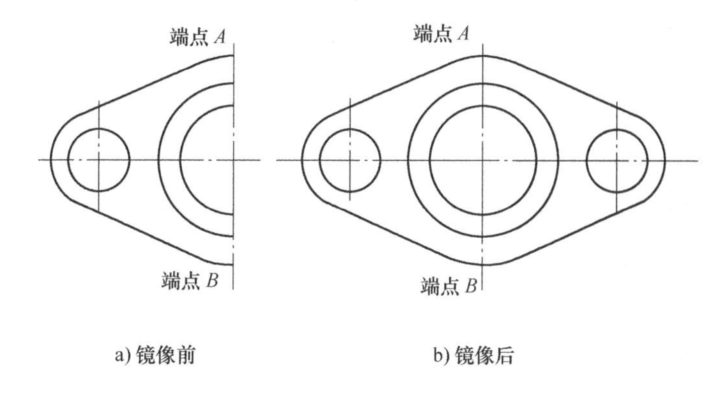

a) 镜像前　　b) 镜像后

图 6-48　不删除源对象的镜像操作

4. 说明

图形中如有文字被选中，在以上两种执行结果中也会被镜像，文字可能变成不可读。要想文字可读，应在镜像操作之前将系统变量 MIRRTEXT 的值进行修改。操作如下：

键盘输入："MIRRTEXT" 按<Enter>键。

MIRRTEXT 输入 MIRRTEXT 的新值 <0>：（输入 1↙，或者输入 0↙）

系统变量 MIRRTEXT 的值为 0 时，进行镜像操作后，被选文字镜像后可读。系统变量 MIRRTEXT 的值为 1 时，进行镜像操作后，被选文字镜像后不可读。运行结果如图 6-49 所示。

五、"偏移"命令

1. 功能

"偏移"（Offset）命令可以生成相对于已有对象的平行直线、平行曲线和同心圆。

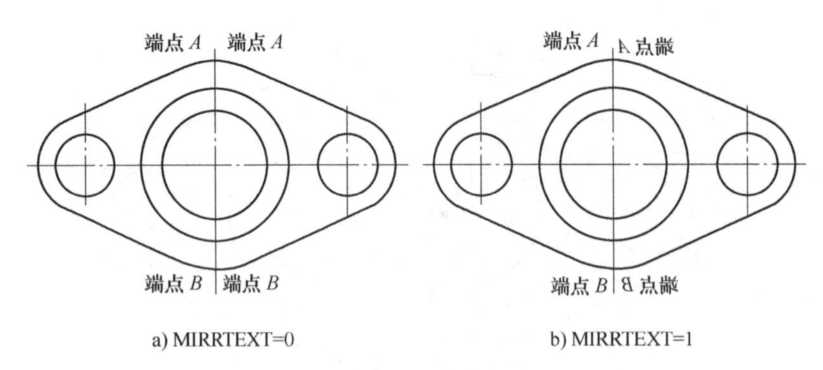

图 6-49　文字镜像

2. 启动命令

键盘输入简令："O"↙/单击修改工具面板中的按钮/选择"修改"下拉菜单中的"偏移"。

激活偏移命令后，命令窗口提示：

命令：_offset
当前设置：删除源=否　图层=源　OFFSETGAPTYPE=0

OFFSET 指定偏移距离或 [通过(T) 删除(E) 图层(L)] <通过>:

说明：

1）输入偏移距离后，命令窗口提示：

OFFSET 选择要偏移的对象，或 [退出(E) 放弃(U)] <退出>:（选择一对象）

OFFSET 指定要偏移的那一侧上的点，或 [退出(E) 多个(M) 放弃(U)] <退出>:（指定一点）如输入"M"，可以偏移多个对象。

2）输入"T"后，命令窗口提示：

OFFSET 选择要偏移的对象，或 [退出(E) 放弃(U)] <退出>:（选择一对象）

OFFSET 指定通过点或 [退出(E) 多个(M) 放弃(U)] <退出>:（拾取偏移经过的一点）

最后按<Enter>键结束命令。

3. 举例

用"直线"命令和"偏移"命令绘制如图 6-50 所示图形。

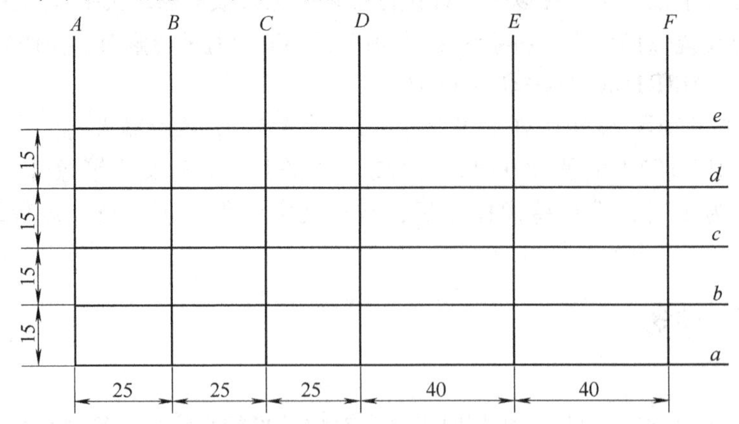

图 6-50　"偏移"命令的使用

绘图步骤如下：

1）用“直线”命令绘制两条直线 A 和 a。

2）用“偏移”命令偏移水平线段：

命令：_offset
当前设置：删除源=否 图层=源 OFFSETGAPTYPE=0

OFFSET 指定偏移距离或 [通过(T) 删除(E) 图层(L)] <通过>：（15↙）

OFFSET 选择要偏移的对象，或 [退出(E) 放弃(U)] <退出>：（选取线段 a）

OFFSET 指定要偏移的那一侧上的点，或 [退出(E) 多个(M) 放弃(U)] <退出>：（M↙）

OFFSET 指定通过点或 [退出(E) 放弃(U)] <下一个对象>：（在线段 a 上方单击左键，得到线段 b；在线段 b 上方单击得到线段 c；同理可得到线段 d 和线段 e）

OFFSET 指定通过点或 [退出(E) 放弃(U)] <下一个对象>：（↙，结束命令）

3）用“偏移”命令偏移垂直线段：

命令：_offset
当前设置：删除源=否 图层=源 OFFSETGAPTYPE=0

OFFSET 指定偏移距离或 [通过(T) 删除(E) 图层(L)] <15.0000>：（25↙）

OFFSET 选择要偏移的对象，或 [退出(E) 放弃(U)] <退出>：（选取线段 A↙）

OFFSET 指定要偏移的那一侧上的点，或 [退出(E) 多个(M) 放弃(U)] <退出>：（M↙）

OFFSET 指定通过点或 [退出(E) 放弃(U)] <下一个对象>：（在线段 A 右边单击左键，得到线段 B；在线段 B 右边单击得到线段 C；在线段 C 右边单击得到线段 D↙，结束命令）

命令：OFFSET
当前设置：删除源=否 图层=源 OFFSETGAPTYPE=0

OFFSET 指定偏移距离或 [通过(T) 删除(E) 图层(L)] <25.0000>：（40↙）

OFFSET 选择要偏移的对象，或 [退出(E) 放弃(U)] <退出>：（选取线段 D↙）

OFFSET 指定要偏移的那一侧上的点，或 [退出(E) 多个(M) 放弃(U)] <退出>：（M↙）

OFFSET 指定通过点或 [退出(E) 放弃(U)] <下一个对象>：（在线段 D 右边单击，得到线段 E，↙；在线段 E 右边单击得到线段 F，↙，结束命令）

六、“修剪”命令

1. 功能

“修剪”（Trim）命令可以将连接时多出的线段或圆弧剪去多余的部分。在一个修剪过程中，一个对象可以用作修剪边也可以作为被修剪对象来操作。

2. 方法

1）为了修剪对象，首先要指定修剪边，即定义 AutoCAD 用来修剪对象的边；再选择被修剪对象。当选择被修剪对象时，必须在要修剪掉的那一边拾取对象（而不是要保留的一边）。如图 6-51a 所示，选水平线段作为修剪边，铅垂边作为被修剪对象，修剪结果如图 6-51b 所示。

2）激活命令后，在选择状态下，单击鼠标右键或用窗口选择方式或全选方式，即可选中图形中的所有对象，它们都可作为修剪边或被修剪对象，用户可以很方便地修剪多余线段。

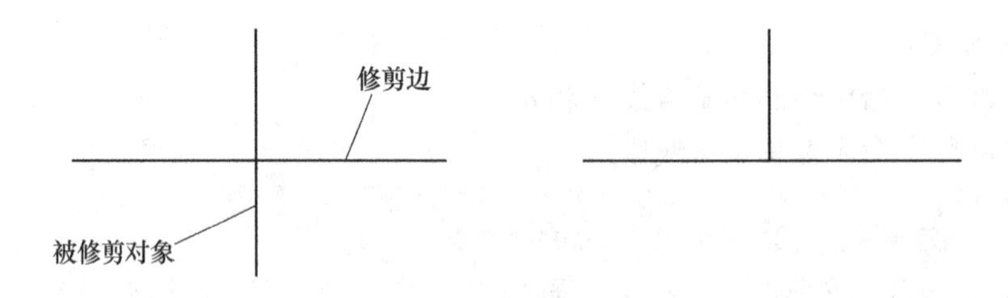

a) 修剪前　　b) 修剪后

图 6-51　修剪边和被修剪对象的说明

3. 启动命令

键盘输入简令："tr"（按<Enter>键）/单击"修改"工具面板中的按钮/选择"修改"下拉菜单中的"修剪"。

以图 6-52 所示图形为例，说明"修剪"命令的使用。

激活命令后，命令窗口提示：

命令: _trim
当前设置:投影=UCS, 边=无
选择剪切边...

TRIM 选择对象或 <全部选择>:（选择线段 e）

TRIM 选择对象:（选择线段 F）

TRIM 选择对象:↙

选择要修剪的对象, 或按住 Shift 键选择要延伸的对象, 或

TRIM [栏选(F) 窗交(C) 投影(P) 边(E) 删除(R) 放弃(U)]:（从 e 线段上方用交叉窗口方式选择 $A \sim F$ 线段，从 F 线段右边用交叉窗口方式选择 $a \sim e$ 线段），结果如图 6-52b 所示。

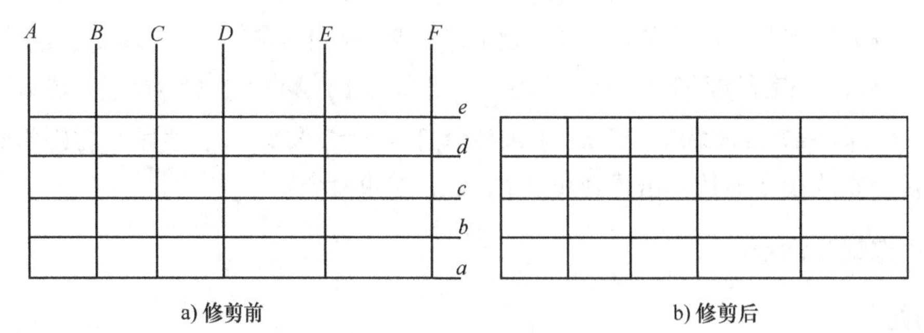

a) 修剪前　　b) 修剪后

图 6-52　"修剪"命令的使用

七、"圆角"命令

1. 功能

倒圆角就是使用指定半径的圆弧光滑地连接两个选定的对象。可以倒圆角的对象有圆弧、圆、椭圆和椭圆弧、直线、多段线、射线、构造线和样条曲线等。

2. 启动命令

输入命令"FILLET"（按<Enter>键）/单击"修改"工具面板中按钮/单击"修改"下拉菜单中的"圆角（F）"

3. 操作步骤

1）命令行输入“FILLET”（↙）或单击按钮。

2）分别指定需要圆角的两条边，如图 6-53 所示。（分别单击 *L*1 线段和 *L*2 线段，如图 6-53a 所示，就得到如图 6-53b 所示结果）。

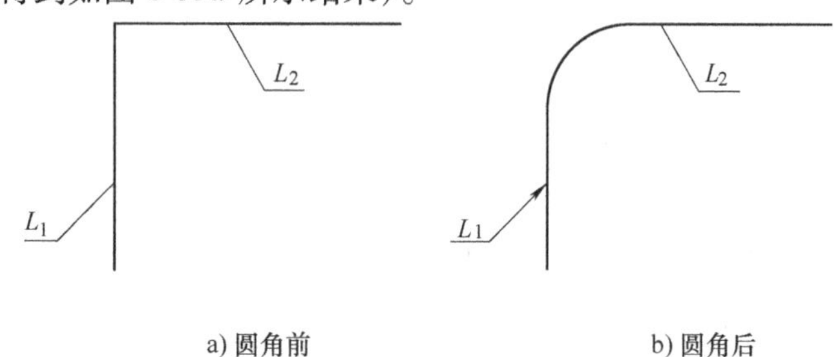

a) 圆角前　　b) 圆角后

图 6-53　两直线倒圆角

4. 各选项含义

启动命令后，命令行提示：

命令: _fillet
当前设置: 模式 = 修剪, 半径 = 0.0000
FILLET 选择第一个对象或 [放弃(U) 多段线(P) 半径(R) 修剪(T) 多个(M)]:

◇ P(Polyline)：可选择多段线。

◇ R(Radius)：指定倒圆角半径。

◇ T(Trim)：圆角后是否裁剪。

1）在指定倒圆角对象之前输入“P”选项，选择多段线对象倒圆角。

2）在指定倒圆角对象之前输入“R”选项，重新确定倒圆角半径。

具体操作步骤如下：

命令: _fillet
当前设置: 模式 = 修剪, 半径 = 0.0000
FILLET 选择第一个对象或 [放弃(U) 多段线(P) 半径(R) 修剪(T) 多个(M)]: （R↙）
FILLET 指定圆角半径 <0.0000>: （12↙）
FILLET 选择第一个对象或 [放弃(U) 多段线(P) 半径(R) 修剪(T) 多个(M)]:（选择直线段 *L*1）
FILLET 选择第二个对象，或按住 <Shift> 键选择对象以应用角点或 [半径(R)]: （选择直线段 *L*2），结果如图 6-53b 所示。

3）在指定倒圆角对象之前输入“T”选项，可以选择倒圆角后是否修剪被倒圆角的线段。如图 6-54 所示。

4）选择“M”选项，可以连续选择被倒圆角对象，否则执行一次命令只能进行一次倒圆角操作。

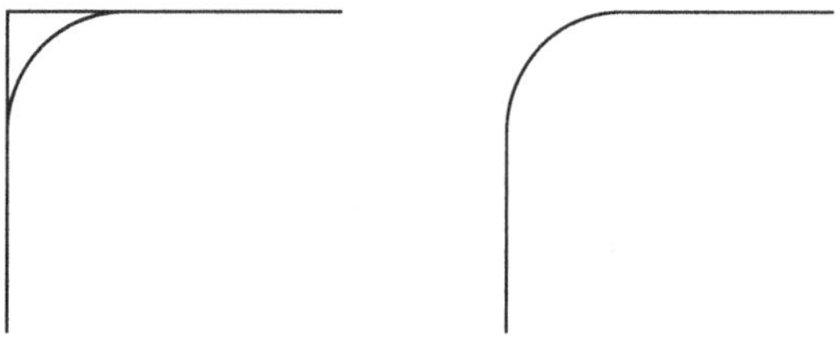

a) 不修剪倒圆角　　b) 修剪倒圆角

图 6-54　修剪形式

八、“阵列”命令

1. 功能

“阵列”（Array）命令可以将选择的图形按照指定的方式排列多个副本。AutoCAD

提供了矩形阵列、环形阵列和路径阵列三种方式。

2. 启动命令

（1）矩形阵列　在“修改”工具面板上单击“矩形阵列”按钮。

（2）环形阵列　在“修改”工具面板上单击“阵列”旁下拉箭头，选择“环形阵列”。

（3）路径阵列　在“修改”工具面板上单击“阵列”旁下拉箭头，选择“路径阵列”。

3. 举例

1）将图 6-55a 所示梯形通过矩形阵列成为如图 6-55b 所示的图形。

在“修改”工具面板上单击“矩形阵列”图标，启动命令后提示：

命令: _arrayrect

ARRAYRECT 选择对象:（用窗口方式选择如图 6-55a 所示的被阵列对象↙）

工具面板区域增加矩形“阵列创建”选项卡，如图 6-56 所示。

在如图 6-56 所示的选项卡中将“行数”、“列数”、“介于”、“介于”参数赋值为“3”“4”“20”“30”。

单击按钮关闭阵列或按<Enter>键。运行结果如图 6-55b 所示。

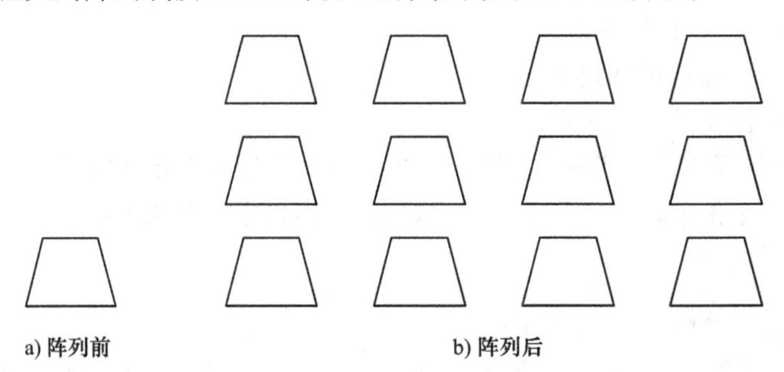

a) 阵列前　　b) 阵列后

图 6-55　矩形阵列

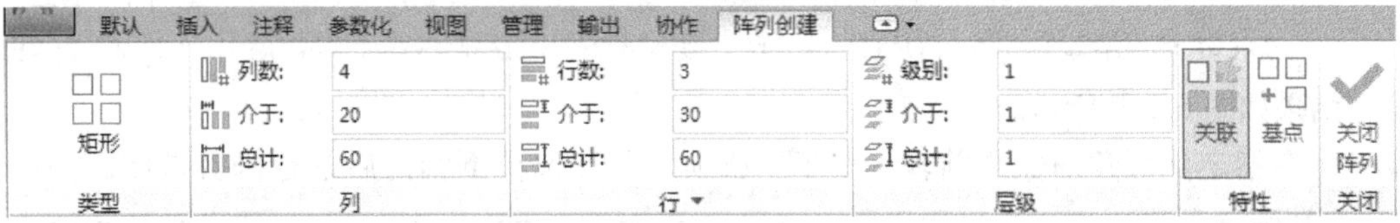

图 6-56　矩形“阵列创建”选项卡

2）将图 6-57a 所示的 $\phi6$ 的圆通过环形阵列成为如图 6-57c 所示的图形。

① 按给出的尺寸，先将图 6-57a 中所示 $\phi6$ 圆垂直方向的点画线断开至合适位置，结果如图 6-57b 所示。

② 启动命令：在“修改”工具面板上单击“环形阵列”按钮。启动命令后提示：

命令: _arraypolar

ARRAYPOLAR 选择对象:（选择 $\phi6$ 圆及已断开点画线↙）

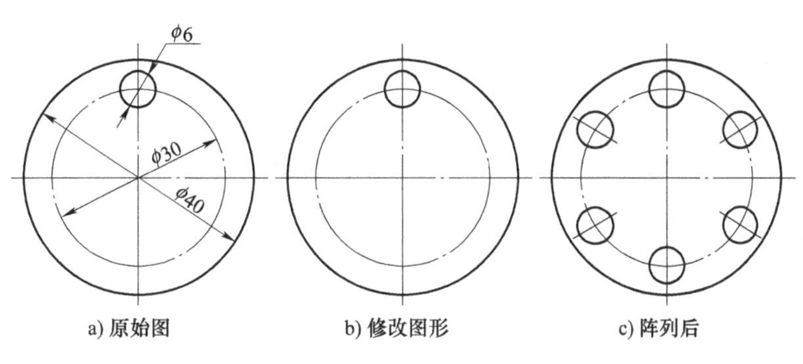

a) 原始图　　b) 修改图形　　c) 阵列后

图 6-57　环形阵列

ARRAYPOLAR 指定阵列的中心点或 [基点(B) 旋转轴(A)]:（单击 ϕ40 圆圆心）

工具面板区域增加环形“阵列创建”选项卡，如图 6-58 所示。

默认 插入 注释 参数化 视图 管理 输出 协作 阵列创建					
极轴	项目数: 6	行数: 1	级别: 1	关联 基点 旋转项目 方向	关闭阵列
	介于: 60	介于: 131.192	介于: 1		
	填充: 360	总计: 131.192	总计: 1		
类型	项目	行 ▾	层级	特性	关闭

图 6-58　环形“阵列创建”选项卡

在如图 6-58 所示的选项卡中将“项目数”、“介于”参数赋值为“6”“60”。单击按钮关闭阵列或按<Enter>键。运行结果如图 6-57c 所示。

选项说明：

◇“关联”指定了阵列中的对象是关联的还是独立的。

◇“基点”指定了用于在阵列中放置对象的基点。

◇“旋转项目”控制在排列项目时是否旋转项目。

◇“方向”控制了阵列对象的旋转方向。

九、拉伸

1. 功能

“拉伸”（STRETCH）命令用于拉伸与选择窗口或多边形交叉的对象。

2. 启动命令

键盘输入简令“S”后按<Enter>键/单击“修改”工具面板中“拉伸”命令的按钮。

3. 举例

拉伸如图 6-59 所示的轴。绘图步骤如下：

```
命令: _stretch
以交叉窗口或交叉多边形选择要拉伸的对象...
```

STRETCH 选择对象：（一次性交叉选中拉伸对象），如图 6-59 所示。

```
选择对象: 指定对角点: 找到 22 个
选择对象:
```

STRETCH 指定基点或 [位移(D)] <位移>:　（绘图区域左键单击某处，向右侧水平方向拖动鼠标），绘图区域出现拉伸预览，命令行出现如下提示：

选择对象：指定对角点：找到 22 个
选择对象：
指定基点或 [位移(D)] <位移>:
STRETCH 指定第二个点或 <使用第一个点作为位移>:（10↙）

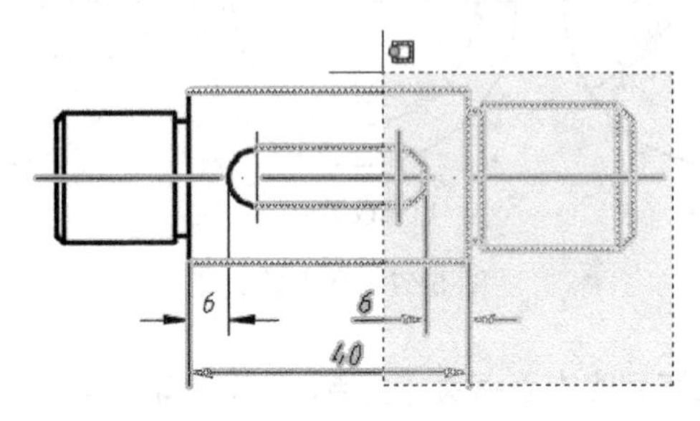

图 6-59　交叉选择拉伸对象

完成拉伸。

将图 6-60a 所示轴拉伸为如图 6-60b 所示的长度。

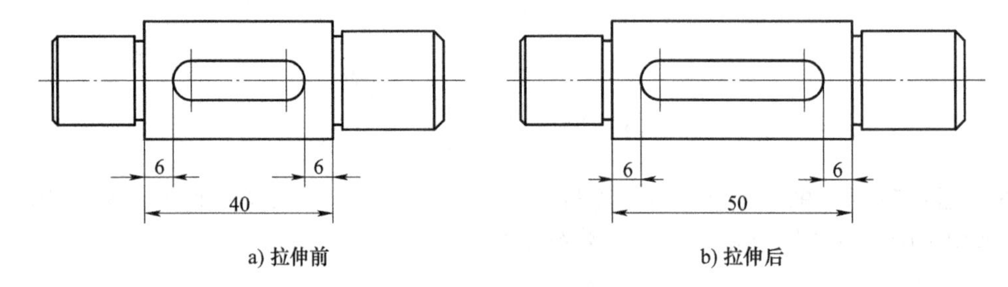

a) 拉伸前　　b) 拉伸后

图 6-60　轴的拉伸

十、比例缩放

1. 功能

“比例缩放”（SCALE）命令可以将所选图形相对于指定的基点按给定的比例放大或缩小。

2. 启动命令

键盘输入简令“SC”后按<Enter>键/单击“修改”工具面板中的按钮/选择“修改”下拉菜单中的“缩放（L）命令”。

命令：_scale
SCALE 选择对象：选择要缩放的对象后系统提示：“找到 n 个”。
SCALE 选择对象：（↙，结束选择）
SCALE 指定基点：（确定基点位置）
SCALE 指定比例因子或 [复制(C) 参照(R)]：（给出缩放比例值↙）

上面命令行两个选项的含义：

◇ 比例因子（Specify Scale Factor）：此项默认选项，直接输入一个数值即可。>1 为放大的比例，<1 为缩小的比例。

◇ 参照（Reference）：此选项使所选对象按参照方式缩放。如选择此方式，则做如下操作：

SCALE 指定比例因子或 [复制(C) 参照(R)]：（R↙）

SCALE 指定参照长度 <1.0000>：（输入参考长度值↙）

SCALE 指定新的长度或 [点(P)] <1.0000>：（输入新的长度值↙）

执行结果为新长度取代参考长度值，即新的长度值与参考长度的值之比为新图相对于原图的缩放倍数。

3. 举例

将如图 6-61a 所示矩形缩放为如图 6-61b 所示矩形，再缩放为如图 6-61c 所示图形。

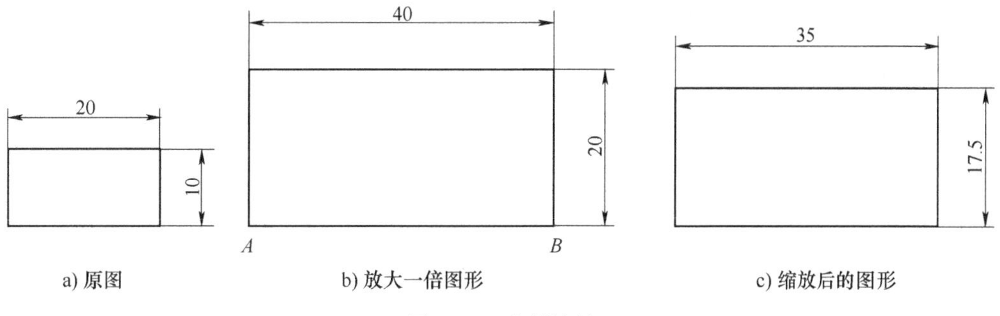

a) 原图　　b) 放大一倍图形　　c) 缩放后的图形

图 6-61　比例缩放

键盘输入“Scale”按<Enter>键，或单击按钮。

命令: _scale

SCALE 选择对象：（用鼠标选择如图 6-61a 所示矩形）

SCALE 选择对象：（↙，结束选择）

SCALE 指定基点：（利用对象捕捉功能选择矩形左下角点）

SCALE 指定新的长度或 [点(P)] <1.0000>：（2↙）

执行结果如图 6-61b 所示。继续按<Enter>键，“比例缩放”命令再次执行：

命令: _scale

SCALE 选择对象：（用鼠标选择如图 6-61b 所示矩形）

SCALE 选择对象：（↙，结束选择）

SCALE 指定基点：（利用对象捕捉功能选择矩形左下角 *A* 点）

SCALE 指定比例因子或 [复制(C) 参照(R)]：（R↙）

SCALE 指定参照长度 <1.0000>：（捕捉矩形上 *A* 点）

SCALE 指定参照长度 <1.0000>：　指定第二点：（捕捉 *B* 点）

SCALE 指定新的长度或 [点(P)] <1.0000>：（35↙）

执行结果如图 6-61c 所示。

十一、打断

1. 功能

“打断”命令在两点之间打断选定对象。可以在对象上的两个指定点之间创建间隔，从而将对象打断为两个对象。如果这些点不在对象上，则会自动投影到该对象上。

2. 启动命令

键盘输入简令“BR”后按<Enter>键/单击“修改”工具面板右侧下拉箭头⊳单击“打断”按钮。

3. 举例

将如图 6-62a 所示圆分别打断为如图 6-62b、c 所示。

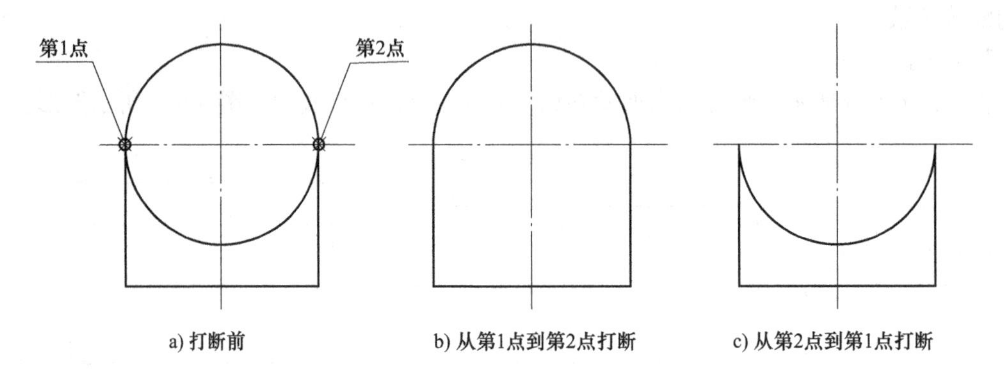

图 6-62　两点打断圆弧

命令: _break

BREAK 选择对象:（左键单击圆上某处）

BREAK 指定第二个打断点 或 [第一点(F)]:（输入 f↙）

BREAK 指定第一个打断点:（单击第 1 点）

BREAK 指定第二个打断点:（单击第 2 点），完成结果如图 6-62b 所示，退出。

命令: _break

BREAK 选择对象:（左键单击圆上某处）

BREAK 指定第二个打断点 或 [第一点(F)]:（输入 f↙）

BREAK 指定第一个打断点:（单击第 2 点）

BREAK 指定第二个打断点:（单击第 1 点），完成结果如图 6-62c 所示，退出。

注：从上述操作可以看出，打断圆或圆弧时，图线打断按照逆时针方向进行。

十二、打断于点

1. 功能

“打断于点”命令可在一点打断选定的对象，打断之处没有间隙。有效对象包括直线、不闭合的多段线和圆弧。不能在一点打断封闭的对象，如圆。

2. 启动命令

单击“修改”工具面板右侧下拉箭头⊳单击“打断于点”按钮。

3. 举例

将如图 6-63a 所示直线更改为如图 6-63b 所示的两段直线。

命令: _break

BREAK 选择对象：（左键单击水平直线某处）

指定第二个打断点 或 [第一点(F)]: _f

BREAK 指定第一个打断点：（左键单击两直线交点，直线打断为两段。选择左段，改变线型为点画线）

a) 打断前　　　　b) 打断后

图 6-63　打断于点

十三、合并

1. 功能

“合并”（JOIN）命令用于合并线性和弯曲对象的端点，以便创建单个对象。构造线、射线和闭合的对象无法合并。

2. 启动命令

键盘输入简令“J”后按<Enter>键/单击“修改”工具面板右侧下拉箭头▷单击“合并”按钮。

3. 举例

将如图 6-64a 所示圆弧闭合为如图 6-64b 所示图形。

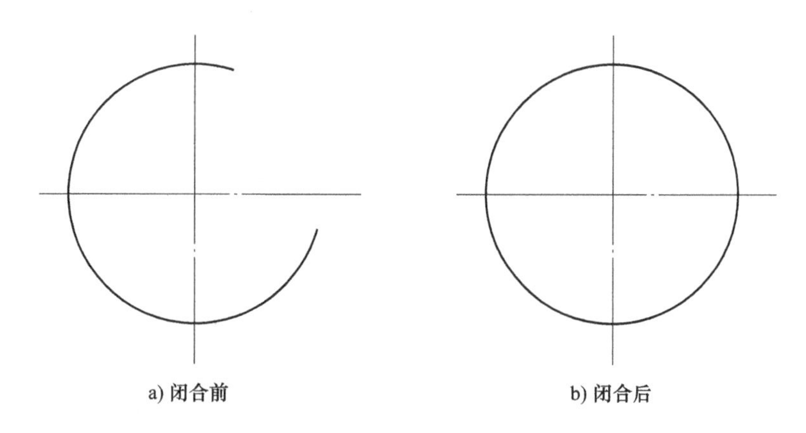

a) 闭合前　　　　b) 闭合后

图 6-64　圆弧的闭合

命令: _join

JOIN 选择源对象或要一次合并的多个对象：（左键单击圆弧某处）

选择源对象或要一次合并的多个对象: 找到 1 个

JOIN 选择要合并的对象：（↙）

JOIN 选择圆弧，以合并到源或进行 [闭合(L)]：（输入 L↙，完成圆弧闭合）

十四、分解

1. 功能

“分解”（EXPLODE）命令将由多个对象组成的组合对象分解为单个对象。可以分解的对象包括块、多段线及面域等。

2. 启动命令

键盘输入简令“X”后按<Enter>键/单击“修改”工具面板上的“分解”命令按钮。

3. 举例

分解如图 6-65 所示的多段线。

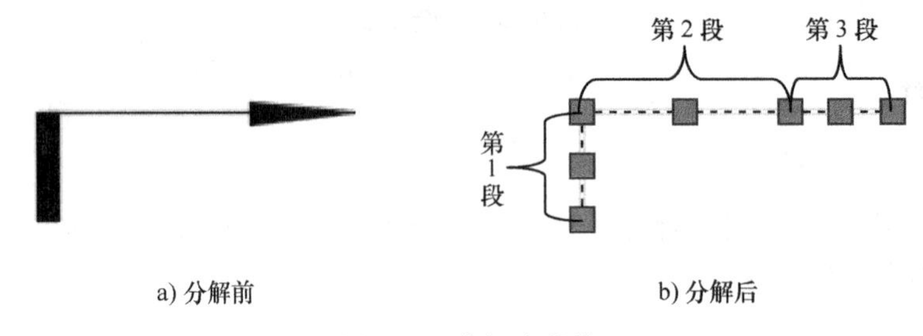

a) 分解前　　b) 分解后

图 6-65　分解多段线

操作步骤：

命令：_explode

EXPLODE 选择对象：（左键单击多段线↙，结束命令）。分解后线宽信息丢失，如图 6-65b 所示，分解为三段线段。

十五、夹点编辑

在 AutoCAD 中夹点编辑是一种非常方便和快捷的方法，使用夹点可以很方便地对对象进行拉伸、缩短、移动、旋转等操作。夹点是对象上的特殊位置的点，用来标记对象上的控制位置。

在命令状态下用鼠标单击对象时，对象上出现蓝色的点称为冷点（夹点），如图 6-66 所示。单击冷点，蓝色的点变成红色的点，称为热点，可以对热点进行修改和编辑。

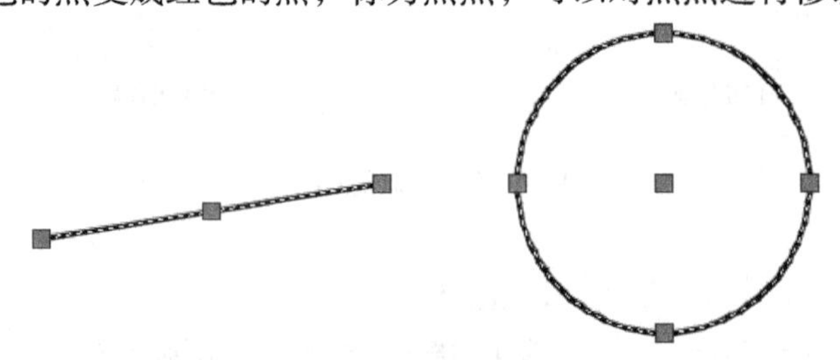

图 6-66　直线和圆上的冷点

1. 使用夹点拉伸对象

在不执行任何命令的情况下选择对象，显示其夹点，然后单击其中一个夹点，该夹点将被作为拉伸的基点。可以将直线拉伸或缩短，图 6-67 所示为利用夹点编辑将直线拉长。

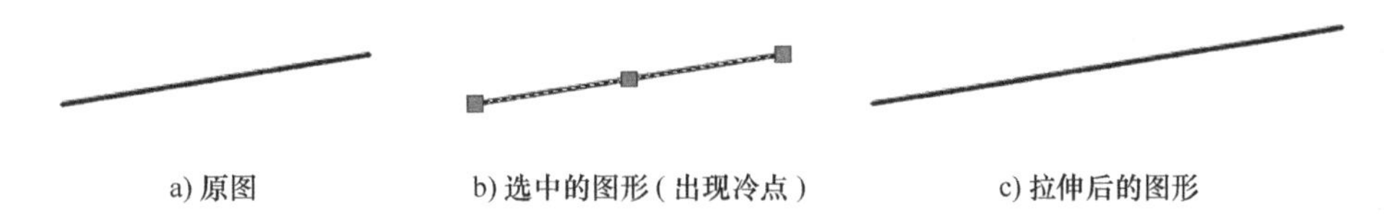

a) 原图　　b) 选中的图形（出现冷点）　　c) 拉伸后的图形

图 6-67　利用夹点编辑将直线拉长

2. 使用夹点移动对象

在不执行任何命令的情况下选择对象，显示其夹点，然后单击其中一个夹点，右键单击，在快捷菜单中选择“移动”命令。如将小圆移动，与大圆成同心圆，并将圆的中心线绘制成符合要求的中心线。

注：移动对象仅仅是位置上的平移，而对象的方向和大小并不会被改变。要非常精确地移动对象，可使用捕捉模式、坐标、夹点和对象捕捉模式。用户通过输入点的坐标或拾取点的方式来确定平移对象的目标点后，即可以基点为平移的起点，以目标点为端点，将所选对象平移到新位置。

3. 使用夹点镜像对象

在不执行任何命令的情况下选择对象，显示其夹点，然后单击其中一个夹点，右键单击，在快捷菜单中选择“镜像”命令。

4. 使用夹点旋转对象

在不执行任何命令的情况下选择对象，显示其夹点，然后单击其中一个夹点，右键单击，在快捷菜单中选择“旋转”命令。

5. 使用夹点缩放对象

在不执行任何命令的情况下选择对象，显示其夹点，然后单击其中一个夹点，右键单击，在快捷菜单中选择“缩放”命令。

十六、特性

1. 功能

“特性”（PROPERTIES）命令用于为单个对象指定特性（如颜色和线型），或者将其作为指定给图层的默认特性。

2. 启动命令

键盘输入简令“PR”后按<Enter>键/单击“特性”工具面板右侧箭头“↘”。

3. 举例

修改如图 6-68a 所示 $\phi 20$ 的粗实线圆的特性，使之成为 $\phi 40$ 的细实线圆。

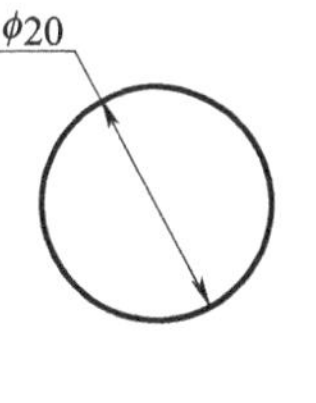

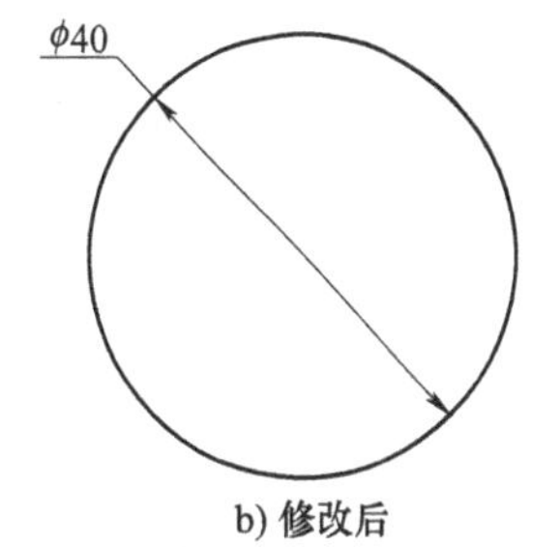

a) 修改前　　b) 修改后

图 6-68　修改圆的属性

操作步骤：

`命令: _properties` 命令激活后，弹出如图 6-69 所示“特性”对话框。

左键选中 $\phi 20$ 的圆，拖动“特性”对话框左侧滚动条，可以上下移动，显示对话框中不同的选项组。在“常规”选项组中将线宽改为“0. 25”，在“几何图形”选项组中将半径改为“20”。修改后的图如图 6-68b 所示。

十七、特性匹配

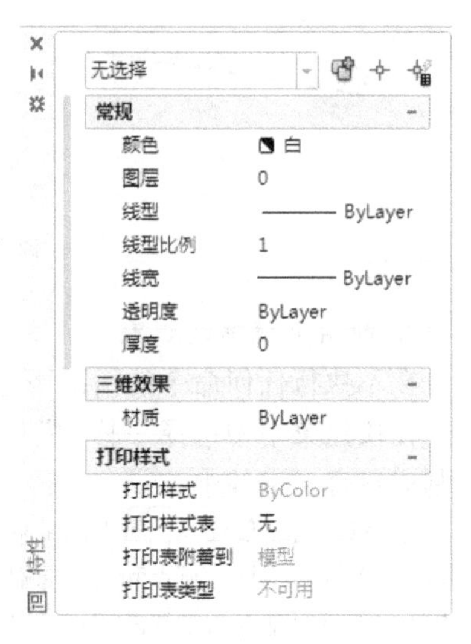

图 6-69 “特性”对话框

1. 功能

“特性匹配”（MATCHPROP）命令将选定对象的特性应用于其他对象。

2. 启动命令

键盘输入简令“MA”后按<Enter>键/单击“特性”工具面板“特性”按钮。

3. 举例

通过“特性匹配”命令将如图 6-70a 所示矩形的线型比例变为和图 6-70b 所示矩形一致。

操作步骤：

MATCHPROP 选择源对象：（左键单击如图 6-70b 所示矩形）

当前活动设置： 颜色 图层 线型 线型比例 线宽 透明度 厚度 打印样式 标注 文字 图案填充 多段线 视口 表格材质 多重引线中心对象

MATCHPROP 选择目标对象或 [设置(S)]:（左键单击如图 6-70a 所示矩形）。完成特性匹配，退出命令。

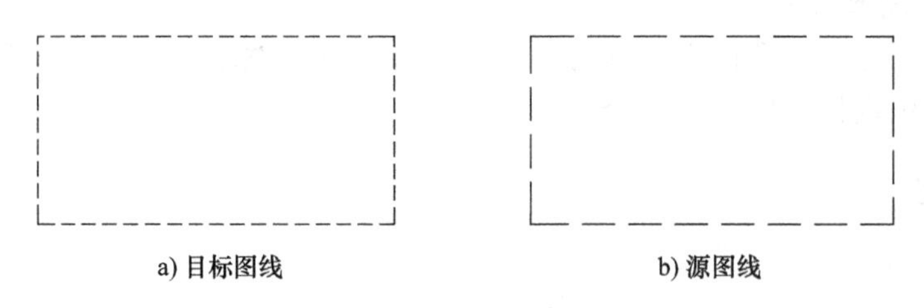

a) 目标图线　　b) 源图线

图 6-70 特性匹配图例

第五节 应用实训

综合实例：绘制如图 6-71 所示的组合体三视图。

绘制组合体三视图，首先应对组合体进行形体分析，分析组合体是由哪几部分组成，每一部分的几何形状，各部分之间的相对位置关系，相邻两基本体的组合形式等。然后根据组合体的特征选择主视图，主视图的方向确定后，另外两视图的方向也就随之确定了。

一、图形分析

绘制此图形，首先应利用形体分析方法，读懂图形，弄清图形结构和各图形之间的对应关系。此组合体可分为四部分，长方体的底板、上部的圆柱筒、两侧的肋板和前部带圆孔的长方体立板。空心圆柱筒位于长方形板的正上方，肋板对称分布在圆筒的左右两侧。画图时应按每个结构在三个视图中同时绘制，不要一个视图画完之后再去画另一个视图。

绘制该图形时，应首先绘制出中心线，确定出三视图的位置，然后再绘制底板的外形结构，其次绘制圆筒，再次绘制两侧的肋板和前部立板，最后绘制各个结构的细小部分。绘制过程视频可通过扫描视频 6-3 二维码观看。

根据该图形的大小，按照 1∶1 比例绘制，可将该图形的图形界限设置成 A3 图纸横放（420×297）。

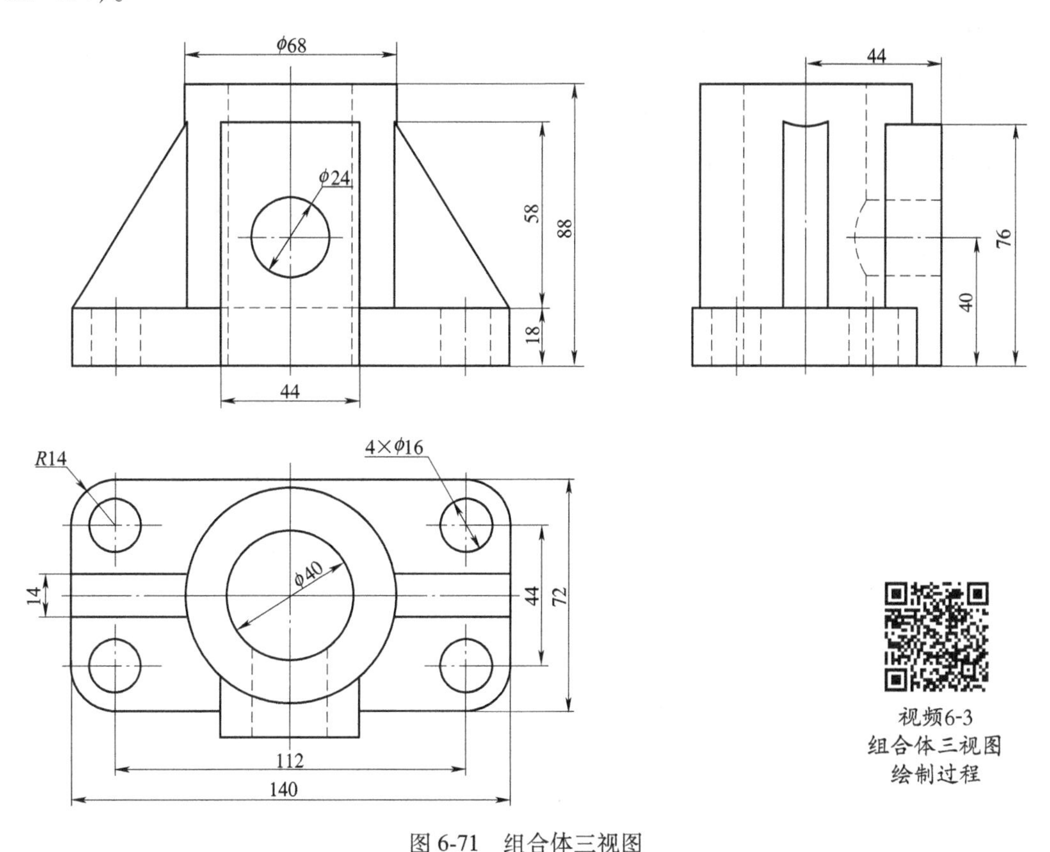

图 6-71 组合体三视图

二、设置绘图环境

新建图形文件，选取图形样板时选择按本章第一节设置好的“A3 样板图形”。

三、绘制图形

1. 绘制中心线等基准线和辅助线

（1）绘制基准线 选择中心线图层，选择“直线”命令，绘制出主视图和俯视图的左右对称中心线 *BE*，俯视图的前后对称中心线 *FA*，左视图的前后对称中心线 *CD*。选择粗实线图层，绘制主视图、左视图的底面基准线 *GH*、*IJ*。

（2）绘制辅助线 选择 0 图层，调用“构造线”命令，通过 *FA* 与 *CD* 的交点 *C*，绘制一条−45°的构造线，结果如图 6-72 所示。

2. 绘制底板外形

（1）利用“偏移” 命令绘制底板轮廓线

调用“偏移”命令，将 *GH*、*IJ* 向上偏移复制 18，*AB* 直线向左侧、右侧各偏移 70，*FA* 直线向上方、下方各偏移复制 36，*CD* 直线向左侧、右侧各偏移 36。

选择刚刚偏移得到的点画线，打开“图层”工具面板上的图层列表，将所选择的线型调整到粗实线图层，结果如图 6-73 所示。

（2）用“修剪”、“圆角” 命令完成底板外轮廓绘制　用“修剪”“圆角”命令修剪三视图，结果如图 6-74 所示。

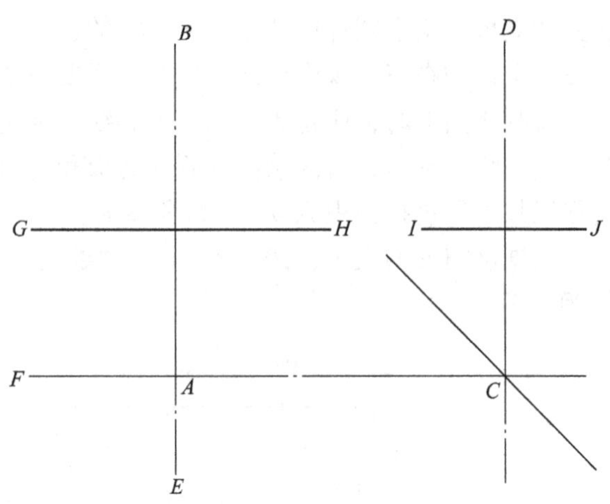

图 6-72　绘制基准线及辅助线

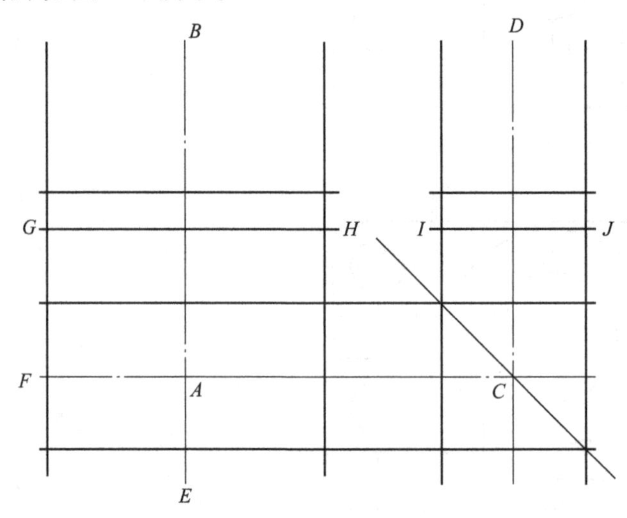

图 6-73　绘制底板轮廓线

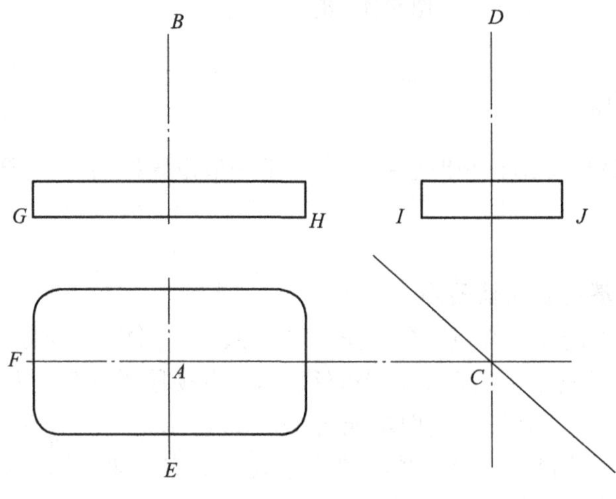

图 6-74　修剪后的底板三视图

（3）用“圆”、“直线”、“矩形阵列”、“偏移”、“修剪”等命令完成底板上安装孔的三面投影 打开对象捕捉、对象追踪功能，调用“圆”命令，捕捉俯视图上左下倒圆角圆弧的圆心，以半径为 8 画圆；调用“直线”命令，捕捉所画圆的圆心，画出中心线，选中中心线，通过“图层”工具面板将其放置点画线层。调用“阵列”命令，选择“矩形阵列”，两行两列，行间距为 44，列间距为 112，选择半径为 8 的小圆及中心线，进行阵列。调用“偏移”命令，将主视图中心线向左、向右各偏移 56，左视图的中心线向左、向右各偏移 22，再将偏移所得直线向左、向右各偏移 8，调用“修剪”命令，修剪各线段，结果如图 6-75 所示。

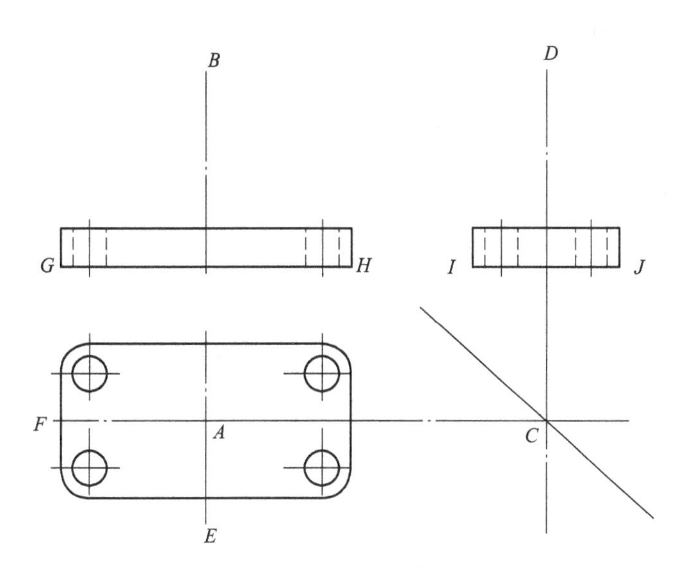

图 6-75 完整的底板三视图

3. 绘制上部圆柱筒

（1）绘制俯视图的圆 调用“圆”命令，以交点 A 为圆心，分别以 20 和 34 为半径绘制直径为 $\phi40$ 和 $\phi68$ 的圆。

（2）绘制主视图轮廓线

1）画主视图和左视图上段直线。在“修改”工具面板中单击按钮，调用“偏移”命令，将 GH、IJ 向上偏移复制 88。

2）画主视图圆柱筒内、外圆柱面的转向轮廓线。在“绘图”工具面板中单击按钮，调用“构造线”命令，捕捉俯视图上 1、2、3、4 各点绘制铅垂线。

（3）绘制左视图轮廓线 调用“偏移”命令，将偏移距离分别设置为 20 和 34，将中心线 CD 向两侧偏移复制。

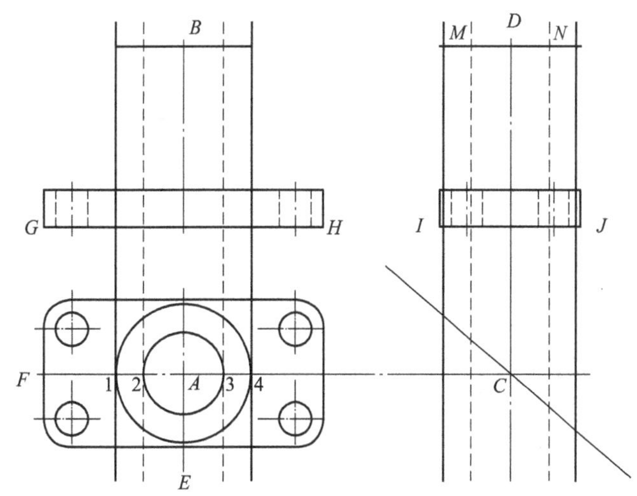

图 6-76 绘制圆柱筒三视图 1

（4）将内孔线调整到虚线图层 通过“图层”工具面板或特性编辑器将内孔线调整到虚线图层，结果如图 6-76 所示。

（5）修剪图形 调用“修剪”命令修剪主视图和左视图，结果如图 6-77 所示。

4. 绘制左右肋板

肋板在俯视图上和左视图上的前后轮廓线投影可根据尺寸通过偏移对称中心线直接画出，而肋板斜面在主视图和左视图上的投影则要通过三视图投影关系获得。

（1）俯视图、左视图中偏移复制肋板前后面投影　在“修改”工具面板中单击“偏移”按钮，调用“偏移”命令，将中心线 *FC* 向上、向下各偏移复制 7，将中心线 *CD* 向左、向右偏移复制 7。

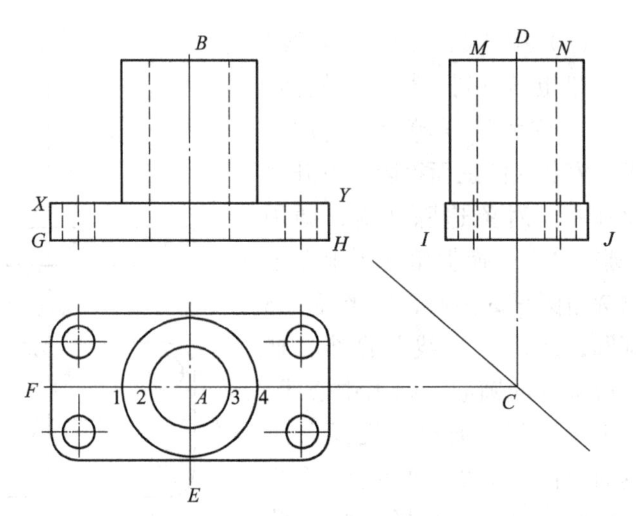

图 6-77　绘制圆柱筒三视图 2

（2）确定肋板在主视图、左视图上的最高位置的辅助线　调用“偏移”命令，将基准线 *GH*、*IJ* 向上偏移复制 58，得到辅助直线 *PQ*、*RS*。

（3）主视图中确定肋板的最高位置点　调用“构造线”命令，捕捉交点 5，绘制铅垂线，铅垂线与 *PQ* 的交点为 6。直线 56 即是肋板正面与圆柱筒相交直线在主视图上的位置。结果如图 6-78 所示。

（4）绘制主视图上肋板斜面投影

1）调用“窗口缩放”命令，窗口放大主视图肋板的顶尖部分。

2）调用“直线”命令，画线连接顶尖点 6 和下边缘点 *X*，绘制出主视图中肋板斜面投影。如图 6-79 所示。

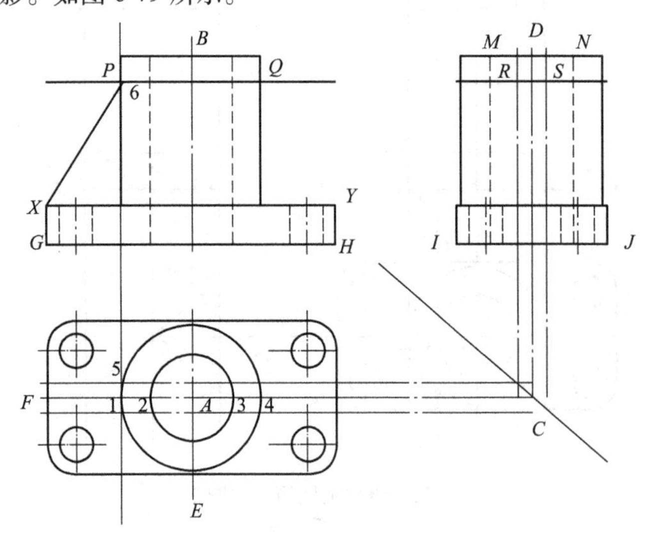

图 6-78　绘制肋板三视图

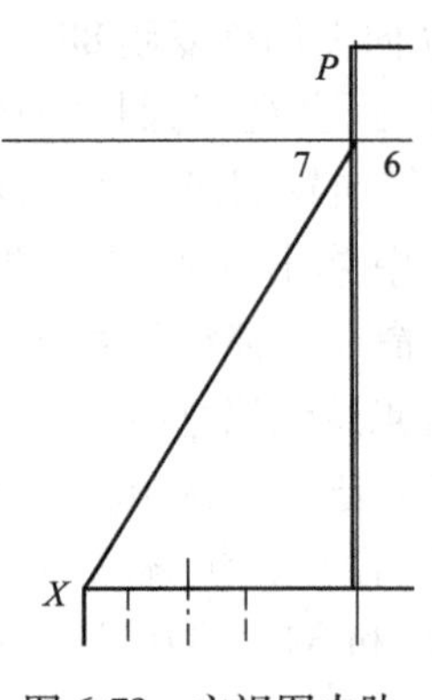

图 6-79　主视图中肋板斜面投影

（5）修剪三个视图中多余的线　调用“修剪”命令，将主视图的左侧肋板投影，俯视图及左视图中肋板投影修剪成适当长短。在修剪过程中，可随时调用“实时平移”“实时放大”、“缩放上一窗口”命令，以便于图形编辑。

删除偏移辅助线 *RS*。将偏移的肋板侧线调整到粗实线图层，结果如图 6-80 所示。

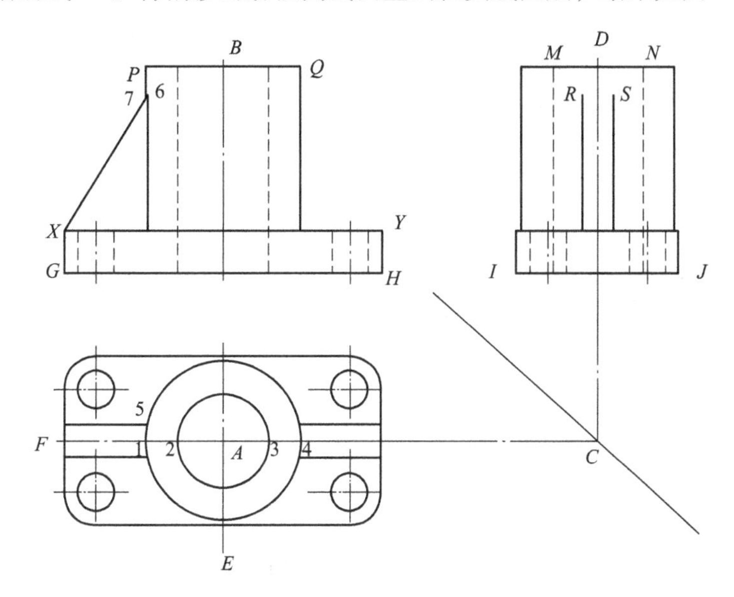

图 6-80 修剪后的肋板三视图

（6）镜像复制主视图中右侧肋板　首先修剪主视图中圆柱筒右侧的线，然后将其左侧线和肋板投影线镜像复制到右边。也可以用画左侧肋板的方法绘制右侧肋板。

1）选择主视图中圆柱筒右侧转向轮廓线，删除。

2）调用“镜像”命令，选择主视图左侧的三根线，以中心线 *AB* 为镜像轴线，镜像复制三根直线。

（7）绘制左视图中肋板与圆柱筒相交弧线 *R9S*

1）调用“窗口放大”命令，在主视图 *Q* 点的左上角附近单击，向右下拖动鼠标，在左视图 *S* 点右下角附近单击，使这一区域在屏幕上显示。

2）调用“构造线”命令，选择“水平线”选项，捕捉圆柱筒右侧转向轮廓线与右肋板交点 8，绘制水平线，水平线与 *CD* 交于点 9。

3）调用“圆弧”命令，用三点圆弧方法，捕捉左视图上端点 *R*，交点 9，端点 *S*，绘制相贯线 *R9S*。

4）删除辅助线 89，结果如图 6-81 所示。

5. 绘制前部立板

（1）绘制前部立板外形的已知线

1）调用“偏移”命令，输入偏移距离“22”，向左、右方向各偏移复制中心线 *AB*，绘制主视图和俯视图中前部立板的左右轮廓线。

2）调用“偏移”命令，输入偏移距离“76”，向上偏移复制基准线 *GH*、*IJ*，得到前部立板上表面在主视图、左视图中的投影轮廓线。

3）调用“偏移”命令，输入偏移距离“44”，向下偏移复制俯视图的中心 *FC*，向右偏

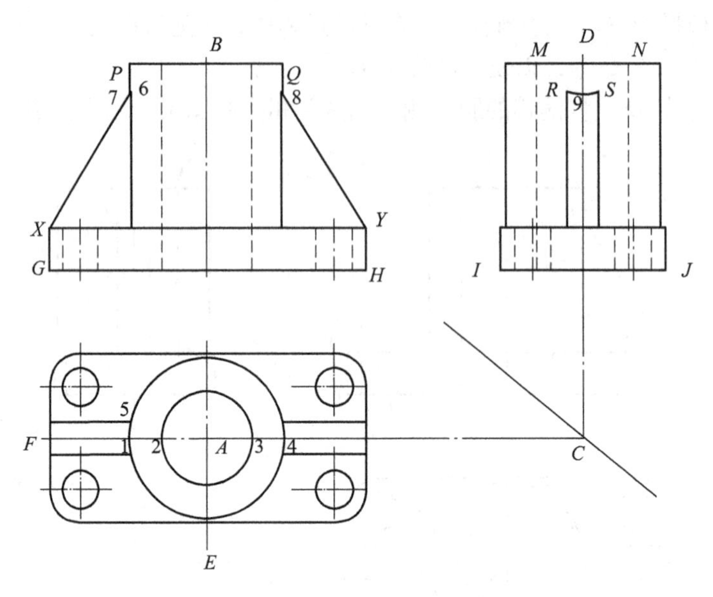

图 6-81　完成的肋板三视图

移复制左视图的中心线 *CD*，在俯视图和左视图中得到前部立板在俯视图和左视图中的前表面的投影。

4）调用“修剪”命令修剪图形，结果如图 6-82 所示。

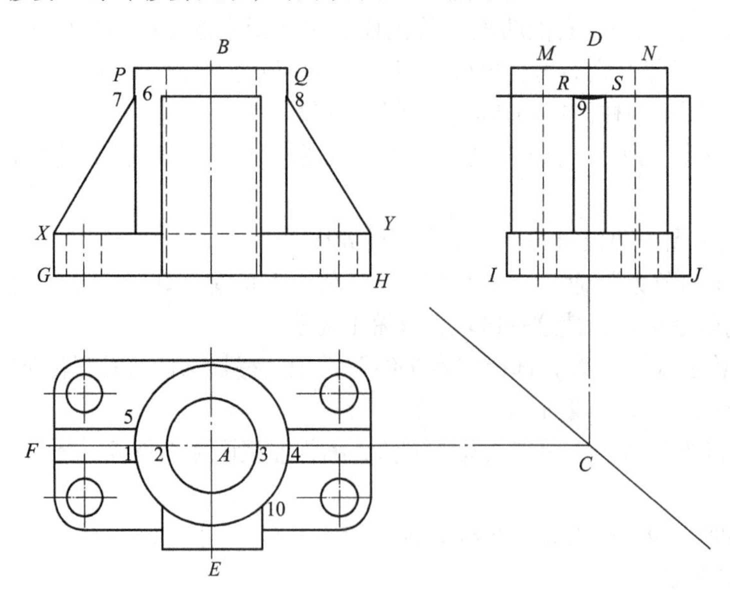

图 6-82　绘制前部立板三视图 1

（2）绘制左视图前部立板与圆柱筒交线 *UV*　利用对象捕捉和对象追踪功能，用“直线”命令绘制左视图中前部立板与圆柱筒的交线。

1）画左视图中垂线。同时打开对象捕捉、正交、对象追踪功能，调用“直线”命令。当命令行提示“指定第一点：”时，在点 10 附近移动鼠标，当出现交点标记时向右移动鼠标，出现追踪线，移到−45°辅助线上出现交点标记时单击鼠标左键。如图 6-83 所示。再向上移动鼠标，在左视图上方单击，绘制出铅垂线 *UV*。

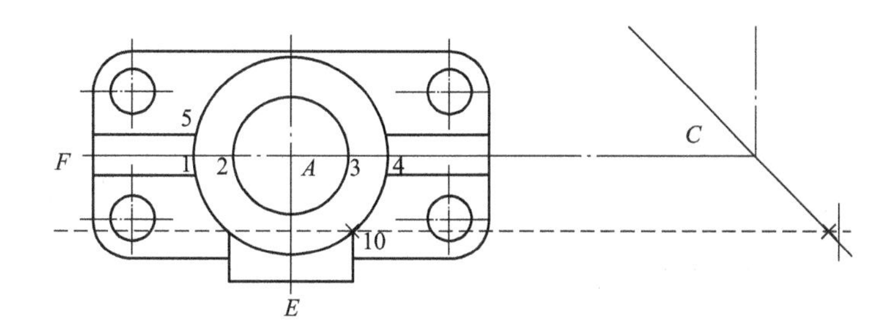

图 6-83 绘制前部立板三视图 2

2）调用“修剪”命令，修剪图形，得到前部立板在左视图上的投影。如图 6-84 左视图所示。

（3）绘制前部立板圆孔 首先绘制各视图中圆孔的定位中心线、主视图中的圆，在左视图和俯视图中偏移复制中心线，获得孔的转向轮廓线，再利用辅助线法绘制左视图中的相贯线。

1）调用“偏移”命令，输入偏移距离“40”，向上偏移复制基准线 *GH*、*IJ*，再将偏移所得到的直线改到中心线图层，调整到合适的长度。

2）绘制主视图中的圆。调用“圆”命令，以交点 *Z* 为圆心，12 为半径绘制主视图中孔的投影。

3）绘制圆孔在俯视图中投影。调用“偏移”命令，输入距离“12”，将俯视图中的左右对称中心线 *AE* 分别向两侧偏移复制，再将偏移所得到的直线改到虚线图层，修剪到合适的长度。

4）绘制圆孔在左视图中投影。调用“偏移”命令，输入偏移距离“12”，将左视图中基准线 *IJ* 向上偏移所得的水平中心线分别向上、下偏移复制。再将偏移所得的直线改到虚线图层，修剪到合适的长度。

5）绘制左视图的相贯线。在“0”图层，利用前面用到的绘制前部立板与圆柱筒在左视图中交线 *UV* 的方法，捕捉交点 11，绘制左视图中铅垂辅助线，得到与中心线的交点 13，在虚线图层，用三点法绘制圆弧，选择 12、13、14 三点，得到相贯线，结果如图 6-84 所示。

6. 编辑图形

1）删除多余的线。

2）调用“打断”命令，在主视图和俯视图之间，打断中心线 *BE*。

3）调整各图线到合适的长度，完成全图，如图 6-84 所示。

四、保存图形

单击“保存”按钮，选择合适的位置，如“E：\ 平面图形”，以“图 6-84 组合体三视图”为文件名保存。

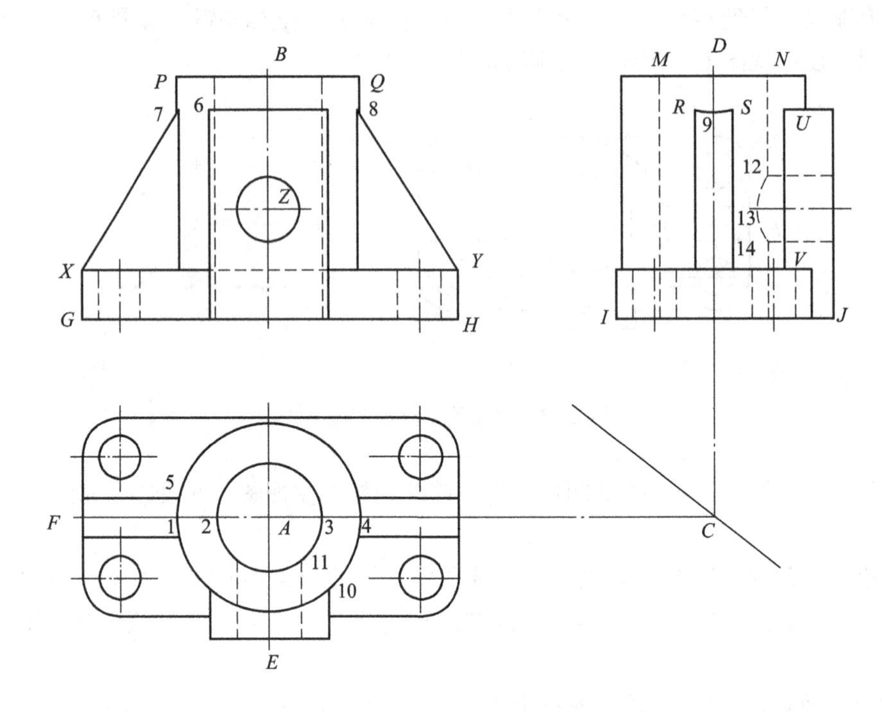

图 6-84　绘制前部立板三视图 3

课 后 练 习

1. 绘制如图 6-85 所示图形，并取文件名“标题栏”存盘。

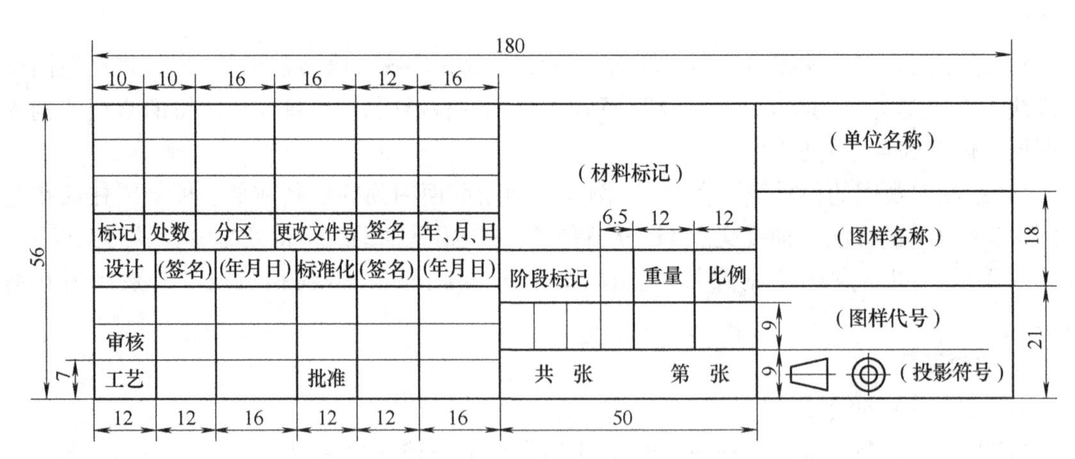

图 6-85　标题栏

2. 绘制如图 6-86 所示图形。
3. 绘制如图 6-87 所示图形。
4. 绘制如图 6-88 所示图形。

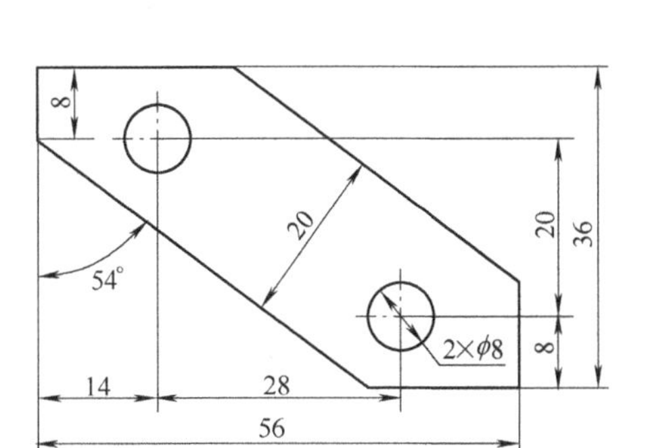

a)

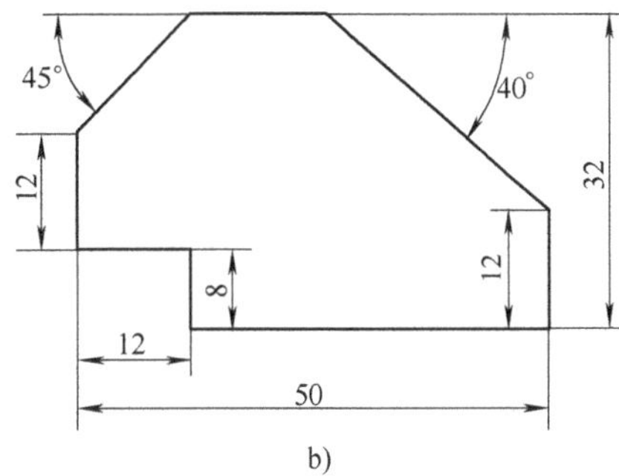

b)

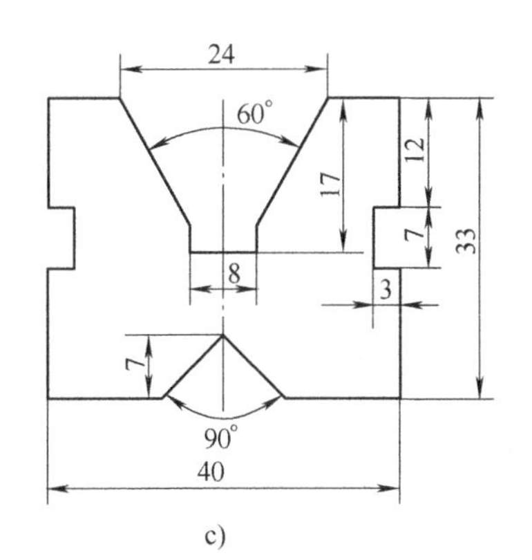

c)

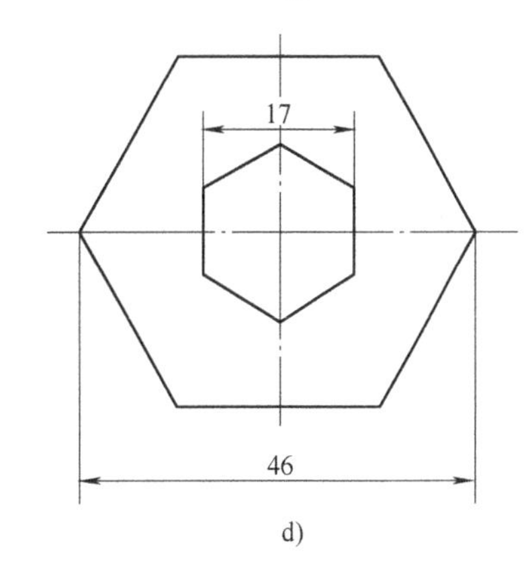

d)

图 6-86　绘图命令练习 1

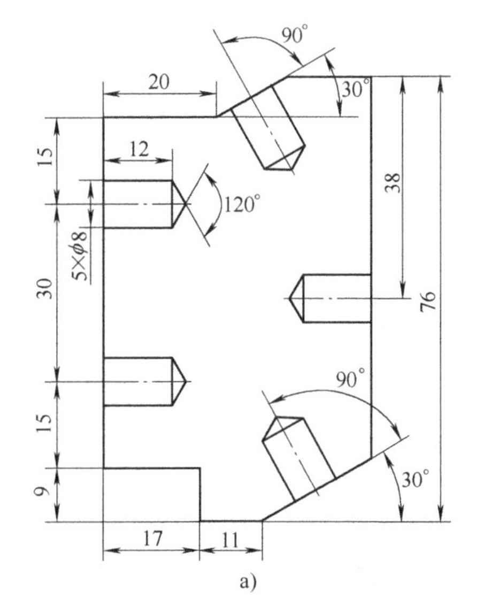

a)

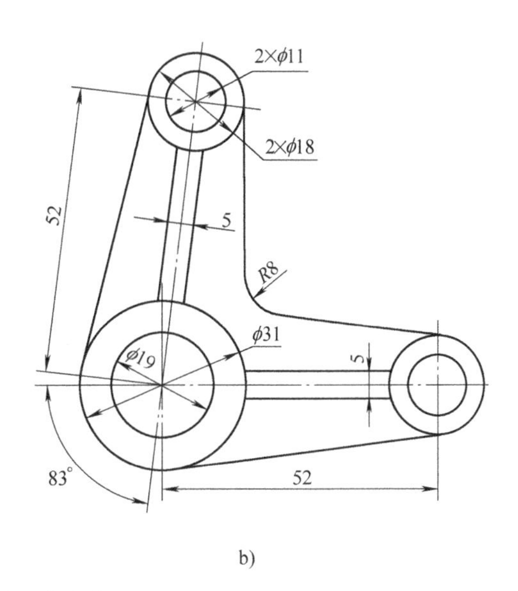

b)

图 6-87　绘图命令练习 2

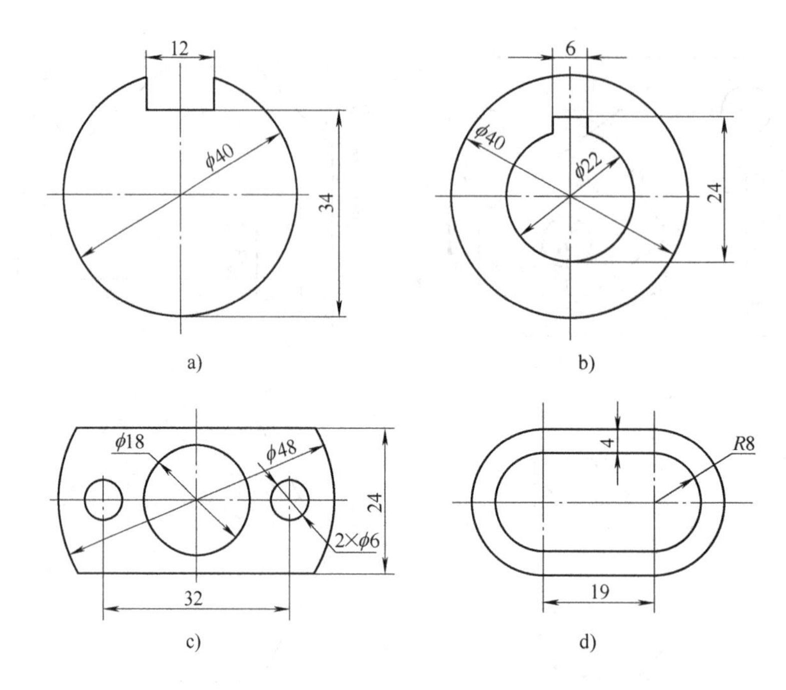

图 6-88　绘图命令练习 3

5. 绘制如图 6-89 所示图形。

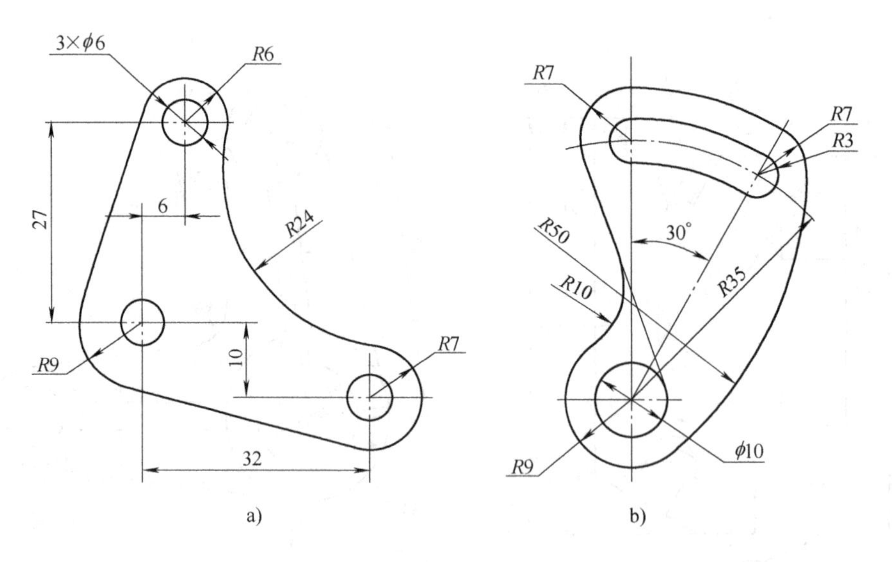

图 6-89　绘图命令练习 4

6. 绘制如图 6-90 所示图形。

7. 按 1：1 比例绘制如图 6-91 所示组合体的三视图。

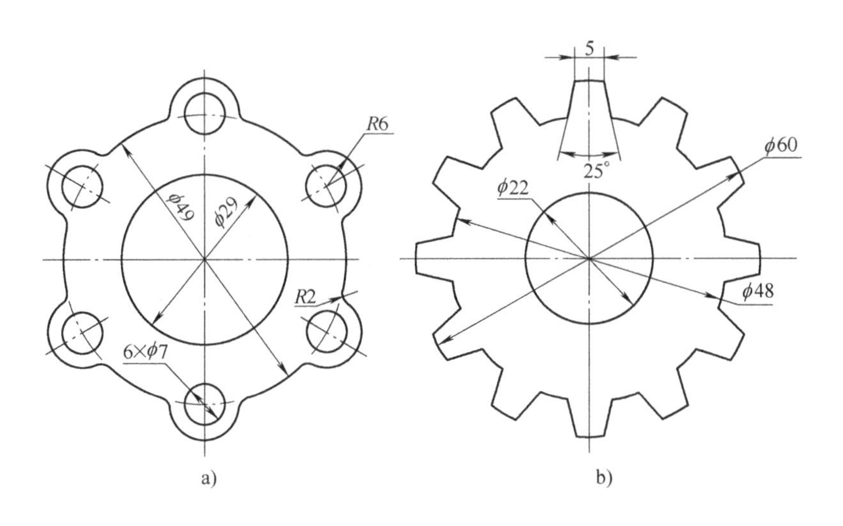

图 6-90 绘图命令练习 5

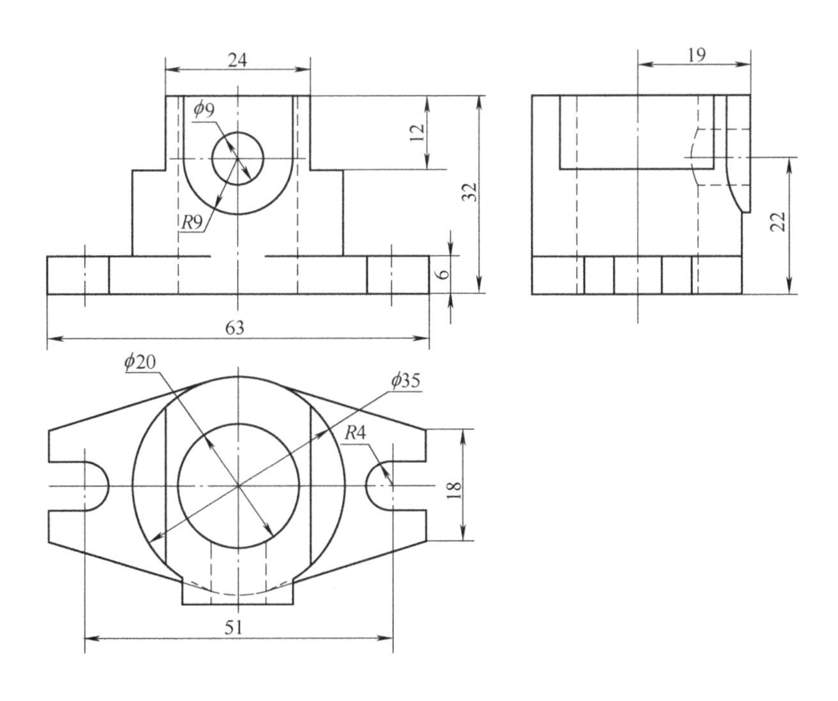

图 6-91 组合体三视图

8. 根据图 6-92 所示组合体的两个视图，用 A3 图纸按 1∶1 画出组合体三个视图。

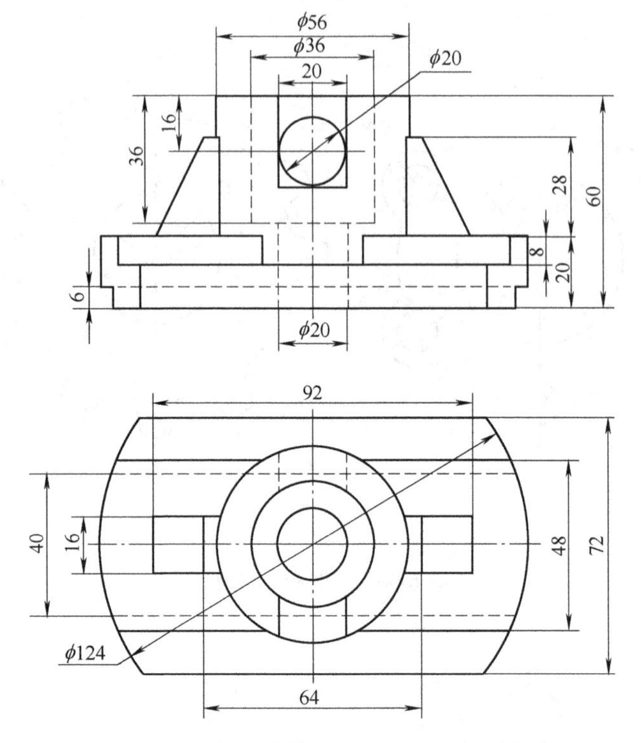

图 6-92　已知组合体的两个视图，画三视图

第七章

AutoCAD 2019的块及属性

本章学习导读

目的与要求：掌握有关图块的生成、插入和编辑，提高绘图速度。

内容：图块的定义、插入、属性、属性的编辑

第一节 创建内部块

图块是一组图形对象的集合。通过定义和使用图块，不仅可以大大提高绘图效率，节省存储空间，方便图形修改，而且在给定图块定义属性后插入时可以附加不同的文本信息。在使用时，块是被作为单个对象来处理的。用户可以将经常重复使用的图形定义成各种块，在插入时分别指定不同的缩放系数和旋转角度。例如，可以将在零件图上常用的表面结构符号定义为图块，在标注时既省时又便于修改。图块有内部块和外部块之分，内部块只能在定义该块的文件内使用，而定义成外部块的图块或图形还可以供其他文件使用。

一、内部图块功能及命令操作

1. 功能

“内部块”（BLOCK）命令将选定的图形对象定义为块。

2. 启动命令

键盘输入简令：“B”/单击“块”工具面板的“创建”按钮。

3. 命令操作

执行 BLOCK 命令，AutoCAD 打开“块定义”对话框，如图 7-1 所示。

对话框中主要选项的含义如下：

（1）“名称”文本框　输入和编辑块的名称。单击文本框右侧箭头可列出当前图形文件中所有的块名。

（2）“基点”选项组　设置块的插入基点位置。用户可以直接在“X”“Y”“Z”文本框中输入坐标值，也可以单击“拾取点”按钮，切换到绘图区指定基点。基点可以选择块所包含图形上的点，也可以是其他点。为了使块的插入方便、快捷，应根据图形特点和绘图需要选择基点，一般选择块的对称中心、左下角或其他有特征的点。

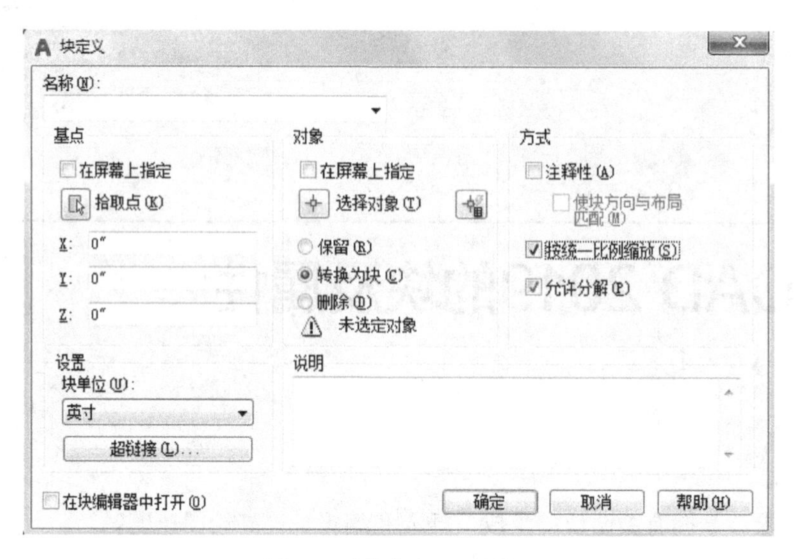

图 7-1 “块定义”对话框

（3）“对象”选项组　确定组成块的对象。

1）“在屏幕上指定”复选框：其含义与“基点”选项组的“在屏幕上指定”复选框相同。

2）单击“选择对象”按钮：切换到绘图区选择组成块的对象。

3）单击“快速选择”按钮：弹出“快速选择”对话框，用于设置选择对象的过滤条件。

4）选中“保留”单选项：创建块后组成块的各对象仍保留在绘图区。

5）选择“转换为块”单选项：创建块后保留组成块的对象并把它们转换成块。

6）选择“删除”单选项：创建块后删除组成块的源对象。

（4）“方式”选项组　设置块的显示状态。

1）“按统一比例缩放”复选框：选中该复选框，块插入时按统一比例缩放；否则块插入时，各个坐标轴方向可采用不同的缩放比例。

2）“允许分解”复选框，选中该复选框，块插入后可以分解为组成块的基本对象。

（5）“设置”选项组　设置块的插入单位和超链接。

1）“块单位”下拉列表框：从下拉列表框中选择块插入时的缩放单位。

2）单击“超链接”按钮：打开“插入超链接”对话框，通过该对话框可以插入某个超链接文档。

（6）“说明”文本框　用来输入当前块的相关描述信息。

（7）“在块编辑器中打开”复选框　选中该复选框，块定义完成后，可以在块编辑器中打开、编辑当前块定义。

二、举例

将如图 7-2 所示的螺孔图形定义为内部块。其创建、定义和使用的视频、可通过扫描视频 7-1 的二维码观看。

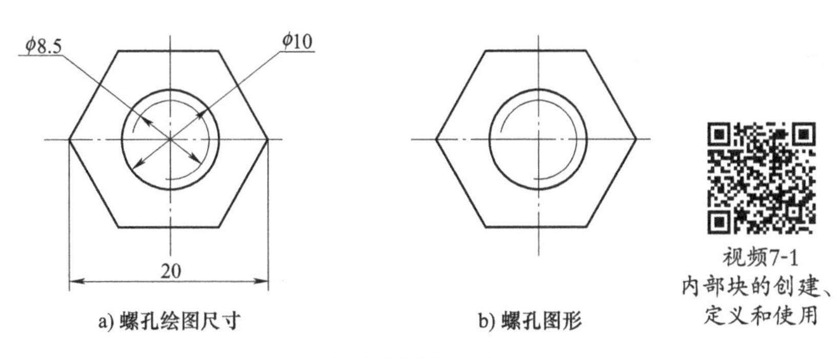

a) 螺孔绘图尺寸　　b) 螺孔图形

图 7-2　螺孔图形与尺寸

操作步骤：

1）按照图 7-2a 所示尺寸绘制好螺孔作为组成块的图形对象。

2）执行“内部块”命令，弹出如图 7-1 所示“块定义”对话框。

3）在“名称”文本框中输入图块的名称，它由字母、数字和下画线组成，也可以是中文，如“luokong”或“螺孔”，如图 7-3 所示。

4）在“基点”选项组中单击“拾取点”按钮，对话框暂时消失，在绘图区用鼠标准确拾取图块的插入基点，如图 7-2b 中所示的圆心，对话框重新出现。此时“基点”选项组中显示出所选基点的 *X*，*Y*，*Z* 坐标值，如图 7-3 所示。

5）在“对象”选项组中单击“选择对象”按钮，对话框再度暂时消失，界面重新回到绘图区。用窗口选择方式选择已绘制好的螺孔，按<Enter>键。对话框弹回，并在该选项组下方显示所选实体的总数，如图 7-3 所示。

6）在“对象”选项组中选择“保留”单选项。块创建以后，选定对象将保留在图形中以区别对象。

7）其余选项按图 7-3 中所示进行设置，最后单击“确定”按钮，完成图块“螺孔”的制作。

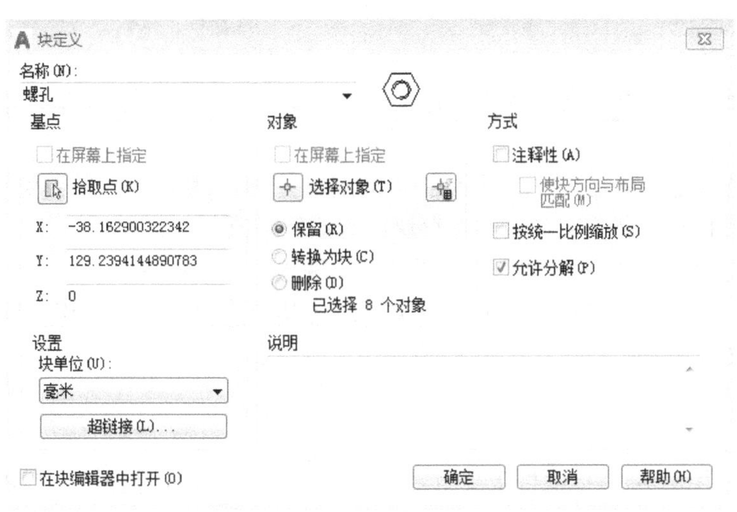

图 7-3　“块定义”对话框的参数设置

第二节 创建外部块

一、外部块定义

1. 功能

“外部块”（WBLOCK）命令将选定对象保存到指定的图形文件或将块转换为指定的图形文件。

2. 启动命令

键盘输入简令：“W”

3. 选项说明

执行 WBLOCK 命令，AutoCAD 打开“写块”对话框，如图 7-4 所示。对话框中主要选项的含义如下：

图 7-4 “写块”对话框

（1）“源” 指定块和对象，将其另存为文件并指定插入点。

◇ 块：指定要另存为文件的现有块。从列表框中选择名称。

◇ 整个图形：选择要另存为其他文件的当前图形。

◇ 对象：选择要另存为文件的对象。指定基点并选择对象。

（2）“基点”选项组 指定块的基点。默认值是（0，0，0）。用户可以直接在“X”“Y”“Z”文本框中输入，也可以单击“拾取点”按钮，切换到绘图区指定基点。

（3）“对象”选项组 设置用于创建块的对象的效果。其各子选项具体功能和内部块相同。

（4）目标选项组 指定文件的新名称和新位置以及插入块时所用的测量单位。

◇ 文件名和路径：指定文件名和保存块或对象的路径。

◇ [...] 按钮：单击该按钮，显示“标准文件选择”对话框。

◇ 插入单位：指定从设计中心拖动新文件或将其作为块插入到使用不同单位的图形中时用于自动缩放的单位值。

二、举例

将如图 7-5 所示的简易标题栏定义为外部块。其定义与插入过程的视频可通过扫描视频 7-2 的二维码观看。

操作步骤：

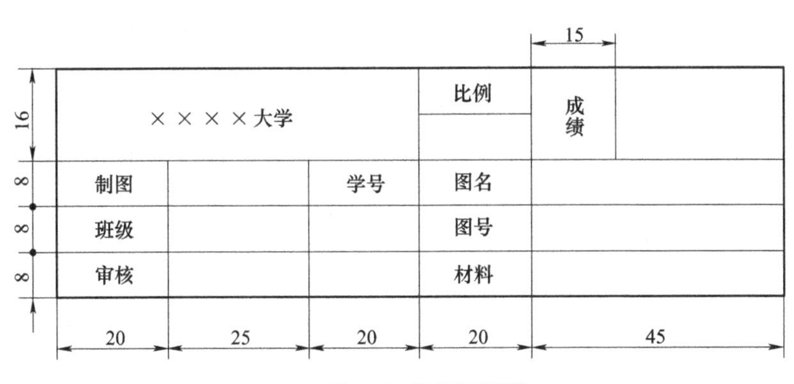

视频7-2 外部块的定义与插入

图 7-5 简易标题栏

1）按图示尺寸绘制标题栏。

2）键入简令“W”，弹出如图 7-4 所示“写块”对话框。

3）在“基点”选项组，单击“拾取点”按钮，对话框消失。左键单击标题栏右下角的角点作为基点。

4）在“对象”选项组，单击“选择对象”按钮，对话框消失。将标题栏全选中，按<Enter>键。重回对话框界面。选中“从图形中删除”单选项。

5）在“目标”选项组，指定外部块存储路径及文件名。

6）单击“确定”按钮，完成外部块定义。可以发现，单击“确定”按钮时，用户界面左上角会有预览闪现，这表明外部块制作成功，用户可以去指定路径下查找该文件。

第三节 插入块

1. 功能

“插入块”（INSERT）命令可在当前图形中插入块或者图形。

2. 启动命令

键盘输入简令“I”单击“块”工具面板的“插入”按钮。

3. 选项说明

执行 INSERT 命令，将打开“插入”对话框，如图 7-6 所示。对话框中主要选项的含义如下：

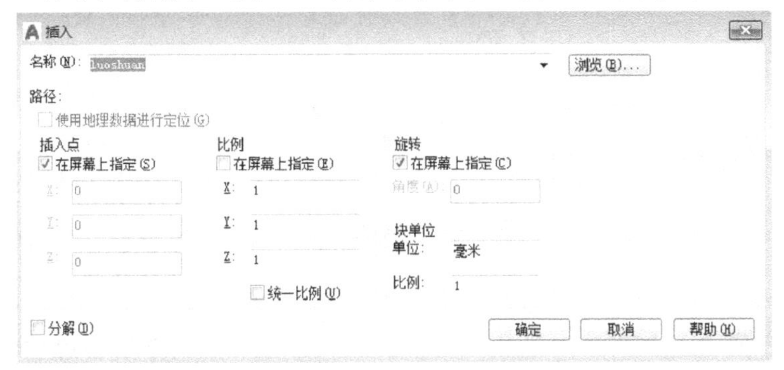

图 7-6 “插入”对话框

（1）“名称”下拉列表框　选择要插入块的名称。也可单击“浏览”按钮，打开“选择图形文件”对话框，在其中选择已保存的块和图形文件。

（2）“插入点”选项组　用于确定块的插入点位置。可直接在“X”“Y”“Z”文本框中输入点的坐标，也可选中“在屏幕上指定”复选框，关闭对话框后根据命令行提示在绘图屏幕指定基点。

（3）“比例”选项组　用于设置块的插入比例。可直接在“X”“Y”“Z”文本框中输入块在 X，Y，Z 三个方向的比例，也可以选中“在屏幕上指定”复选框，根据命令行提示在绘图区指定。此外，选中该选项组中的“统一比例”复选框，块插入时 X，Y，Z 各个方向均按统一比例缩放。

（4）“旋转”选项组　设置块插入时的旋转角度。可直接在“角度”文本框中输入角度值，也可选中“在屏幕上指定”复选框，关闭对话框后根据命令行提示在绘图区指定旋转角度。

（5）“分解”复选框　选中该复选框，块插入后即分解为组成块的基本对象。

4. 举例

将创建的如图 7-2 所示的“螺孔”内部块插入到如图 7-7a 所示的图形中。

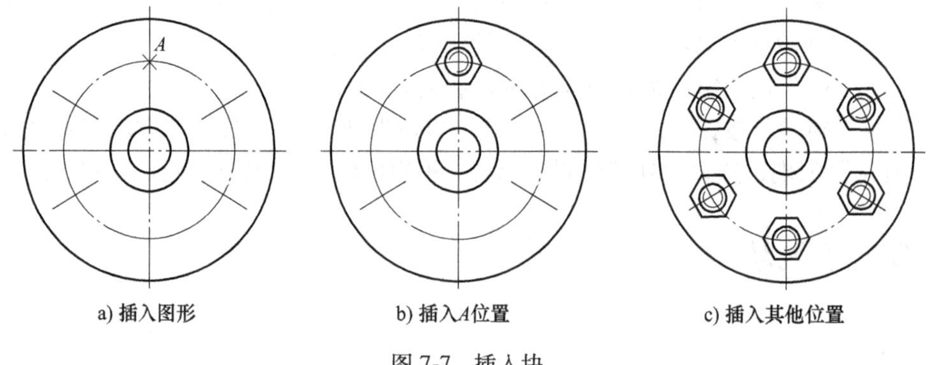

a) 插入图形　　b) 插入A位置　　c) 插入其他位置

图 7-7　插入块

操作步骤：

1）执行“插入块”命令，打开“插入”对话框，如图 7-8 所示。

2）在“名称”下拉列表框中选择已创建的块“螺孔"，在“插入点”选项组选中“在

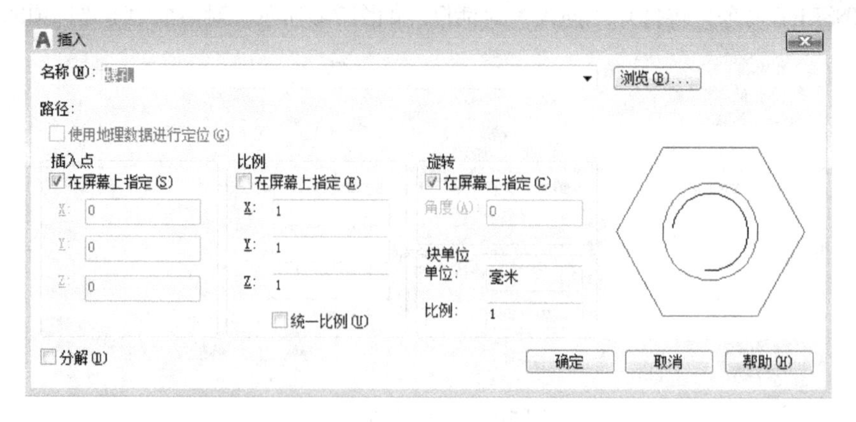

图 7-8　“插入”对话框

屏幕上指定”复选框，单击“确定”按钮，对话框消失。

3）根据命令行提示在绘图区中拾取点 A，并通过移动鼠标捕捉特定点来实现旋转角度（可以设置极轴角度以方便对象捕捉，此例中可将极轴设为 30°）。插入效果如图 7-7b 所示。

4）重复步骤 2）~3），多次插入块“螺孔”，最后效果如图 7-7c 所示。

第四节 创建带属性的块

属性是附属于块的文字信息，是块的组成部分，即块=图形对象+属性，用户在插入块时可修改属性值。一个块可以包含多个属性。

一、定义属性

1. 功能

“定义属性”（ATTDEF）命令可创建属性，并可设置属性标记、属性值、属性提示、属性显示的可见性以及在块中的位置。

2. 启动命令

键盘输入简令“ATT”/单击“块”工具面板的“定义属性”按钮。打开“属性定义”对话框，如图 7-9 所示，其中主要选项的功能如下：

图 7-9 “属性定义”对话框

（1）“模式”选项组 设置属性的模式。

◇“不可见”复选框。选中该复选框，插入块图形后不显示其属性值，即属性不可见，否则会在块中显示其属性值。

◇“固定”复选框。选中表示属性值为常量，否则在插入块时可改变属性值。

◇“验证”复选框。用于验证所输入的属性值是否正确，一般不选此项即不验证。

◇“预设”复选框。选中该复选框，系统将属性默认值预置成实际的属性值，属性随块插入时，不再要求用户输入新的属性值，相当于属性值为常量。

◇“锁定位置”复选框。选中该复选框，块插入后其中属性的位置固定，不能编辑、修改。

◇“多行”复选框。选中就可用多行文字标注属性值。

(2)“属性”选项组　定义块的属性。

◇“标记”文本框。用于输入属性的标记，相当于属性名。

◇“提示”文本框。用于输入插入块时系统显示的提示信息。

◇“默认”文本框。可在文本框中输入属性的默认值，也可单击文本框右侧的按钮打开“字段”对话框，插入一个字段作为属性值的部分或全部。

(3)“插入点”选项组　设置属性值文字位置的插入点。用户可直接在“X”“Y”“Z”文本框中输入点的坐标，也可以选中“在屏幕上指定”复选框，待设置完成后单击“确定”按钮关闭对话框，在绘图区拾取一点作为属性值文字位置的插入点。

(4)“文字设置”选项组　设置属性值文字的对正方式、文字样式、文字的高度和旋转角度等。

(5)“在上一个属性定义下对齐”复选框　选中该复选框，在一个块中定义多个属性时，使当前定义的属性与上一个已定义的属性的对正方式、文字样式、字高和旋转角度相同，而且另起一行排列在上一个属性的下方。

3. 举例

用带属性的块绘制图中表面结构符号，如图 7-10 所示。其创建和使用的过程视频可通过扫描视频 7-3 的二维码观看。

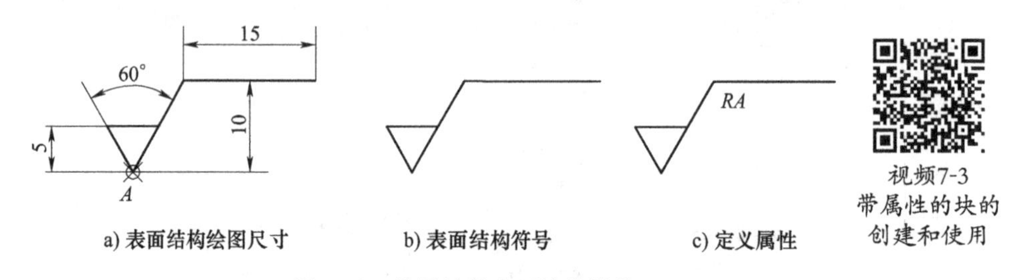

a) 表面结构绘图尺寸　b) 表面结构符号　c) 定义属性

图 7-10　带属性的表面结构符号

操作步骤：

(1) 绘制图形　按照图 7-9a 所示尺寸绘制表面结构符号，如图 7-9b 所示。

(2) 定义属性

1) 执行“属性定义”命令。弹出“属性定义”对话框，如图 7-8 所示。

2) 在“属性”选项组，“标记”文本框中输入“RA”，在“提示”文本框中输入“输入表面结构参数”，在“默认”文本框中输入“*Ra* 6. 3”。

3) 在“插入点”选项组，选中“在屏幕上指定”复选框。

4) 在“文字设置”选项组，选择“文字样式”下拉列表框中已设置好的标注数字的文字样式，如“国标文本”；在“文字高度”文本框中输入“3. 5”；其他选项采用默认设置。如图 7-11 所示。

5) 单击“确定”按钮，返回绘图区，光标处出现属性预览。

6) 在表面结构符号适当位置拾取一点，确定属性的插入点位置。此时，图中属性的定义位置显示该属性的标记，如图 7-10c 所示，属性创建完成。

（3）定义带属性的内部块

1）调用创建“块”命令，弹出如图 7-1 所示的“块定义”对话框。

2）在“名称”文本框中输入“表面结构”。

3）在“基点”选项组，单击“拾取点”按钮，返回绘图区；在如图 7-10c 所示表面结构符号上单击与图 7-10a 所示点 *A* 对应之处，返回“块定义”对话框。

4）在“对象”选项组，单击“选择对象”按钮，返回绘图区；使用窗口选择方式选择如图 7-10c 所示所有对象，按<Enter>键，返回“块定义”对话框；选中“删除”复选框。

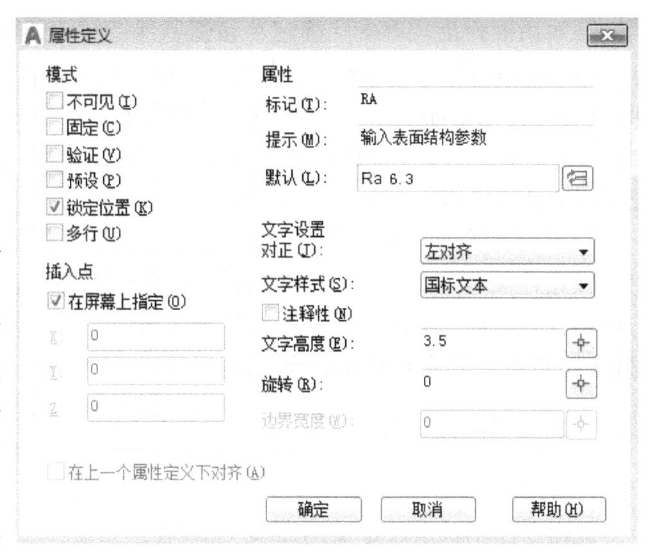

图 7-11 “属性定义”对话框

5）其他选项保持默认状态，单击“确定”按钮，带属性的块创建完毕。

调用“插入”命令，在如图 7-12a 所示的①~④四个表面插入如图 7-12b 所示的带属性的块。

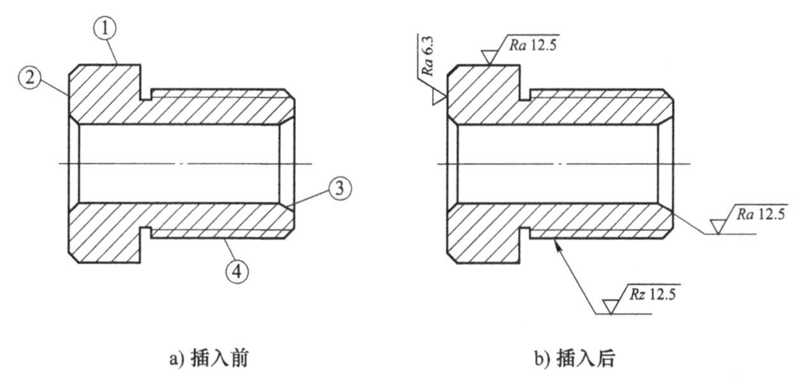

a) 插入前　　b) 插入后

图 7-12 插入表面结构符号

操作步骤：

1）调用“插入”命令，弹出如图 7-6 所示的“插入”对话框。

2）单击“名称”下拉列表框右侧的下拉箭头，选择定义的带属性块，如“表面结构”。

3）“插入点”选项组选中“在屏幕上指定”复选框；“旋转”选项组选中“在屏幕上指定”复选框，其他保持默认设置。单击“确定”按钮，返回绘图区域，光标处出现块的预览。

4）利用对象捕捉等辅助工具，在如图 7-12a 所示的表面①处单击左键；命令行处提示“指定旋转角度（0）”，按<Enter>键，保持默认的 0°。“编辑属性”对话框弹出，“input”处输入“Ra 6.3”；单击“确定”按钮，完成表面①处插入。

5）按<Enter>键，重复“插入”命令；单击“确定”按钮，保持上一步默认选项设置，返回绘图界面；在表面②处单击左键；捕捉旋转角度，预览到合适位置，单击左键，“编辑属性”对话框弹出；单击“确定”按钮，保持默认的输入值，完成表面②处插入。

6）在表面③处，绘制一条直线作为标注的引线；执行“插入”命令；单击“确定”按钮，保持上一步默认选项设置，返回绘图界面；在引线处单击左键；捕捉旋转角度，预览到合适位置，单击左键，“编辑属性”对话框弹出；单击“确定”按钮，保持默认的输入值，完成表面③处插入。

7）在表面④处，绘制带箭头的引线（可用“快速引线”或“引线”命令）；单击“确定”按钮，保持上一步默认选项设置，返回绘图界面；在引线处单击左键；捕捉旋转角度，预览到合适位置，单击左键，弹出“编辑属性”对话框；“input”处输入“Rz 12.5”，单击“确定”按钮，完成表面④处插入。

二、属性的编辑和修改

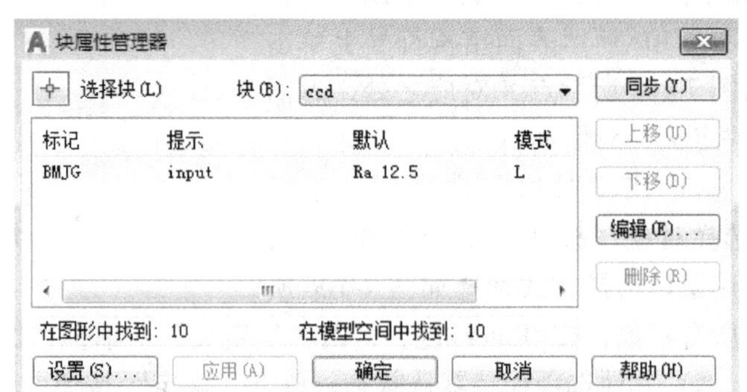

图 7-13 “块属性管理器”对话框

1. 功能

此命令控制选定块定义的所有属性特性和设置。对块定义中的属性所做的任何更改均反映在块参照中。

2. 启动命令

键盘输入“BATTMAN”/单击“块”工具面板的“属性管理器”按钮，打开“块属性管理器”对话框（图 7-13），对话框中主要选项的含义如下：

（1）选择块　用户可以使用定点工具从绘图区域选择块。如果单击“选择块”按钮，对话框将关闭，直到用户从图形中选择块或按<Esc>键取消。如果修改了块的属性，并且未保存所做的更改就选择一个新块，系统将提示在选择其他块之前先保存更改。

（2）块　列出具有属性的当前图形中的所有块定义，选择要修改属性的块。

（3）属性列表　显示所选块中每个属性的特性。

（4）“编辑”按钮　可打开“编辑属性”对话框，如图 7-14 所示。包括“属性”“文字选项”和“特性”三个选项卡。

（5）“设置”按钮　可打开“块属性设置”对话框，从中可以自定义“块属性管理器”中属性信息的列出方式。

注：用户双击绘图区域已插入的带属性的块时，将打开“增强属性编辑器”对话框。该对话框和“属性编辑”对话框相似，也包含“属性”“文字选项”“特性”三个选项卡。但通过该对话框，只能修改当前的属性。而通过“块属性管理器”，可对属性进行全局修改。

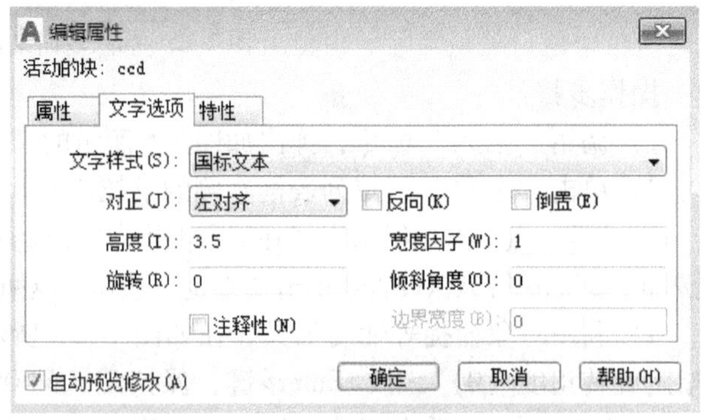

图 7-14 “编辑属性”对话框

课 后 练 习

1. 内部块练习。

（1）绘制图 7-15 所示的结构要素，并创建内部块。

（2）绘制图 7-16 所示图形，并插入创建的内部块。

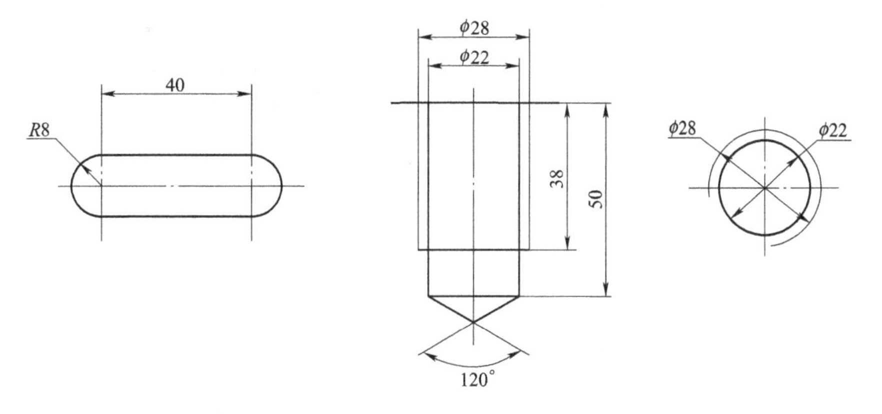

图 7-15　结构要素

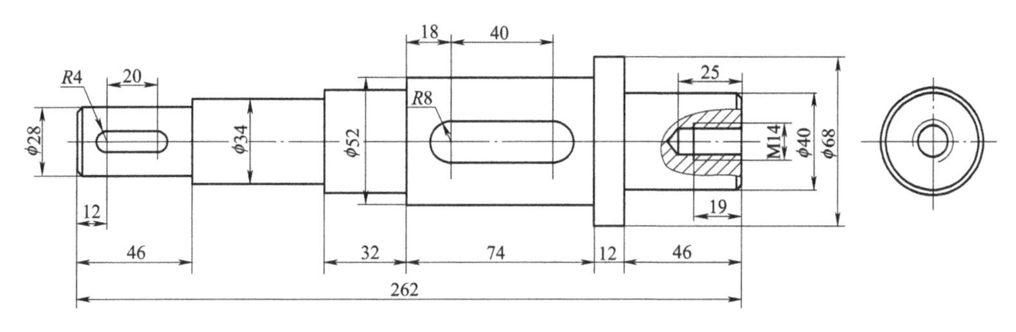

图 7-16　轴

2. 属性及外部块练习：创建带属性的标题栏（见图 7-17），并将标题栏定义为外部块。其属性包括：图名、制图人、审核人、比例、材料、设计人单位（学校名称）。

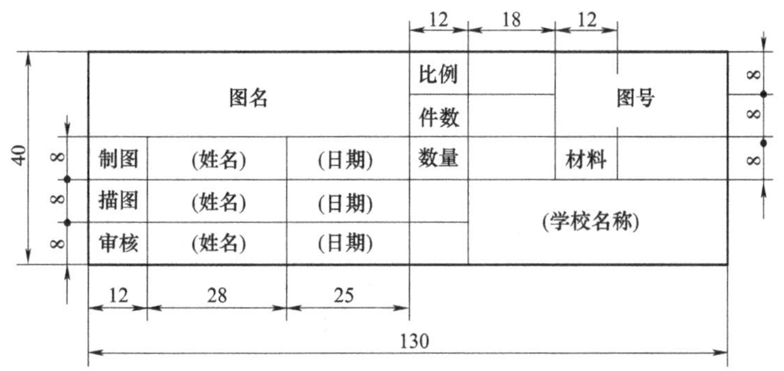

图 7-17　标题栏

第八章

AutoCAD 2019的文字输入、表格创建与尺寸标注

本章学习导读

目的与要求：掌握文字样式的设置及输入；掌握表格样式的设置及输入；掌握应用“标注样式管理器”对话框创建符合要求的各种标注样式。能熟练使用“标注”工具面板中的各种标注类型快速地对图形进行标注和修改。能够区别“使用全局比例”选项与“测量单位比例”选项两者的不同和使用场合。

内容：文字、表格和尺寸标注在机械制图和工程制图中不可或缺，尺寸标注及相关的文字注释，如技术要求、施工说明、标题栏、明细表等非图形信息，都是必不可少的重要组成部分，准确的图形及正确的尺寸标注和文字注释结合才能完整地表达设计思想。本章主要介绍 AutoCAD 2019 的文字输入和编辑功能，尺寸标注及创建表格的方法和技巧。

第一节　字体样式设置与编辑

AutoCAD 为用户提供了方便快捷的“文字样式”对话框和文字输入方式，要标注出满足用户要求的文字，首先应对文字的样式进行设置。

一、文字样式设置

1. 功能

此命令用于创建、修改或设置命名文字样式。

2. 启动命令

键盘输入简令“ST”/单击“注释”工具面板的“文字样式”按钮，弹出“文字样式”对话框，如图 8-1 所示，其主要选项的含义如下：

（1）“新建”按钮　单击该按钮，会弹出一个“新建文字样式”对话框，如图 8-2 所示。在该对话框的“样式名”文本框中输入新文字样式的名字，单击“确定”按钮即可创建新的文字样式。新建文字样式名将显示在如图 8-1 所示“文字样式”对话框的“样式（s）”列表框中，其中“Annotative”和“Standard”是系统的默认文字样式。

（2）“置为当前”按钮　将“样式”列表框中选中的样式置为当前样式。需要用已有的某一文字样式来标注文字时，选中“样式（S）”列表框中的该文字样式名后，单击“置

图 8-1　“文字样式”对话框

为当前”按钮，可将选定的文字样式设置为当前样式。

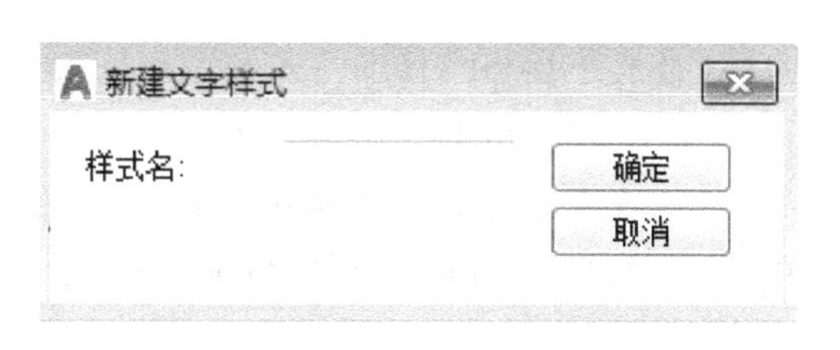

图 8-2　“新建文字样式”对话框

（3）“字体”选项组　在 AutoCAD 中，有两大类字体可供用户使用。一类是 Windows 提供的 True type 字体，字体名称前有一个大写的“T”符号；另一类是 AutoCAD 的形文件字体（＊.shx），字体名称前有一个大写的“A”符号。AutoCAD 提供的符合工程制图要求的字体是“gbeitc.shx”（书写斜体的数字和字母）和“gbenor.shx”（书写直体的数字和字母）。若选中“使用大字体”复选框，在“字体样式（Y）”下拉列表框中选择“gbcbig.shx”，可以书写长仿宋体汉字。取消“使用大字体”复选框的选择，才可在“字体名（F）”下拉列表框中选择“T 仿宋 GB2312”，书写符合工程制图要求的长仿宋字。

（4）高度（T）列表框　定义文字样式中字符的高度。建议此处的字符高度值设为零，在用该样式标注文字时，AutoCAD 会在命令行提示用户输入字符高度值。若文字样式中的字符高度值采用非零值，注写文字时，AutoCAD 直接使用所设高度值，不再提示用户输入字符高度。

（5）“效果”选项组　“宽度因子”列表框用于定义字符的宽高比系数，默认为 1。

图 8-3a、b 所示为采用不同宽度因子时字符的效果。工程制图常将仿宋字的宽度因子设为 0.7，其效果如图 8-3b 所示。

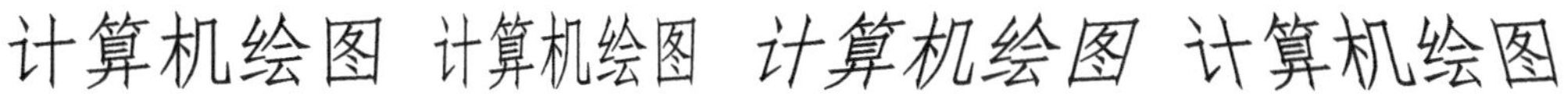

计算机绘图　计算机绘图　计算机绘图　计算机绘图

a) 宽高比为1　　b) 宽高比为0.7　　c) 倾斜角为15°　　d) 倾斜角为−15°

图 8-3　文本书写效果

“倾斜角度”列表框用于定义字符的倾斜方向，默认为 0°。图 8-3c、d 所示为采用不同倾斜角度时字符的效果。

（6）“应用”按钮　确认对文字样式的设置。单击“应用”按钮，AutoCAD保存已进行的参数设置。通过“文字样式”对话框左下角的预览区可以查看当前文字样式的显示效果。

二、字体设置步骤

在工程制图的国标中，常用的文字类型包括：汉字、数字、字母。下面介绍符合国标要求的长仿宋体汉字的设置和A型斜体数字与字母的字体设置。

操作步骤：

1）执行“文字样式”命令，弹出如图8-1所示的“文字样式”对话框。

2）单击“新建”按钮，弹出如图8-2所示的“新建文字样式”对话框。在“样式名”文本框中输入“国标汉字”，单击“确定”按钮。

3）在“文字样式”对话框的“字体”下拉列表框中选择字体“T仿宋_GB2312”（若找不到该字体，可选择相近字体“仿宋”）；“宽度因子”设为“0.7”，其他选项保持默认；单击“应用”按钮。左侧“样式”列表框中将显示“国标汉字”。用户同时可以在“所有样式”预览区中预览字体。

4）单击“新建”按钮，在弹出的“新建文字样式”对话框的“样式名”文本框中输入“国标文本”，单击“确定”按钮。

5）在“文字样式”对话框中的“字体”下拉列表框中选择“gbeitc. shx”或“gbenor. shx”，并选中“使用大字体”复选框；在右侧“字体样式”下拉列表框中选择“gbcbig. shx”；“宽度因子”重设为“1”，其他选项保持默认，单击“应用”按钮。

6）至此，“样式”文本框中将显示“国标汉字”和“国标文本”。单击“关闭”按钮，完成字体设置。

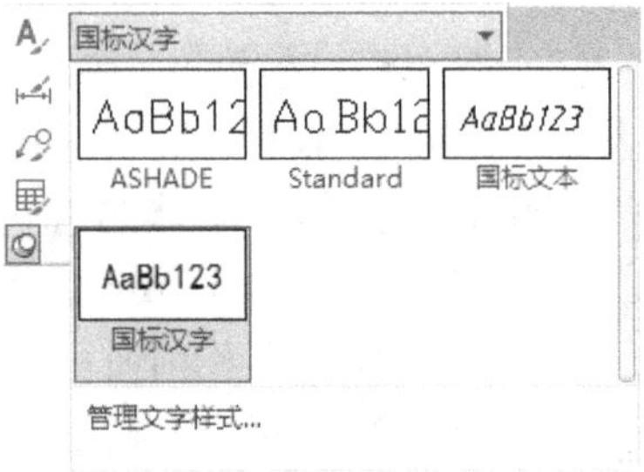

图8-4　选择文字样式的窗口

文字样式设置好后，系统将这些样式自动显示在“注释”工具面板的“文字”下拉列表中，以便选取，如图8-4所示。

第二节　文字输入

AutoCAD 2019的文字输入有两种方式：单行文字和多行文字。如果输入的文字较少，且不断变换书写位置，可以采用单行文字输入。如果输入的格式较复杂，输入过程中需改变字体、字高等，可采用多行文字输入。

在如图8-4所示的字体列表中选好字体后，根据需要，选择单行或多行文字输入。

一、单行文字（TEXT）

1. 启动命令

键盘输入简令“DT”/单击“注释”工具面板的“单行文字”按钮A。

2. 举例

在如图8-5a所示的方框内，用单行文字书

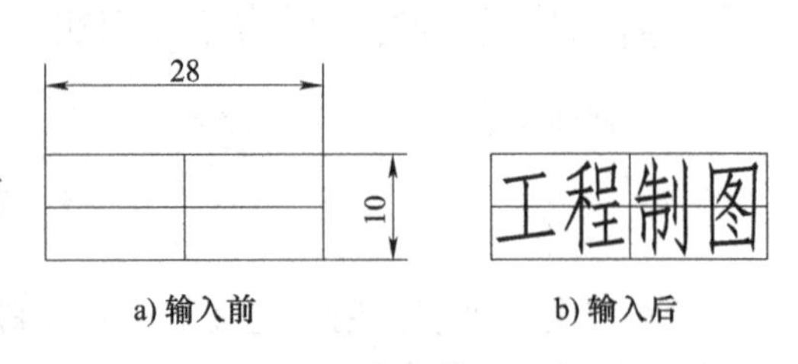

图8-5　输入单行文字

写图 8-5b 所示文字。

操作步骤：

1）在“注释”工具面板的“文字”下拉列表中选择文字样式“国标汉字”。

2）执行“单行文字”命令，命令窗口提示如下。

命令：dt TEXT
当前文字样式：“国标汉字” 文字高度：5.0000 注释性：否 对正：左

TEXT 指定文字的起点 或 [对正(J) 样式(S)]:　　（输入 J↙）

TEXT 输入选项 [左(L) 居中(C) 右(R) 对齐(A) 中间(M) 布满(F) 左上(TL) 中上(TC)　（输入 M 选择中间位置作为文字输入起点）

TEXT 指定文字的中间点：（单击如图 8-5a 所示的矩形框中间点）

TEXT 指定高度 <5.0000>:（7）

TEXT 指定文字的旋转角度 <0>:（↙）

TEXT 输入文字“工程制图”（↙，↙，退出命令）

二、多行文字（MTEXT）

技术要求

1. 未注圆角R3~R5。

2. 未注倒角C2~C3。

图 8-6　多行文字

1. 启动命令

键盘输入简令“T”/单击“注释”工具面板的“多行文字”按钮A。

2. 举例

用多行文字书写如图 8-6 所示文字。

操作步骤：

1）在“注释”工具面板的“文字”下拉列表中选择文字样式“国标汉字”。

2）执行“多行文字”命令，命令窗口提示如下。

命令：_mtext
当前文字样式："国标汉字" 文字高度：7 注释性：否

MTEXT 指定第一角点：（单击绘图区域，指定第一角点）

MTEXT 指定对角点或 [高度(H) 对正(J) 行距(L) 旋转(R) 样式(S) 宽度(W) 栏(C)]：移动鼠标，绘图区域出现矩形框预览。单击绘图区域，指定对角点，定义多行文字对象的宽度。

MTEXT：绘图界面提示输入文字，同时功能区增加如图 8-7 所示的“文字编辑器”选项卡。在绘图界面出现文字书写框，输入如图 8-6 所示的全部文字，然后选中第一行文字，在“样式”面板的“文字高度”文本框输入字高“7”，再选中其余两行，将“文字高度”改为“5”。

单击“文字编辑器”选项卡中的按钮✔，完成文字输入。

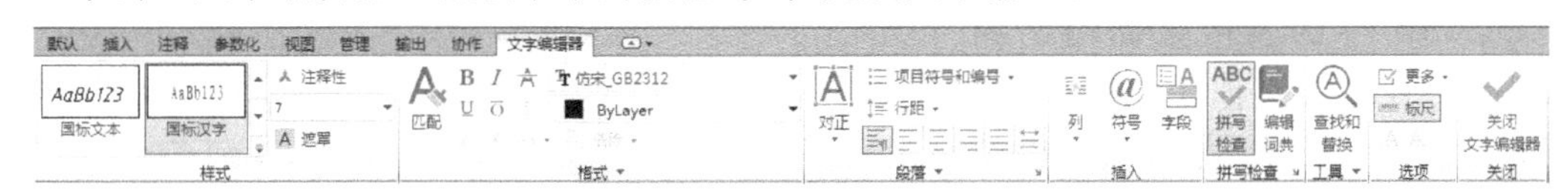

图 8-7　“文字编辑器”选项卡

3. 特殊符号的输入

对于一些不能直接从键盘上输入的特殊字符和符号，当文字样式中设置的字体是 AutoCAD

的形文件字体（＊.shx）时，通过输入控制代码或Unicode字符串来创建。图8-8所示为角度、正负号和直径符号的Unicode字符串和控制代码。例如，书写多行或单行文字时，直径符号“ϕ”可输入“%%c”来创建，或在“文字编辑器”选项卡中单击鼠标右键，然后在快捷菜单中单击“符号/直径”。

Unicode 字符串和控制代码		
名称	控制代码	Unicode 字符串
度 (°)	%%d	U+00B0
正/负公差 (±)	%%p	U+00B1
直径 (∅)	%%c	U+2205

图 8-8　Unicode 字符串和控制代码

在如图8-7所示“文字编辑器”选项卡的“格式”面板中，还提供了其他有用的工具。例如，机械制图中配合公差H7/f7标注，用户可以先输入“H7^f7”，然后选中它们，再单击“格式”面板的“堆叠”按钮 $\frac{b}{a}$ 或单击右键在快捷菜单中选择“堆叠”命令，便可创建“$\frac{H7}{f7}$”的分数形式。

4. 文字的编辑和修改

双击已写好的文字，根据标注文字时使用的方式（单行文字和多行文字）不同，选择文字后AutoCAD给出的响应也不同。如果所选择的文字是用单行文字书写的，选择文字对象后，AutoCAD将在该文字四周显示出一个方框，进入如图8-9所示的编辑模式。此时用户可以直接修改对应的文字。如果所选择的文字是用多行文字书写的，AutoCAD会进入“文字编辑器”选项卡，绘图区域进入书写文字时的文字书写框，如图8-10所示，用户即可对多行文字进行编辑修改。

另外，通过“特性”面板也可以修改文字的内容和特性。

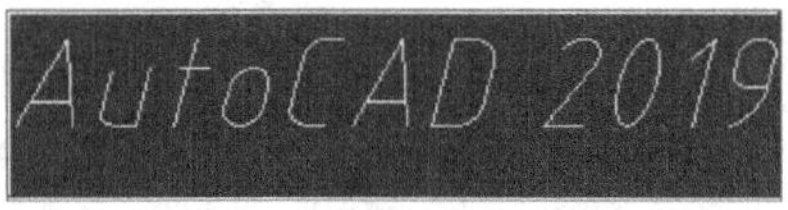

AutoCAD 2019

图 8-9　单行文字编辑模式

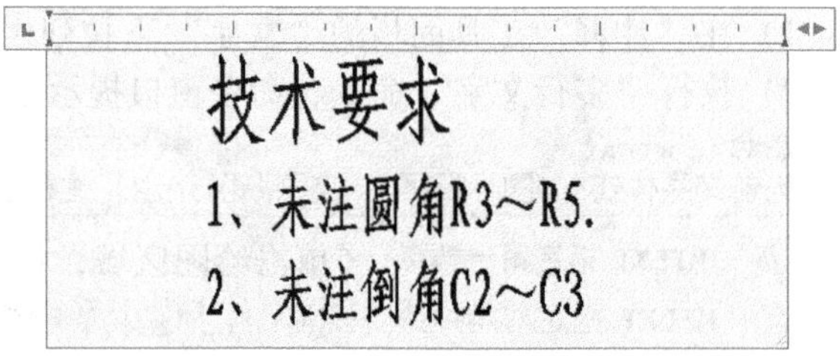

技术要求
1、未注圆角R3~R5.
2、未注倒角C2~C3

图 8-10　多行文字书写框

第三节　创建表格与定义表格样式

AutoCAD 2019提供的表格功能，可以使用表格命令在图形中插入表格，还可以将Microsoft Excel或其他应用程序的表格通过复制、粘贴插入到AutoCAD图形中。此外，还可将AutoCAD中的表格数据输出到Microsoft Excel或其他应用程序中。在AutoCAD中创建表格前应先设置表格样式，确定表格的基本属性（如行数、列数、单元格的对齐方式等）。AutoCAD的表格形式和各部分名称，如图8-11所示。

明细表
序号
名称
数量
1
泵体
1
2
轴
1
标题单元
表头单元
数据单元
行数(2行)
列数(3列)

图 8-11　表格的各部分名称

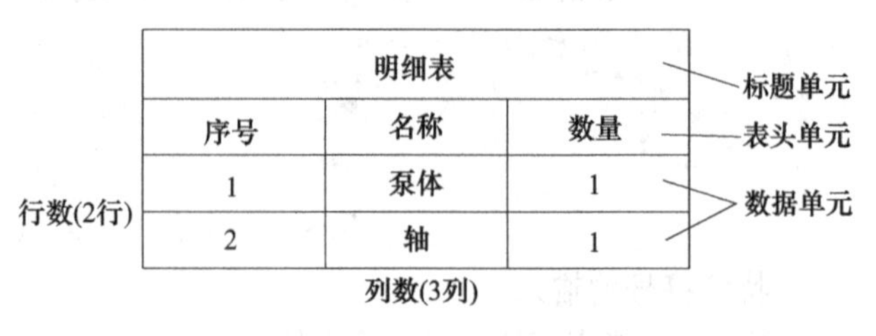

一、设置表格样式

单击“注释”工具面板▷“表格样式”按钮，AutoCAD 打开“表格样式”对话框，如图 8-12 所示。其中的“预览”区将实时反映表格样式的更改情况。在“样式”列表框中选择某一表格样式后单击鼠标右键，在弹出的快捷菜单中选择相应的选项，可将选中的表格样式设置为当前、重新命名或删除。

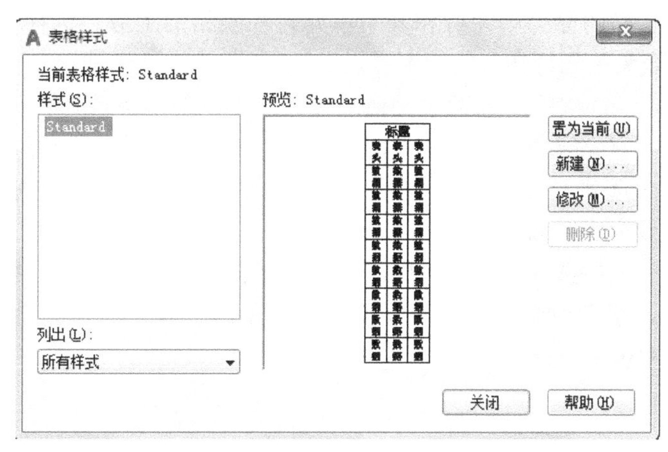

图 8-12 “表格样式”对话框

1. 新建表格样式

单击“新建”按钮，弹出“创建新的表格样式”对话框，如图 8-13 所示。在“新样式名”文本框中输入新建表格样式的名称，在“基础样式”下拉列表框中选择基础样式。单击“继续”按钮进入“新建表格样式”对话框，如图 8-14 所示。

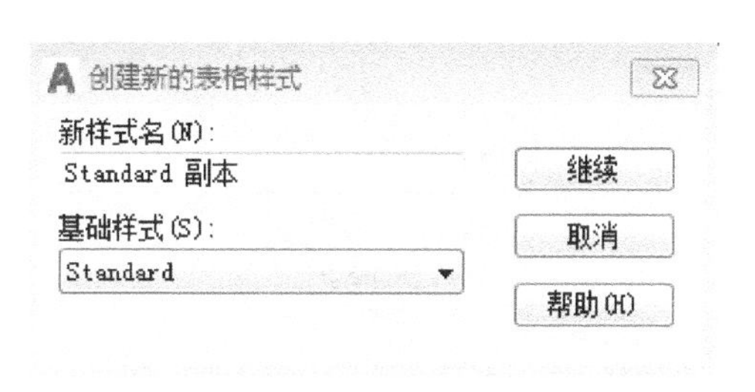

图 8-13 “创建新的表格样式”对话框

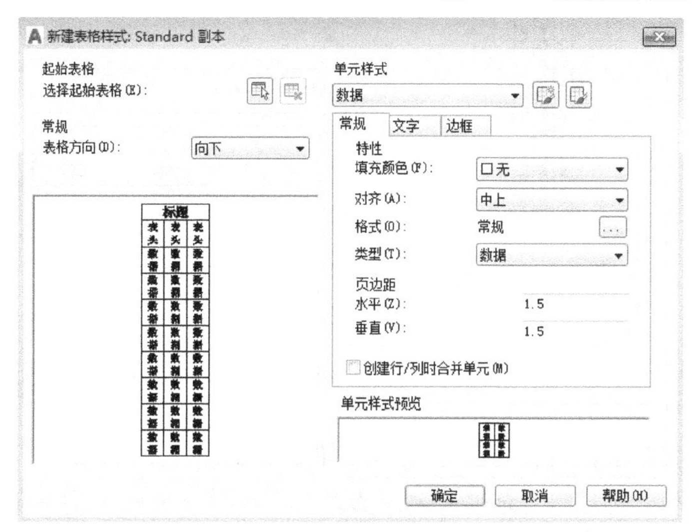

图 8-14 “新建表格样式”对话框

该对话框中各主要选项的功能介绍如下。

（1）“起始表格”选项组　单击“选择”按钮，用户可选取一个已有的、与新表格的形式接近的表格作为创建新表格样式的起始表格，这样只需对起始表格稍做修改即可创建新的表格样式，从而减少设置表格样式的工作量。若要重新指定起始表格，必须单击“删除”按钮，删除先选的起始表格才能重新指定新的起始表格。

（2）“常规”选项组　通过“表格方向”下拉列表框确定插入表格时的表格方向。选择“向下”选项，表格的标题单元行和表头单元行在表格的上方；选择“向上”选项，表格的标题单元行和表头单元行在表格的下方。

（3）“单元样式”选项组　确定单元格的样式。可以通过下拉列表确定要设置的对象，即在“数据”“标题”“表头”三个选项间进行选择。“单元样式”选项组中有“常规”“文字”和“边框”三个选项卡，分别用来设置表格的基本内容、文字和边框。

2. 将表格样式置为当前以及修改表格样式

在“样式”列表框中选择某一表格样式，然后单击“修改”按钮，打开“修改表格样式”对话框（与“新建表格样式”对话框仅是标题不同，其中内容完全相同）；单击“置为当前”按钮，将所选表格样式置为当前。

二、创建表格

单击“注释”工具面板➢“表格”按钮，AutoCAD 将打开“插入表格”对话框，如图 8-15 所示。

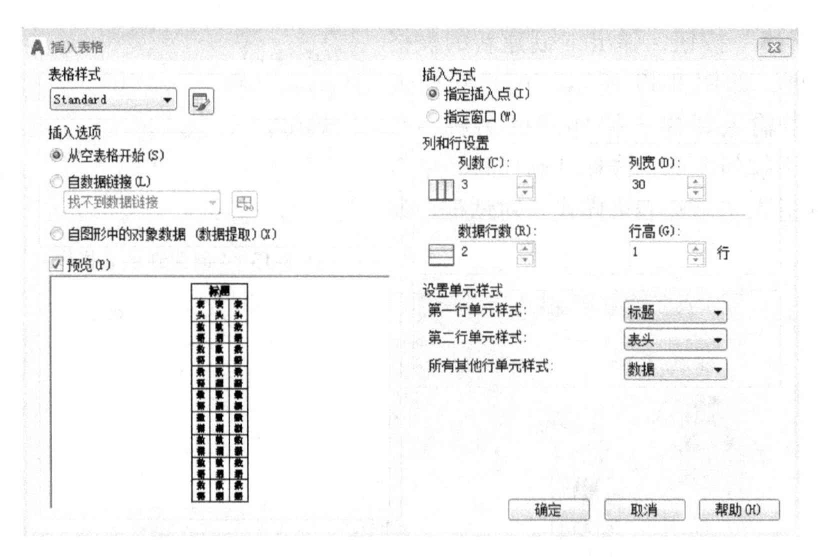

图 8-15　“插入表格”对话框

该对话框用于选择表格样式，设置表格的相关参数。对话框中主要选项的功能介绍如下。

（1）“表格样式”下拉列表框　用于选择所使用的表格样式。

（2）“插入选项”选项组　选择“从空表开始”单选项创建一个空白表格；选择“自数据链接”单选项，通过从外部导入的数据来创建表格；选择“自图形中的对象数据（数据提取)”单选项，从输出到表格或外部文件的图形中提取数据创建表格。

(3)“插入方式”选项组 用于确定将表格插入到图形时的插入方式。选择“指定插入点”单选项，在绘图区中指定一点作为插入点，插入固定大小的表格；选择“指定窗口”单选项，在绘图区中，拖动表格的边框可创建任意大小的表格。

(4)“列和行设置”选项组 用于设置表格的行数、列数、行高和列宽。

(5)“设置单元样式”选项组 创建表格样式时，若不选择“起始表格”选项，“插入表格”对话框中才有此选项组，用来设置新表格的单元格式。如图 8-14 所示的是默认情况，即第一行单元样式选择“标题”选项，第二行单元样式选择“表头”选项，所有其他行单元样式选择“数据”选项。若表格不需要标题和表头，则第一行单元样式和第二行单元样式都选择“数据”选项。

创建表格样式时，若选择了“起始表格”选项，“插入表格”对话框中的此选项组为“表格选项”，用来设置新表格中将保留起始表格的那些特性。通过“标签单元文字”“数据单元文字”“块”“保留单元样式替代”“数据链接”“字段”“公式”七个复选框设置需保留的表格特性。

三、表格的编辑和修改

编辑表格时，首先要选择表格或单元。单击表格中的任意一条表格线即可选中整个表格；单击表格某一单元的空白处可以选择该单元；选择表中某一单元后，按住<Shift>键单击表中另一单元，可同时选中以这两个表单元为对角点的所有表单元；在表中某一单元内按住鼠标左键移动，当松开鼠标左键时，光标带动的虚线框掠过的所有单元均被选中。

1. 编辑修改表格

单击表格中的任意一条表格线选中整个表格，同时单击右键，打开“快捷特性”面板，可对表格内容进行修改。

2. 编辑修改表格单元

单击表格某一单元的空白处选择该单元，AutoCAD 绘图区的功能区转换为表格单元编辑器，可完成表格编辑的各种操作，如插入行（列）、删除行（列）、合并单元格等。

3. 编辑修改表格数据

双击表格某一单元的空白处，AutoCAD 绘图区的功能区转换为“文字编辑器”选项卡(图 8-7)，可完成表格数据的各种编辑操作。

另外利用夹点和右键快捷菜单也可编辑和修改表格。

4. 举例

以图 8-16 所示的标题栏为例，创建工程图样中的简易标题栏。其过程视频可通过扫描视频 8-1 的二维码观看。

操作步骤：

(1) 设置表格样式 单击“注释”工具面板〉“表格样式”，弹出“表格样式”对话框；单击“新建”按钮，弹出“创建新的表格样式”对话框。定义“新样式名”，如“简易标题栏”，“基础样式”保持默认的“Standard”。单击“继续”按钮，进入“新建表格样式”对话框。

“单元样式”选项组：“常规”选项卡的“特性”选项组中的“对齐”选择“正中”；

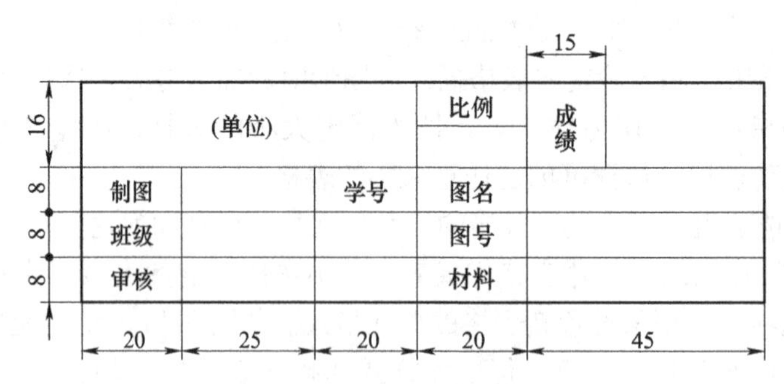

图 8-16　简易标题栏

“页边距”选项组中，“水平”和“垂直”的值均改为“0”；“文字”选项卡的“特性”选项组的“文字样式”选择“国标汉字”（若已定义好），“文字高度”设为“5”。单击“确定”按钮，完成表格样式创建。

（2）插入表格　单击“注释”工具面板≫“表格”按钮，打开“插入表格”对话框。

在“表格样式”下拉列表框中选择“简易标题栏”。在“列和行设置”选项组中，“列数”设为“6”，“列宽”设为“20”，“数据行数”为“3”，“行高”保持默认值为“1”。“设置单元样式”选项组中，“第一行单元样式”和“第二行单元样式”均选择“数据”。单击“确定”按钮，退出对话框，绘图区域出现插入表格的预览。单击绘图区域适当位置插入表格，插入的表格如图 8-17 所示。

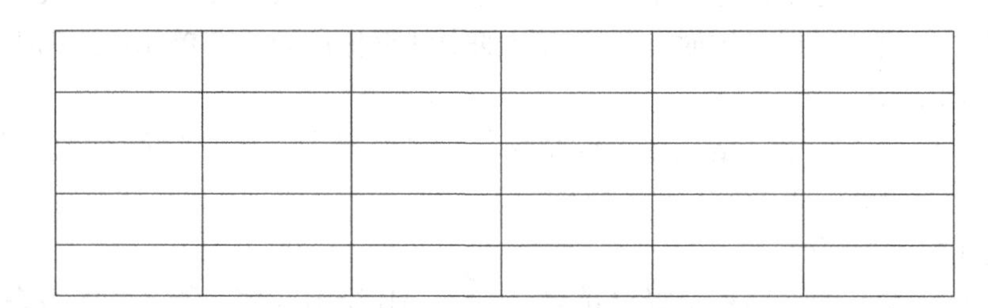

图 8-17　插入的初始表格

（3）修改和编辑表格

1）调整行高，选中第一列，单击鼠标右键，打开“特性”对话框，将高度改为“8”。

2）继续使用“特性”对话框调整各列的宽度。分别选择每列的某一格，按照图 8-16 所示的尺寸，将每列宽度分别调整为 20、25、20、20、15、30，调整后的表格如图 8-18 所示。关闭“特性”对话框。

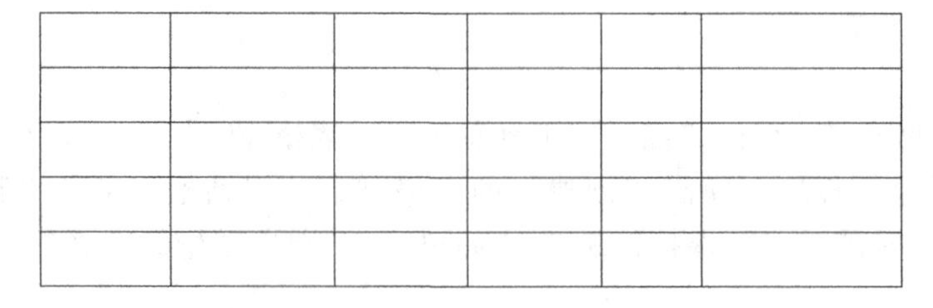

图 8-18　调整行高与列宽后的表格

3）合并部分单元。在第一行、第一列的表格单元内按住鼠标左键不放，拖动鼠标光标至第二行、第三列的表格单元再放开鼠标左键，表格中左上角的六个表格单元均被选中，然后单击表格单元编辑器中的按钮，在弹出的菜单中选择“合并全部”选项，即将所选的六个表格单元合并。选中第一行和第二行的第五列、第六列的四个单元格，在合并单元格中选择“按列合并”；第三行至第五行的第五列、第六列的六个单元格，在合并单元格中选择“按行合并”。合并结果如图 8-16 所示。

4）输入表格数据（即标题栏中的文字）。双击要添加文字信息的表格单元，功能区将增加“文字编辑器”选项卡，用户可以在单元格中输入文字。除第一单元格需要将字体设置为 7 号字高外，其余均采用默认的 5 号字高，直接输入文字即可。最终完成如图 8-16 所示的标题栏。

第四节 尺寸标注

AutoCAD 中，一个完整的尺寸由尺寸线、尺寸界线、尺寸文字和尺寸起止符号四部分组成，在进行尺寸标注以及编辑、修改尺寸标注的操作时，默认情况下，AutoCAD 将尺寸线、尺寸界线、尺寸数字和尺寸起止符号四部分视为一个“块”，称为关联性尺寸。

AutoCAD 将尺寸分为线性标注、对齐标注、直径标注、半径标注、角度标注、基线型标注和连续型标注等多种类型，为了便于说明，将如图 8-19 所示的尺寸类型进行编号，图中 a 为线性标注，b 为对齐标注，c 为半径标注，d 为直径标注，e 为基线标注，f 为连续标注，g 为角度标注等。标注样式的设置和使用视频可通过扫描视频 8-2 的二维码观看。

一、设置尺寸标注样式

尺寸标注样式用于设置尺寸标注的具体格式。“标注样式管理器”对话框可以通过以下几种方式打开：

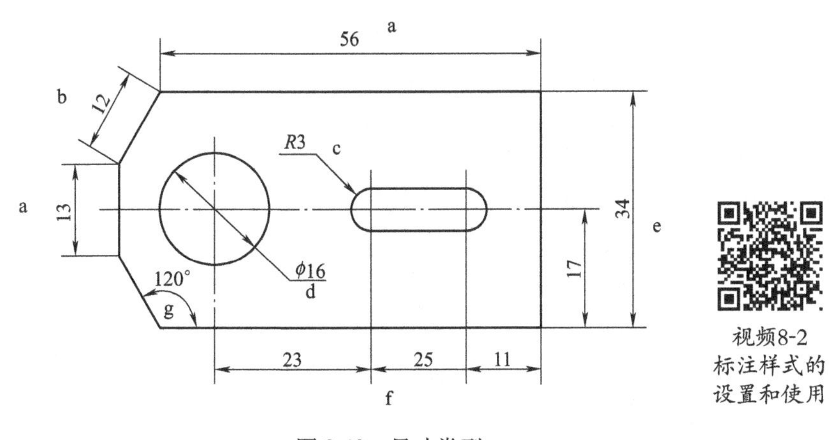

图 8-19　尺寸类型

在命令窗口输入简令“d”按<Enter>键；或单击“注释”工具面板的“标注样式”按钮。启动命令后，在绘图区弹出“标注样式管理器”对话框（图 8-20），利用此对话框可以创建新的尺寸标注样式。

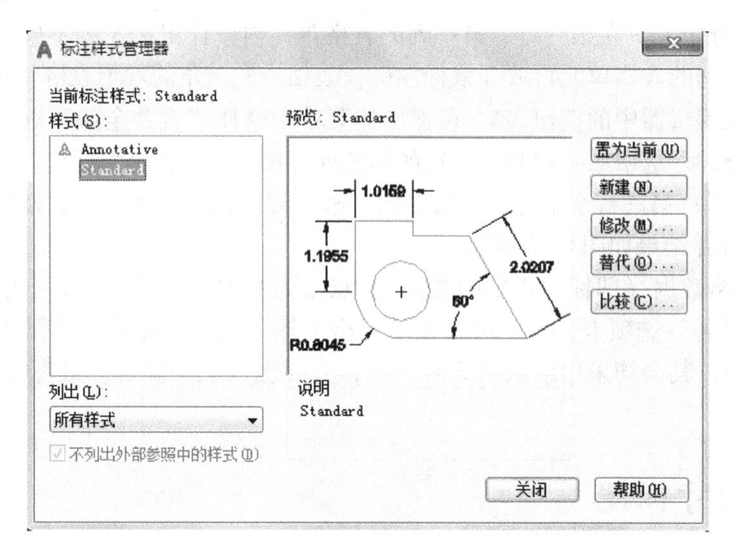

图 8-20 “标注样式管理器”对话框

1. “标注样式管理器”对话框

1）“置为当前”按钮　在列表框中选择某一尺寸标注样式，然后单击“置为当前”按钮或单击鼠标右键，通过弹出的快捷菜单中的选项，可将选中的尺寸标注样式置为当前、重新命名或删除。

2）“新建”按钮　可以新建标注样式，用于创建新标注样式。单击“新建”“修改”“替代”按钮会分别打开“创建新标注样式”“修改标注样式”“替代标注样式”对话框，这三个对话框仅是标题不同，对话框中的内容完全相同。因此，以“新建标注样式”对话框为例说明标注样式的操作。

3）“修改”按钮　单击该按钮，可显示“修改标注样式”对话框，从中可以修改标注样式。

4）“替代”按钮　可替代标注样式，为了不改变当前标注样式中的某些设置，临时创建一个替代标注样式来替代当前标注样式中的某些不便修改而又必须修改的设置。

5）“比较”按钮　用于比较两个标注样式，或了解某一样式的全部特性。单击“比较”按钮将打开“比较标注样式”对话框。

2. “创建新标注样式”对话框

单击“新建”按钮，弹出“创建新标注样式”对话框，如图 8-21 所示。在“新样式名”文本框中输入新建标注样式的名称。在“基础样式”下拉列表框中选择建立新样式的基础样式，即新样式的默认设置应与基础样式完全相同。用户可通过修改其中的一个或几个参数建立新样式，从而减少设置标注样式的工作量。

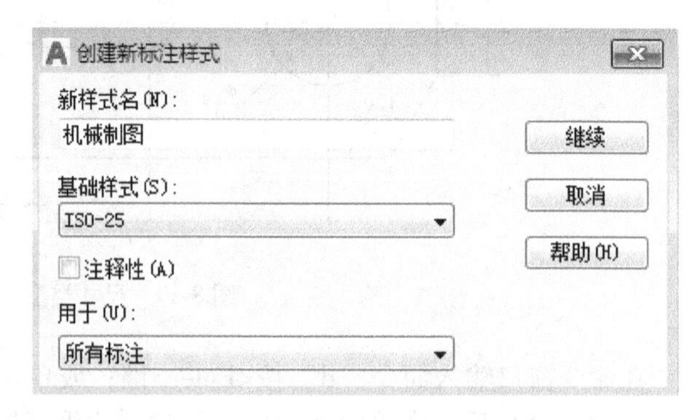

图 8-21 “创建新标注样式”对话框

3. “新建标注样式”对话框

设置完以上参数后，单击“继续”按钮，将弹出“新建标注样式”对话框。对话框中有“线”“符号和箭头”“文字”“调整”“主单位”“换算单位”和“公差”七个选项卡，下面分别介绍各选项卡的作用。

（1）“线”选项卡的设置 “线”选项卡的设置如图 8-22 所示，包括尺寸线和尺寸界线的设置。

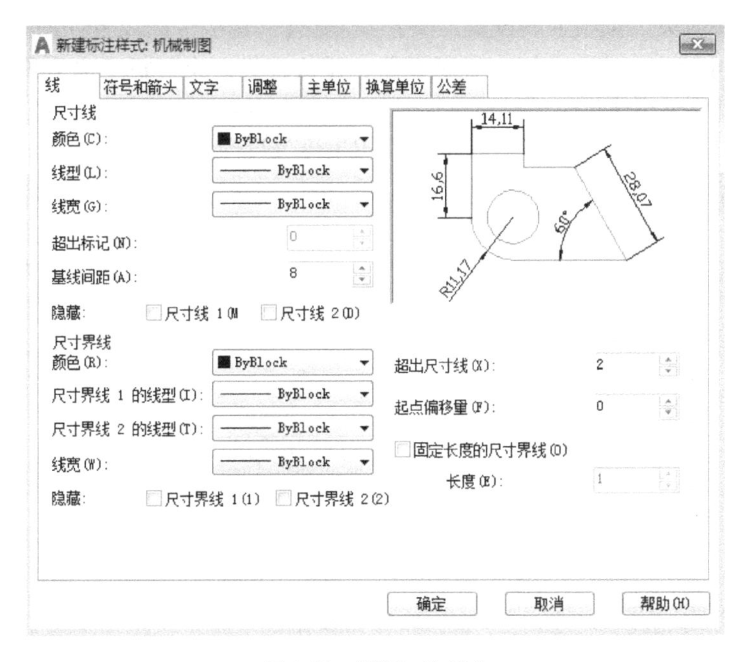

图 8-22 “线”选项卡

1）“尺寸线”选项组各选项含义介绍如下。

◇“颜色”“线型”和“线宽”下拉列表框：默认值均为“ByBlock（随块）”，当尺寸标注的特性设为“随层（ByLayer）”时，尺寸线、尺寸界线的颜色、线型和线宽与尺寸标注所处的图层保持一致。

◇“基线间距”文本框：用于设置当采用基线标注方式（图 8-19）标注尺寸时，各个尺寸线之间的距离。

◇“超出标记”文本框：用于设置当尺寸线的起止符号采用斜线、建筑标记、小点、积分或无标记时，尺寸线超出尺寸界线的长度。

◇“隐藏”：该选项包含“尺寸线 1”和“尺寸线 2”两个复选框，分别控制是否显示第一尺寸线和第二尺寸线。以尺寸数字所在的位置为分界线，将尺寸线分为两部分，靠近第一尺寸界线一侧的尺寸线是第一尺寸线。选中该复选框表示隐藏相应的尺寸线。

2）尺寸界线选项组：用于设置尺寸界线的样式。该选项组各选项含义介绍如下。

◇“颜色”“尺寸界线 1 的线型”“尺寸界线 2 的线型”和“线宽”下拉列表框：作用同尺寸线。因此，一般情况下不做修改，采用默认值“ByBlock（随块）”。

◇“隐藏”：包含“尺寸界线 1”，“尺寸界线 2”两个复选框，选中该复选框表示隐藏相应的尺寸界线，如图 8-22 所示。

◇“超出尺寸线”文本框：设置尺寸界线超出尺寸线的长度。

◇“起点偏移量”文本框：设置尺寸界线的起点位置。

◇“固定长度的尺寸界线”复选框：设置尺寸界线的长度，即“长度”文本框中的数值。选中该复选框，尺寸界线的长度固定不变，与尺寸线到尺寸界线起点的距离无关。

（2）“符号和箭头”选项卡的设置 “符号和箭头”选项卡的设置如图 8-23 所示。该选项卡用于设置尺寸箭头、圆心标记、折断标注、弧长符号、半径折弯等方面的格式和特性。各选项组中选项含义介绍如下。

1）“箭头（尺寸线起止符号）”选项组：用于设置尺寸线起止符号的形状和大小。默认“第一个”和“第二个”尺寸线起止符号的形状相同，也可根据需要设置为不同。

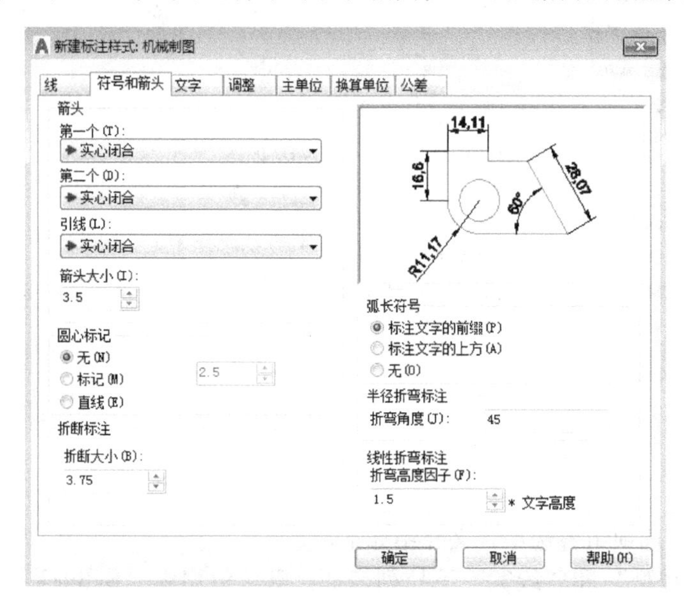

图 8-23 “符号和箭头”选项卡

2）“圆心标记”选项组：用于设置圆或圆弧的中心标记的类型和大小。

3）“折断标注”选项组：当尺寸线或尺寸界线与图线相交时，用户可通过“打断标注”命令将交点处的尺寸线或尺寸界线断开。断开的间距值由“折断大小”文本框中的数值确定。

4）“弧长符号”选项组：标注弧长尺寸时，用于确定是否标注弧长符号及其标注位置。根据我国制图标准应选“标注文字的前缀”选项。

（3）“文字”选项卡的设置 “文字”选项卡（图 8-24）用于设置尺寸数字的外观和位置。该选项卡中包括文字外观、文字位置和文字对齐的设置。

1）“文字外观”选项组的设置。

◇“文字样式”下拉列表框：单击该下拉列表框，在已创建的文字样式中选择一种作为尺寸文本的样式。也可以单击其后的按钮[...]，打开“文字样式”对话框，建立新的文字样式。

◇“文字颜色”和“填充颜色”下拉列表框：用于设置尺寸数字的颜色和填充背景色。

◇“文字高度”文本框：用于设置尺寸数字的高度。

◇“绘制文字边框”复选框：控制是否为尺寸数字添加边。

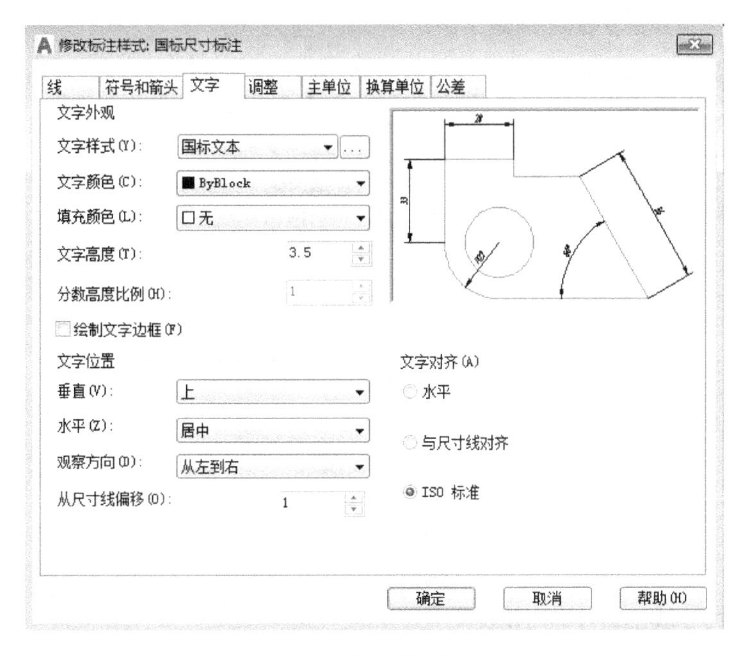

图 8-24 “文字”选项卡

2）“文字位置”选项组的设置

◇“垂直”下拉列表框：控制尺寸数字在竖直方向上与尺寸线的相对位置。该下拉列表框有“居中”“上”“外部”“JIS（日本工业标准）”，“下”五个选项，我国《技术制图》标准规定采用“居中”和“上”两种方式。其中，“居中”是指尺寸数字在垂直方向上处于尺寸线的中部，而尺寸线在尺寸数字处断开；“上”是指尺寸数字位于尺寸线的上方。

◇“水平”下拉列表框：控制尺寸数字在水平方向上与尺寸线的相对位置。按我国工程制图的习惯，一般选用“居中”方式，即尺寸数字在水平方向上处于尺寸线的中间位置。该下拉列表框也有五种选项。

◇“从尺寸线偏移”文本框：控制尺寸数字与尺寸线之间的距离。

3）“文字对齐”选项组的设置。选中“水平”单选项，尺寸数字总是水平放置；选中“与尺寸线对齐”单选项，尺寸数字的书写方向随尺寸线的倾斜方向调整，即尺寸数字的书写方向与尺寸线平行；选中“ISO 标准”单选项，当尺寸数字位于尺寸界线内部时，其书写方向与尺寸线平行；尺寸数字位于尺寸界线之外时，则水平放置。

（4）“调整”选项卡

1）“调整选项”选项组（图 8-25）：用于控制当在尺寸界线之间没有足够的空间同时放置尺寸数字和箭头时，确定应首先从尺寸界线之间移出尺寸数字和箭头的哪部分。

2）“文字位置”选项组：用于控制当尺寸数字不在默认位置（“调整选项”选项组中设置的）时，尺寸数字的放置方式。用户有三种选择：放在尺寸线旁边、放在尺寸线上方

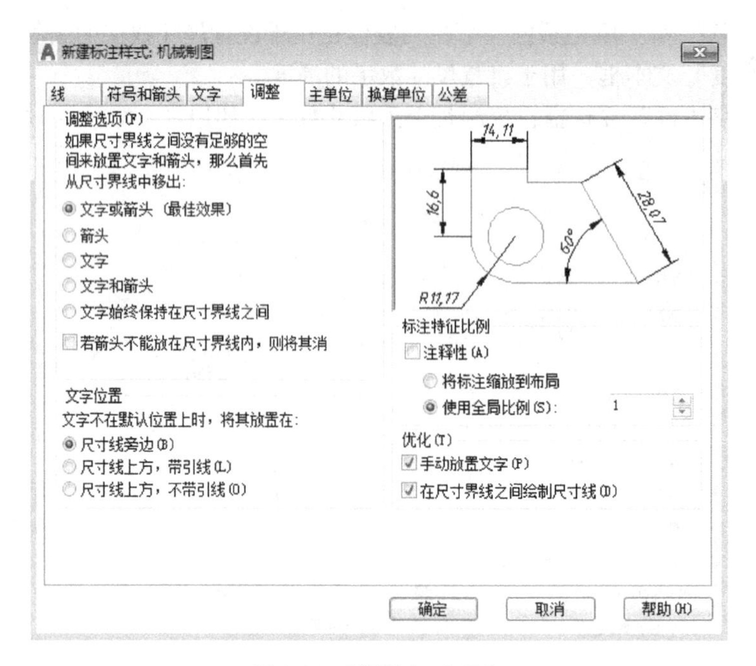

图 8-25 “调整”选项卡

并加引线或放在尺寸线上方不加引线。

3）“标注特征比例”选项组：“使用全局比例”单选项，其功能介绍如下。

◇“使用全局比例”单选项：为尺寸标注样式设置整体比例因子，对尺寸箭头的大小、尺寸数字的高度、尺寸界线超出尺寸线的距离、尺寸数字与尺寸线之间的间距等几何参数均有影响，但不影响尺寸标注的测量值。

4）“优化”选项组：有两个复选框，其功能介绍如下。

◇“手动放置文字”复选框：选中该复选框，尺寸数字在水平方向的位置是由用户在标注尺寸的过程中移动光标确定的。

◇“在尺寸界线之间绘制尺寸线”复选框：选中该复选框，当尺寸箭头位于尺寸界线外时，也在两尺寸界线间绘制尺寸线。

（5）“主单位”选项卡 “主单位”选项卡用于设置主单位的格式、精度以及尺寸文字的前缀和后缀，如图 8-26 所示。该选项卡中各个主要选项的功能介绍如下。

1）“线性标注”选项组：用于设置线性标注的格式与精度，其中各选项功能介绍如下。

◇“单位格式”下拉列表框：用于设置线性尺寸标注的计数制。按我国工程制图的习惯选择“小数”。

◇“精度”下拉列表框：设置尺寸标注的精度，按我国工程制图的习惯取整数。

◇“分数格式”下拉列表框：设置分数的表示形式。

◇“小数分隔符”下拉列表框：设置小数点的表示形式，默认是逗点“,”，按我国工程制图的习惯应设为句点“.”形式。

◇“舍入”文本框：设置除角度标注外所有尺寸标注测量值的圆整规则。

◇“前缀”和“后缀”文本框：用于为尺寸数字添加前缀和后缀。如在前缀文本框中输入“%%C”，则所有尺寸标注的测量值前都有一个前缀符号“ϕ”。

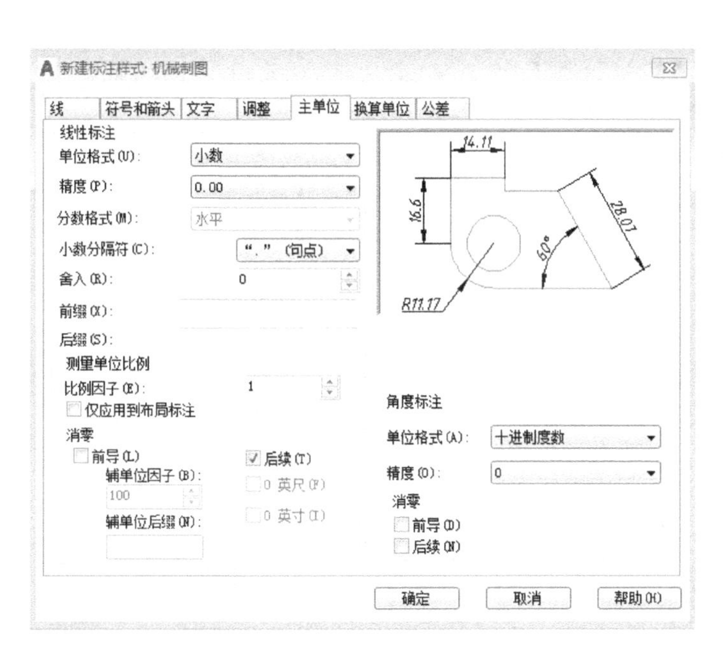

图 8-26　“主单位”选项卡

2）“测量单位比例”选项组：用于确定测量单位的比例，其中，“比例因子”文本框用来设置线性尺寸标注测量值与标注值的比例因子。如果绘图比例为 1 : 1，测量单位比例因子设置为 1，则标注的尺寸为实际尺寸。若绘图比例为 1 : 100，要标注实际尺寸。此时测量单位比例因子应设置为 100，即要标注物体的实际尺寸时，需要将测量单位比例因子设置为绘图比例的倒数。

3）“消零”选项组：用于确定是否显示尺寸标注中的前导或后续零。

4）“角度标注”选项组：用于确定标注角度尺寸时的单位、精度以及消零与否。各选项的含义与“线性标注”选项组类似。

（6）“换算单位”选项卡　AutoCAD 允许在图形中同时标注两种尺寸数值。在“换算单位”选项卡中选中“显示换算单位”复选框，即可通过换算单位的设置在图形中同时标注两种尺寸数值。

（7）“公差”选项卡　“公差”选项卡用于确定是否标注公差，以及标注公差的方式，如图 8-27 所示。

1）“公差格式”选项组

◇“方式”下拉列表框：设置尺寸公差的形式。默认形式为“无”，即不标注尺寸公差。

◇“精度”下拉列表框：设置尺寸公差值的精度（即小数的位数）。

◇“上偏差”和“下偏差”文本框：设置尺寸公差的上、下极限偏差值。需要注意的是，上极限偏差值自动带正号，下极限偏差值自动带负号。若输入的下极限偏差为“0. 005”，那么实际显示的下极限偏差为-0. 005。如果想要使下极限偏差显示为 0. 005，则必须在“下偏差”文本框中输入“-0. 005”。

◇“高度比例”文本框：用于设置公差数字的高度与尺寸数字的高度之比，按我国机械

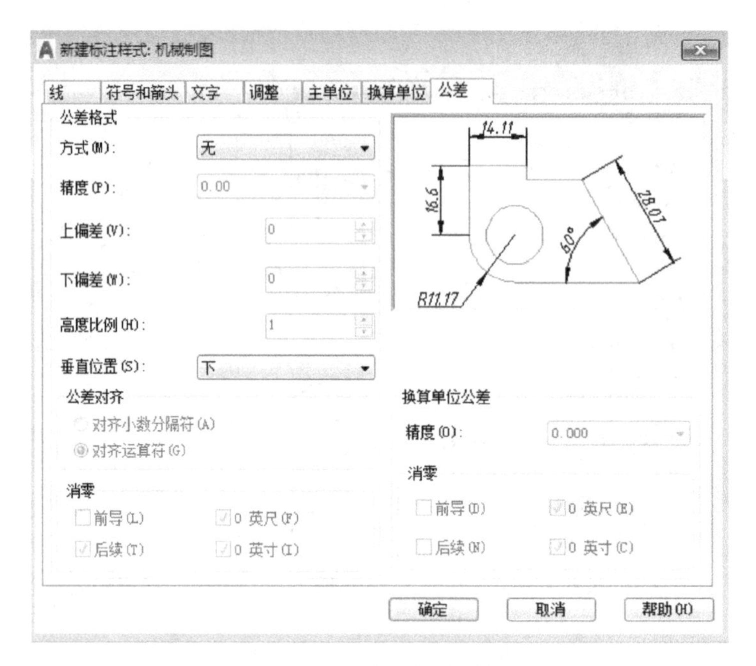

图 8-27 “公差”选项卡

制图的习惯，此处数值设为“0.7”。

◇“垂直位置”下拉列表框：用于设置公差数字与尺寸数字在上、下方向上的对齐方式。根据我国《机械制图》标准的规定应选择“下”对齐方式。

2）“公差对齐”选项组：设置上、下极限偏差在左、右方向上的对齐方式。选中“对齐小数分隔符”单选项，以小数分隔符为基准对齐上、下极限偏差；选中“对齐运算符”单选项，则是以上、下极限偏差的符号（即正、负号）为基准对齐上、下极限偏差。

3）“消零”选项组：控制是否消除尺寸公差值的无效0。根据我国《机械制图》标准的规定，“前导”“后续”复选框均不选择。

二、设置符合我国制图标准的标注样式

尺寸标注的类型较多，设置一种标注样式很难使所有类型的尺寸标注都符合《机械制图》标准的要求。解决办法是首先设置满足于大多数标注要求的主样式，再在此基础上设置不同尺寸类型的子样式。

1. 设置主标注样式

如前所述建立名为“机械制图”的尺寸标注样式，以此为主样式建立相应的子样式。各选项卡的参数设置如下。

1）“线”选项卡：“基线间距”文本框设置为“8”，“超出尺寸线”文本框设置为“2”，“起点偏移量”文本框设置为“0”，其余参数不变，如图 8-22 所示。

2）“符号和箭头”选项卡：“箭头大小”文本框设置为“3.5”，“圆心标记”选项组选择“无”单选项，其余参数不变，如图 8-23 所示。

3）“文字”选项卡：在“文字样式”下拉列表框中选择名为“国标文本”的文字样式

（若无该文字样式，可参见本章第一节的内容设置），“文字高度”设为“3.5”，“文字对齐”选择“ISO 标准”，如图 8-24 所示。

4）“调整”选项卡：“优化”选中“手动放置文字”，如图 8-25 所示。

5）“主单位”选项卡：在“小数分隔符”下拉列表框中选择“句点”，其余参数不变，如图 8-26 所示。

6）“换算单位”和“公差”选项卡不做修改。

至此，用户可以通过预览区观察尺寸标注设置的效果，如图 8-27 所示。可以发现，角度的标注不符合国家标准要求（角度的尺寸数字应水平书写），下面的步骤将继续创建标注的子样式——角度标注。

7）单击“确定”按钮，退出当前的标注样式设置，返回至“标注样式管理器”对话框。

8）在“样式”中选中“机械制图”，单击“新建”按钮。在弹出的“创建新标注样式”对话框的“用于”下拉列表框中选择“角度标注”，如图 8-28 所示，此时新样式名变为灰色不可选。单击“继续”按钮，进入角度子样式设置对话框。

2. 设置角度标注的子样式

在“文字”选项卡的“文字对齐”选项组选择“水平”单选项。通过预览可以发现，此时的角度尺寸数字已变为水平标注，如图 8-29 所示。单击“确定”按钮，回到“标注样式管理器”对话框界面，“样式”列表的“机械制图”下出现“角度”的子项。单击“关闭”按钮，完成标注样式设置。

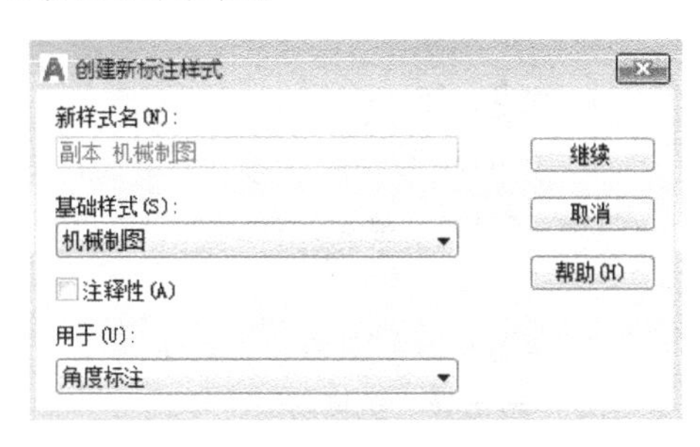

图 8-28 用于角度标注的样式

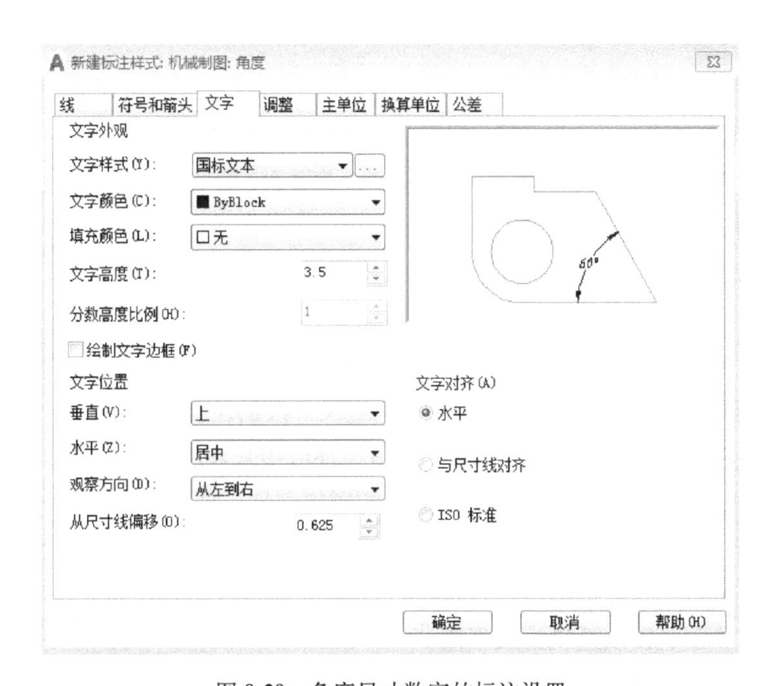

图 8-29 角度尺寸数字的标注设置

三、尺寸标注命令

建立标注样式之后，就可以使用相应的标注命令标注尺寸了。为便于修改，应建立尺寸标注图层。另外还应充分利用对象捕捉功能，精确确定尺寸界线的起点位置，以获得精准的尺寸测量值。在标注前应在“注释”工具面板“标注样式”下拉列表中选择一种设置好的标注样式，如选择“机械制图”，如图 8-30 所示。

1. 线性尺寸标注（DIMLINEAR）

（1）功能　标注水平方向和竖直方向的长度尺寸以及根据指定角度旋转的线性尺寸。

（2）启动命令　键盘输入简令“DLI”后按<Enter>键/单击“注释”工具面板的“线性”命令按钮。

（3）举例　标注如图 8-31 所示的 p 处尺寸。

图 8-30 “注释”工具面板选择“机械制图”样式

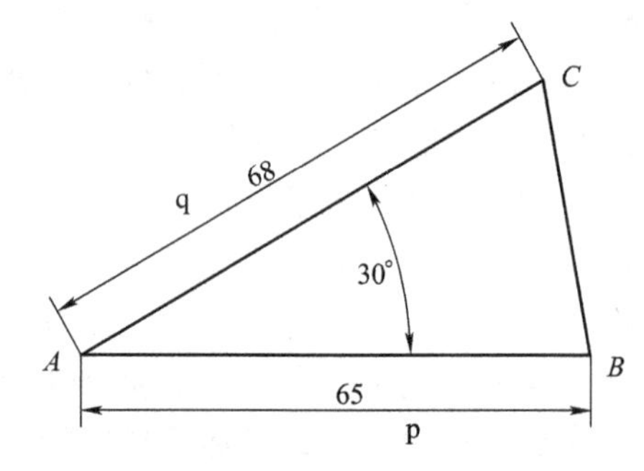

图 8-31　标注长度尺寸

1）操作步骤：

命令: _dimlinear

DIMLINEAR 指定第一个尺寸界线原点或 <选择对象>:（左键单击点 A）。

DIMLINEAR 指定第二条尺寸界线原点:（左键单击点 B）。

DIMLINEAR [多行文字(M) 文字(T) 角度(A) 水平(H) 垂直(V) 旋转(R)]:（在适当位置单击左键放置尺寸标标注）

2）命令选项说明：

◇ 标注尺寸时，AutoCAD 按选择尺寸界线起点的顺序确认第一条和第二条尺寸界线。

◇ 在“指定第一个尺寸界线原点或<选择对象>:”提示下，也可以直接按<Enter>键，然后根据提示信息选择直线 A、B，再指定尺寸线的位置。

◇“多行文字（M）”和“文字（T）”选项：都可用来修改尺寸的测量值。

◇“角度（A）”选项：用于指定尺寸文字的倾斜角度，即使尺寸文字与尺寸线不平行。

◇“水平（H）”/“垂直（V）”选项：用来标注水平和垂直尺寸。在实际标注尺寸的过程中，AutoCAD 能根据用户指定的尺寸线位置，自动判断是标注水平尺寸还是标注垂直尺寸，所以该选项一般不用。

◇“旋转（R）”选项：使尺寸线按指定的角度旋转。

2. 对齐尺寸标注

（1）功能 标注任意两点间的距离，尺寸线的方向平行于两点连线，如图 8-31 中所示 *A*、*C* 两点间的尺寸。与线性尺寸标注命令的提示和操作基本相同。

（2）启动命令 键盘输入简令“DIMALI”后按<Enter>键/单击“注释”工具面板的“线性”命令按钮。

（3）举例 标注如图 8-31 所示的 q 处尺寸。

操作步骤：

命令：_dimaligned

DIMALIGNED 指定第一个尺寸界线原点或 <选择对象>：（左键单击点 *A*）

DIMALIGNED 指定第二条尺寸界线原点：（左键单击点 *B*）

DIMALIGNED [多行文字(M) 文字(T) 角度(A)]：（在适当位置单击左键放置尺寸标注）

3. 角度尺寸标注

（1）功能 标注圆弧的圆心角或两条相交直线间的夹角，或圆周上任意两点间圆弧的圆心角。

（2）启动命令 键盘输入简令“DIMANG”后按<Enter>键/单击“注释”工具面板的“角度”命令按钮。

（3）举例 标注如图 8-31 所示的角度尺寸。

操作步骤：

命令：_dimangular

DIMANGULAR 选择圆弧、圆、直线或 <指定顶点>：（选择直线 *AB*）

DIMANGULAR 选择第二条直线：（选择直线 *AC*）

DIMANGULAR 指定标注弧线位置或 [多行文字(M) 文字(T) 角度(A) 象限点(Q)]：（在适当位置单击左键放置尺寸标注）

（4）说明 各选项的含义及操作同线性尺寸标注命令的相同选项。其中不同选项“象限点（Q）”含义是指定标注应锁定的象限。

4. 直径尺寸标注（DIMDIAMETER）

（1）功能 为圆或圆弧创建直径标注。直径与半径尺寸标注命令的提示与操作相似，只是直径尺寸的尺寸文字前带有直径符号“ϕ”，半径尺寸的尺寸文字前带有半径符号“*R*”。

（2）启动命令 键盘输入简令“DIMDIA”后按<Enter>键/单击“注释”工具面板的“直径”命令按钮。

（3）操作步骤

命令：_dimdiameter

DIMDIAMETER 选择圆弧或圆：（选择圆弧或圆，在标注对象如圆或圆弧上拾取一点）

标注文字 = 60

DIMDIAMETER 指定尺寸线位置或 [多行文字(M) 文字(T) 角度(A)]：（出现标注预览后，单击左键放置标注）

5. 半径尺寸标注（DIMRADIUS）

（1）功能 为圆或圆弧创建半径标注。

（2）启动命令 键盘输入简令“DIMRAD”后按<Enter>键/单击“注释”工具面板的

"半径"命令按钮。

（3）操作步骤

命令：_dimradius

DIMRADIUS 选择圆弧或圆：（选择圆弧或圆，在标注对象如圆或圆弧上拾取一点）

标注文字 = 15

DIMRADIUS 指定尺寸线位置或 [多行文字(M) 文字(T) 角度(A)]：（出现标注预览后，单击左键放置标注）

6. 基线型尺寸标注（DIMBASELINE）

（1）功能　标注多个尺寸，尺寸线从同一条尺寸界线处引出。如图 8-32 所示。利用"基线标注"命令标注尺寸时，应先选好一个尺寸基准（如图 8-32 中所示的尺寸 26），然后利用"线性标注"命令从选好的基准出发标注出第一个尺寸 43 和第二个尺寸 58。

图 8-32　基线尺寸标注

（2）启动命令　键盘输入"DIMBASELINE"后按 <Enter> 键/单击"注释"选项卡"标注"工具面板上的"基线标注"命令按钮。

（3）举例　用"基线标注"命令标注如图 8-32 所示尺寸。

操作步骤：

先标注尺寸 26；

命令：_dimbaseline

DIMBASELINE 指定第二个尺寸界线原点或 [选择(S) 放弃(U)] <选择>：（↙，指定标注尺寸 26）。否则，程序将跳过该提示，并使用上次在当前任务中创建的标注对象。

DIMBASELINE 指定第二个尺寸界线原点或 [选择(S) 放弃(U)] <选择>：（单击 a 点）

DIMBASELINE 指定第二个尺寸界线原点或 [选择(S) 放弃(U)] <选择>：（单击 b 点）

DIMBASELINE 指定第二个尺寸界线原点或 [选择(S) 放弃(U)] <选择>：（↙，结束命令）

7. 连续型尺寸标注（DIMCONTINUE）

（1）功能　标注尺寸使得相邻两尺寸共用同一条尺寸界线。如图 8-33 所示。

（2）启动命令　键盘输入"DIMCONTINUE"后按 <Enter> 键/单击"注释"选项卡"标注"工具面板上的"连续标注"命令按钮。

（3）举例　用"连续标注"命令标注如图 8-33 所示尺寸。

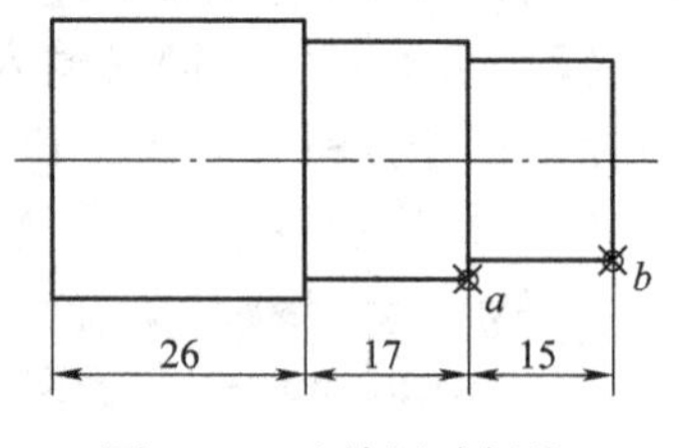

图 8-33　连续尺寸标注

操作步骤：

命令：_dimcontinue

DIMCONTINUE 选择连续标注：（指定标注尺寸 26）。否则，程序将跳过该提示，并使用上次在当前任务中创建的标注对象。

DIMCONTINUE 指定第二个尺寸界线原点或 [选择(S) 放弃(U)] <选择>：（单击 a 点）

DIMCONTINUE 指定第二个尺寸界线原点或 [选择(S) 放弃(U)] <选择>：（单击 b 点）

DIMCONTINUE 指定第二个尺寸界线原点或 [选择(S) 放弃(U)] <选择>：（↙，结束命令）

8. 通用标注（DIM）

（1）功能　DIM 命令是通用“标注”命令，它能在同一命令任务中创建多种类型的标注。将光标悬停在标注对象上时，DIM 命令将自动预览要使用的合适标注类型。用户选择对象、线或点进行标注，然后单击绘图区域中的任意位置绘制标注。

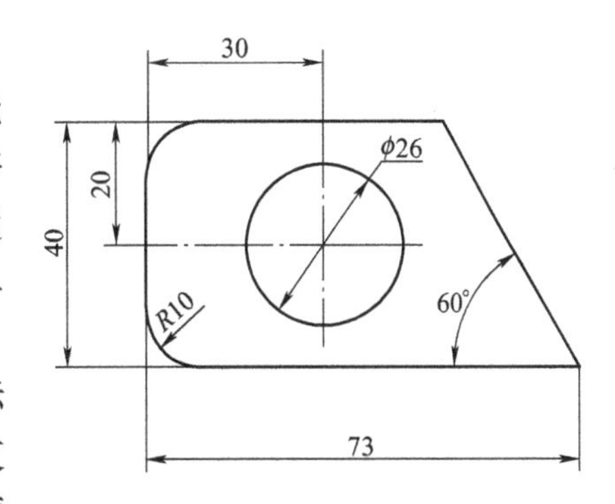

图 8-34　使用通用“标注”命令

如图 8-34 所示的所有尺寸都可以使用 DIM 命令标注，而不必使用上述的单一标注命令实现。DIM 命令支持的标注类型包括垂直标注、水平标注、对齐标注、旋转的线性标注、角度标注、半径标注、直径标注、折弯半径标注、弧长标注、基线标注和连续标注。如果需要，还可以使用命令行选项更改标注类型。

（2）启动命令　键盘输入“DIM”后按<Enter>键/单击“注释”工具面板的“标注”命令按钮。

9. 引线标注（MLEADER）

（1）功能　创建多重引线对象。多重引线对象通常包含箭头、水平基线、引线、曲线和多行文字对象或块。多重引线可创建为箭头优先、引线基线优先或内容优先。如果已使用多重引线样式，则可以从该指定样式创建多重引线。利用该命令可以绘制装配图中零件指引线和编写零件序号。

（2）启动命令　键盘输入“MLEADER”后按<Enter>键/单击“注释”工具面板上的“引线标注”命令按钮。

（3）举例　标注如图 8-35 所示的引线。

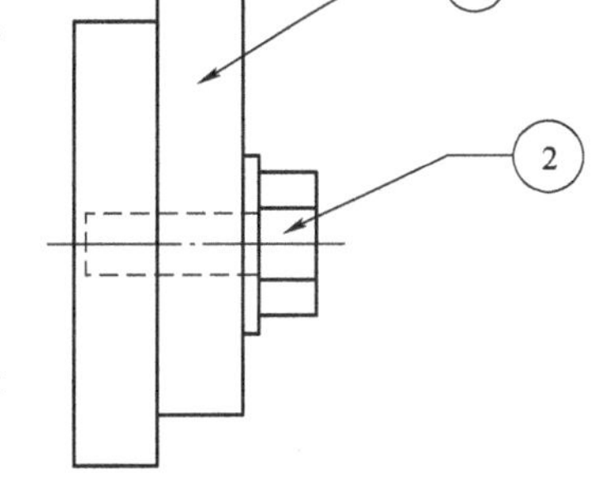

图 8-35　引线标注

操作步骤：

1）设置引线样式。

① 在“注释”工具面板的“文字样式”列表中选择“国标文本”作为当前字体。

② 单击“注释”工具面板上的“多重引线样式”命令按钮，打开如图 8-36 所示的“多重引线样式管理器”对话框。单击“新建”按钮，打开“创建新多重引线样式”对话框，将“新样式名”改为“零件序号”，如图 8-37 所示。

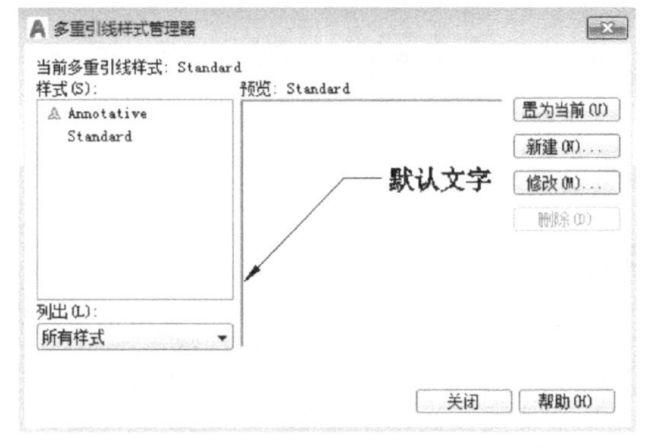

图 8-36　“多重引线样式管理器”对话框

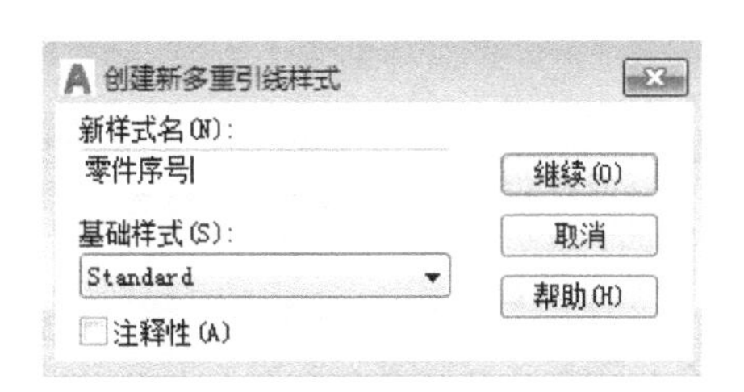

图 8-37　创建新多重引线样式

③ 单击“继续”按钮，进入“修改多重引线样式”对话框。将“内容”选项卡下的“多重引线类型”选择为“块”，“块选项”选项组中的“源块”选择“圆”，如图 8-38 所示，单击“确定”按钮，完成设置。

2）标注引线。

命令: _mleader

① MLEADER 指定引线箭头的位置或 [引线基线优先(L) 内容优先(C) 选项(O)] <选项>:（单击 1 号零件区域内部某处，画出引线）

② MLEADER 指定引线基线的位置:（单击绘图区域某点，放置引线），弹出如图 8-39 所示的“编辑属性”对话框，将“输入标记编号”设为“1”。

③ 重复引线标注操作，标注 2 号零件。

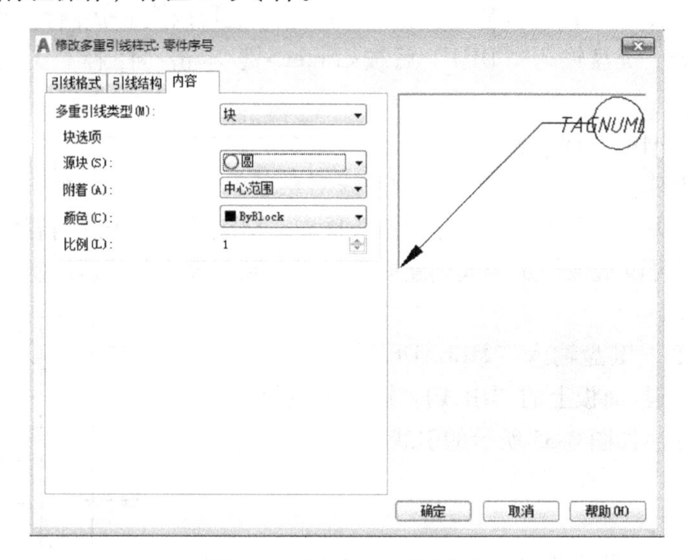

图 8-38　修改多重引线样式

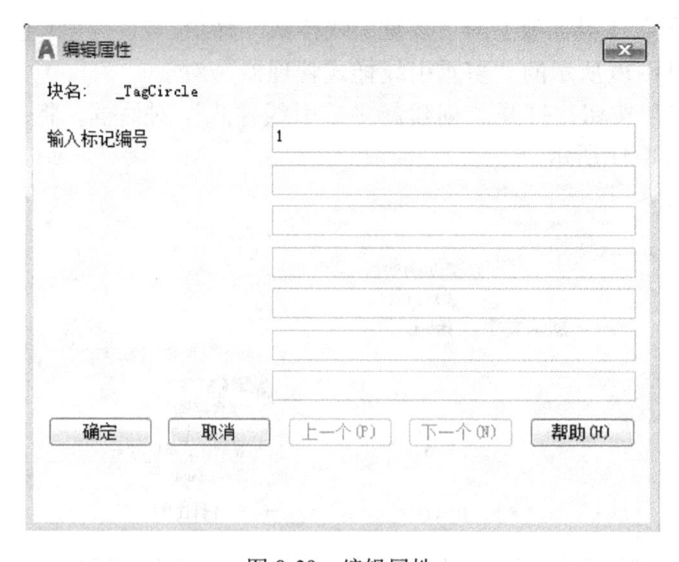

图 8-39　编辑属性

10. 快速引线（QLEADER）

（1）功能　创建引线和引线注释。相对多重引线，快速引线能更方便地创建倒角、公差标注。

（2）启动命令　输入简令“QL”。

（3）举例 1　创建如图 8-40 所示的倒角标注。操作过程视频可通过扫描视频 8-3 的二维码观看。

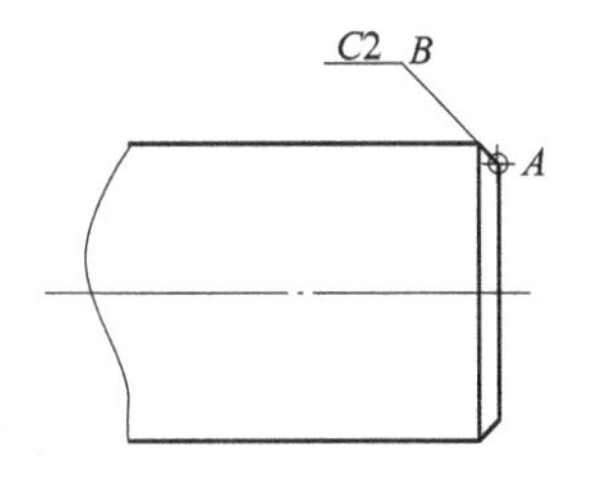

图 8-40　快速引线标注

视频8-3 用快速引线标注倒角

1）快速引线设置。

命令：QLEADER

QLEADER 指定第一个引线点或 [设置(S)] <设置>:（S↙）；弹出如图 8-41 所示“引线设置”对话框。在“引线和箭头”选项卡的“箭头”下拉列表中选择“无”，如图 8-41a 所示；在“附着”选项卡选中“最后一行加下划线”，如图 8-41b 所示。单击“确定”按钮，完成设置。

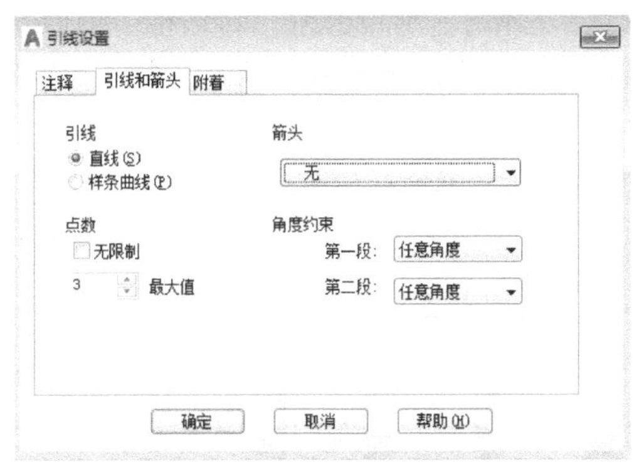

a）“引线和箭头”选项卡设置

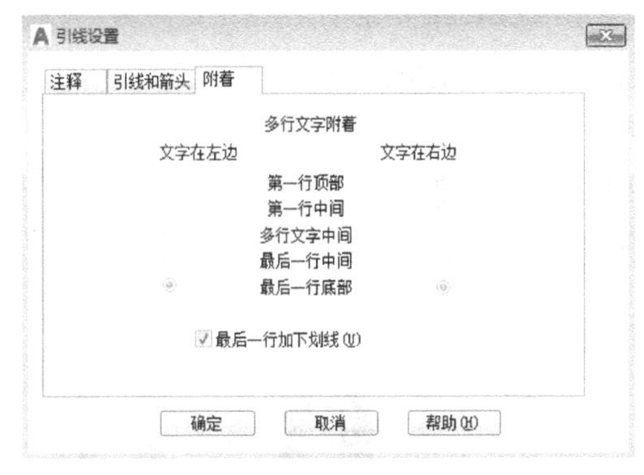

b）“附着”选项卡设置

图 8-41　“引线设置”对话框

2）倒角标注。

QLEADER 指定第一个引线点或 [设置(S)] <设置>:（单击点 *A*，引出引线）

QLEADER 指定下一点:（单击引线转折处的点 *B*）

QLEADER 指定下一点:（*B* 点水平方式单击一点）

QLEADER 指定文字宽度 <0>: ↙

QLEADER 输入注释文字的第一行 <多行文字(M)>:（输入 C2↙）

QLEADER 输入注释文字的下一行:（↙，完成标注）

（4）举例 2　标注如图 8-42 所示的圆柱度与对称度几何公差。操作过程视频可通过扫描视频 8-4 的二维码观看。

1）快速引线设置。

命令：QLEADER

QLEADER 指定第一个引线点或 [设置(S)] <设置>:（S↙）弹出“引线设置”对话框。“注释”选项卡的“注释类型”选项组选中“公差”；“引线和箭头”选项卡的“箭头”保持默认的“实心箭头”；单击“确定”按钮，完成设置。

2）几何公差标注。

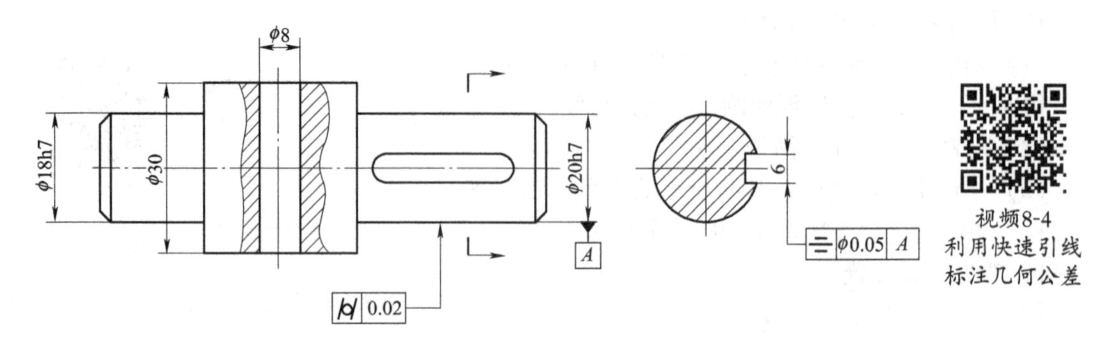

图 8-42　几何公差标注

QLEADER 指定第一个引线点或 [设置(S)] <设置>:（单击 φ20h7 圆柱轮廓线上一点）

QLEADER 指定下一点:（绘图区域单击一点）

QLEADER 指定下一点:（再次单击绘图区域），弹出“形位公差”对话框。单击“符号”，选择圆柱度特征符号，在“公差”中输入“0.02”，如图 8-43 所示；单击“确定”按钮，完成该标注。

再次启动“快速引线”命令，重复上述步骤，在“形位公差”对话框中填入对应内容，如图 8-44 所示，单击“确定”按钮，完成对称度标注。

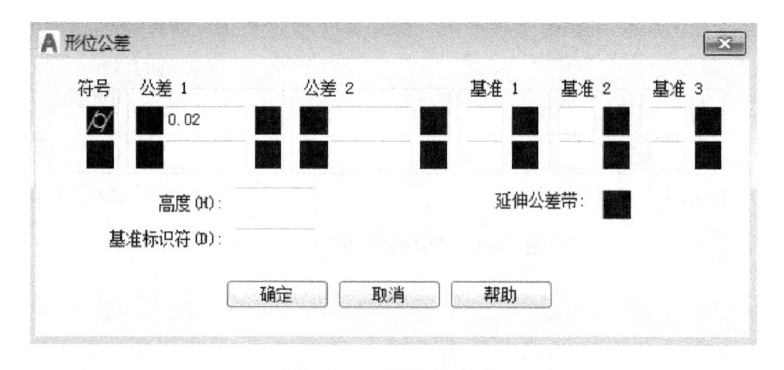

图 8-43　圆柱度参数

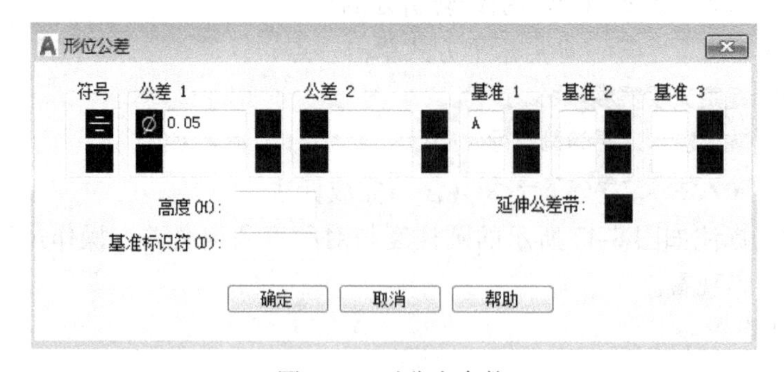

图 8-44　对称度参数

四、尺寸标注对象的编辑和修改

对于标注的尺寸，用户可以根据需要进行修改。

1. 修改标注文字（DDEDIT）

（1）功能　修改已有尺寸的尺寸文字。

（2）操作　执行 DDEDIT 命令，AutoCAD 提示如下所示：

```
命令: DDEDIT
TEXTEDIT
当前设置: 编辑模式 = Multiple
TEXTEDIT 选择注释对象或 [放弃(U) 模式(M)]:
```

在该提示下选择尺寸，AutoCAD 弹出“文字格式”文字编辑器，并将所选择尺寸的尺寸文字设置为编辑状态。用户可以直接对其进行修改，如修改尺寸数值、修改或添加公差等。

2. 编辑标注（DIMEDIT）

（1）功能　用于编辑已有的尺寸。可修改尺寸文字、恢复尺寸文字的定义位置、改变尺寸文字的倾斜角度和使尺寸界线倾斜。

（2）操作　执行 DIMEDIT 命令，AutoCAD 提示如下所示：

```
命令: DIMEDIT
DIMEDIT 输入标注编辑类型 [默认(H) 新建(N) 旋转(R) 倾斜(O)] <默认>:
```

下面介绍提示中各选项的含义及其操作。

◇“默认”选项：使已经改变了位置的尺寸文字恢复到尺寸标注样式定义的位置。

◇“新建”选项：修改已标注尺寸的尺寸数值。选择该选项后，显示“文字格式”文字编辑器，用来修改尺寸数值，输入新的尺寸数值后，选择需要修改的尺寸对象即可。

◇“旋转”选项：使尺寸文字按指定的角度旋转。根据提示先设置旋转角度，再选择要修改的尺寸对象。

◇“倾斜”选项：使尺寸界线按指定的角度倾斜。根据提示先选择要倾斜的尺寸对象，再设置倾斜角度。

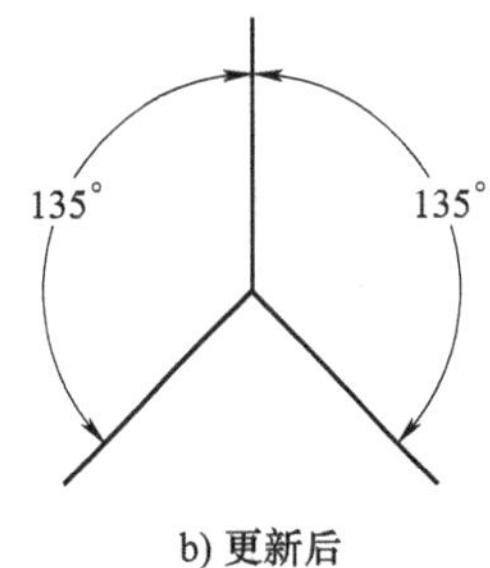

图 8-45　标注更新

3. 标注更新（-DIMSTYLE）

（1）功能　创建和修改标注样式。可以将标注系统变量保存或恢复到选定的标注样式。

（2）操作　对已标注出尺寸的样式进行快速修改。如图 8-45a 中所示的角度尺寸是用 ISO-25 标注样式标注的，不符合机械制图的国家标准，可以利用“标注更新命令”将其修改成如图 8-45b 所示的样式。

操作步骤：

1）方法 1：在不执行任何命令的情况下，先选择要更新的尺寸，然后打开“标注样式”下拉列表（图 8-46）选择需要的标注样式。

2）方法 2：当“机械制图”已是当前标注样式时，执行“标注更新”命令，选择需要更新的标注即可。

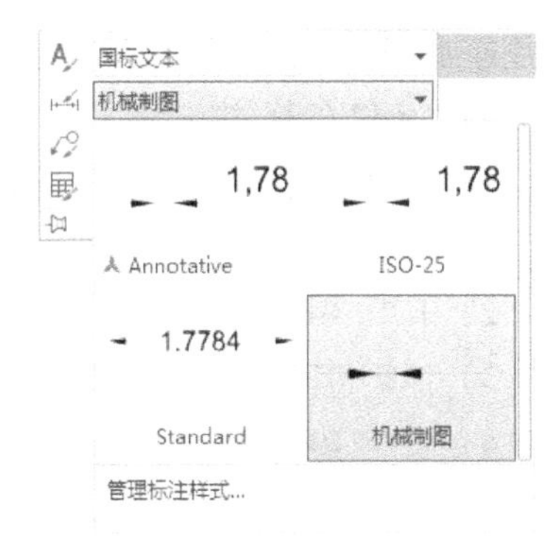

图 8-46　“标注样式”下拉列表

第五节　应用实训

标注如图 8-47 所示轴的尺寸及技术要求，其操作过程的视频可通过扫描视频 8-5 的二维码观看。

视频 8-5
轴的标注

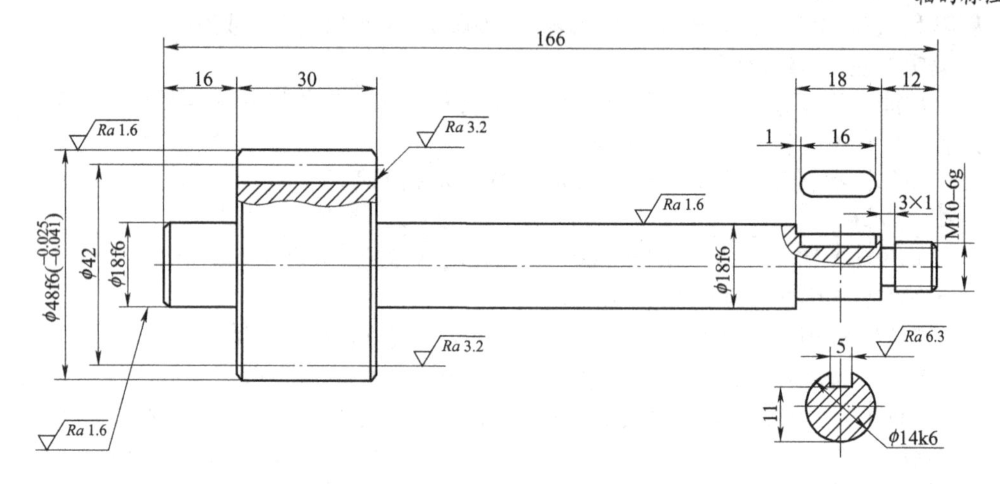

图 8-47　轴的尺寸标注

具体操作步骤如下：

1. 建立尺寸标注样式

参照本章第四节中介绍设置符合机械制图国家标准的标注样式的内容，分别建立一个“机械制图”标注样式和一个“角度”子标注样式。

2. 标注尺寸

将“机械制图”标注样式置为当前标注样式，图中的线性尺寸可以直接标注。例如，166，16，30 等。由于轴的主视图为非圆视图，所以视图上的直径符号无法直接标注，需要利用子命令修改。例如，ϕ42、M10-6g、$\phi48f6(^{-0.025}_{-0.041})$ 的标注步骤分别如下：

（1）ϕ42 的标注方法

1）启动“注释”工具面板的“线性”命令按钮。

命令: _dimlinear

2）DIMLINEAR 指定第一个尺寸界线原点或 <选择对象>: （拾取第一个尺寸边界点）

3）DIMLINEAR 指定第二条尺寸界线原点: （拾取第二个尺寸边界点）

4）DIMLINEAR [多行文字(M) 文字(T) 角度(A) 水平(H) 垂直(V) 旋转(R)]: （输入“T”，用单行文字修改标注文本，↙）

5）DIMLINEAR 输入标注文字 <42>: （输入“%%c42”，↙），绘图区域出现 ϕ42 预览，在标注的适当位置单击左键，放置标注。

（2）M10-6g 的标注方法

1）重复“ϕ42 标注”的前三步，出现如下提示：

2）⊢⊣▾ DIMLINEAR 输入标注文字 <10>:（输入“M10-6g”，↙），绘图区域出现 M10-6g 预览，在标注的适当位置单击左键，放置标注。

（3）$\phi48f6(^{-0.025}_{-0.041})$ 的标注方法

1）重复“ϕ42 标注”的前三步，出现如下提示：

2）⊢⊣▾ DIMLINEAR [多行文字(M) 文字(T) 角度(A) 水平(H) 垂直(V) 旋转(R)]:（输入“M”，用多行文字修改标注文本，↙）。此时，功能区增加“文字与编辑”选项卡；在文本框输入“ϕ48f6（-0.025^-0.041）”，然后选中“-0.025^-0.041”，单击右键，在弹出的快捷菜单中选择“堆叠”，再单击绘图区域某处，出现标注预览，最后在标注的适当位置单击左键，放置标注。

3. 标注表面结构

参照本章“快速引线”命令的内容标注表面结构。

课 后 练 习

1. 按图 8-48、图 8-49 所示尺寸绘制组合体视图并标注尺寸。
2. 按图 8-50，图 8-51 所示尺寸绘制零件图并标注尺寸。

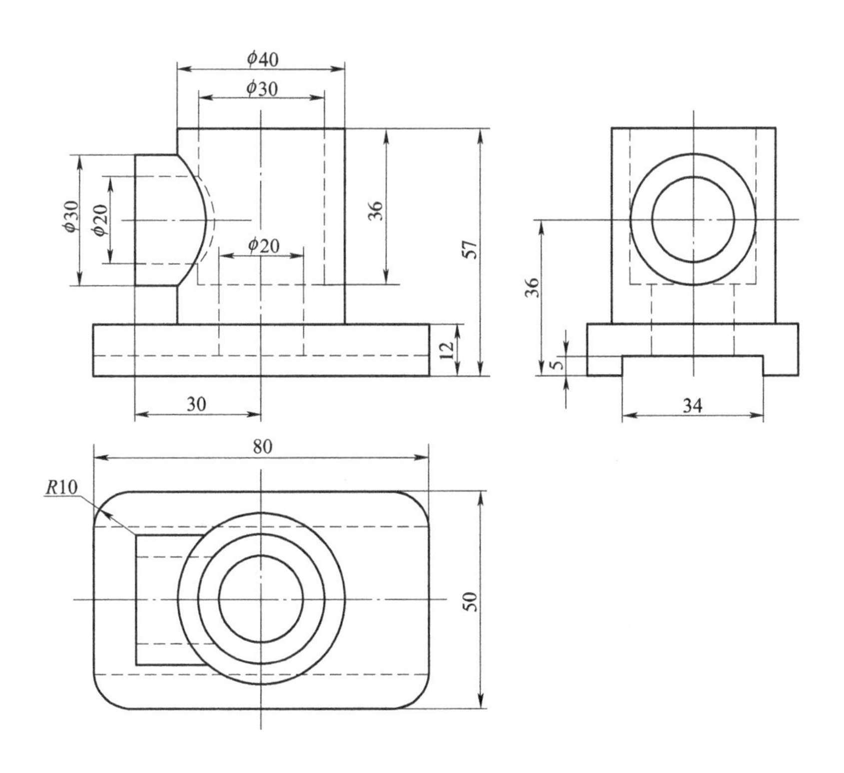

图 8-48 尺寸标注练习 1

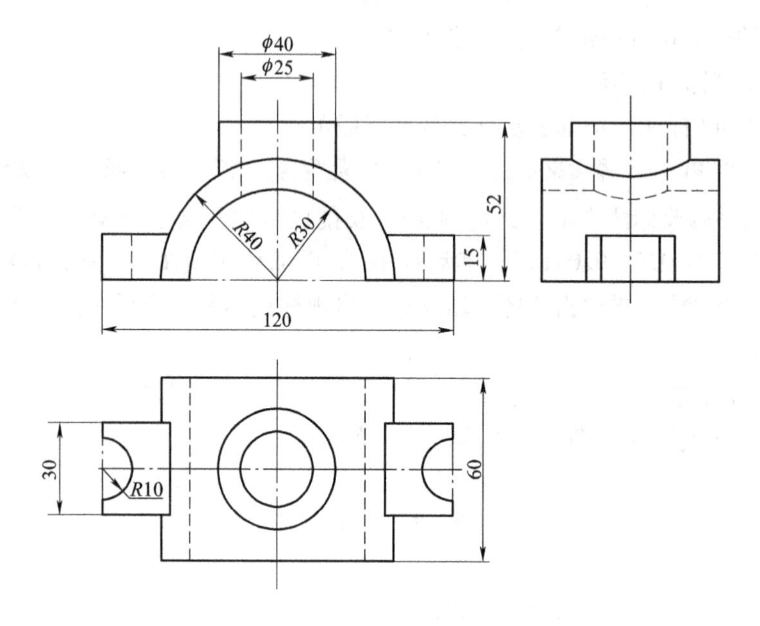

图 8-49　尺寸标注练习 2

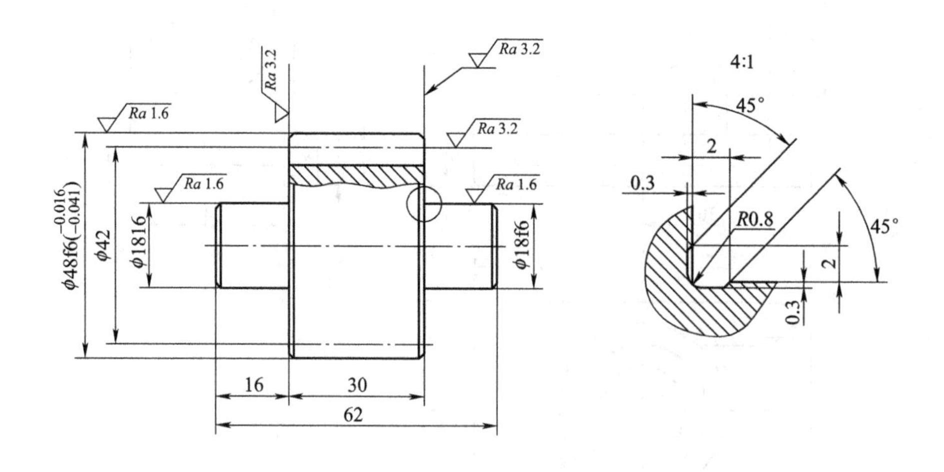

图 8-50　零件图尺寸标注练习 1

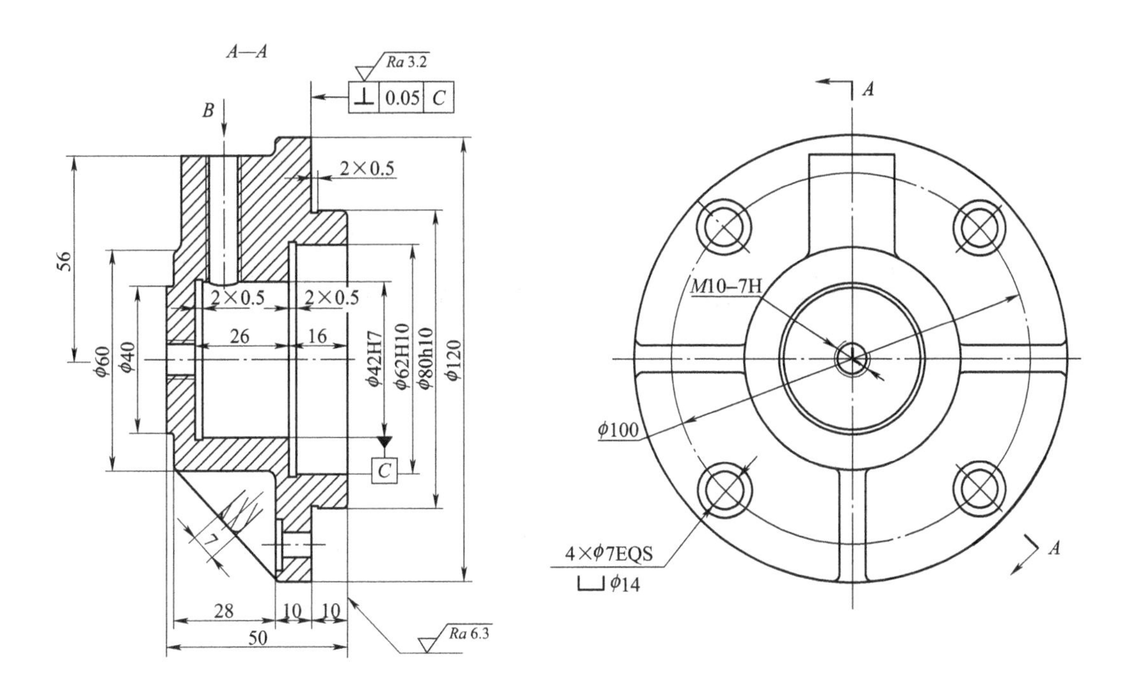

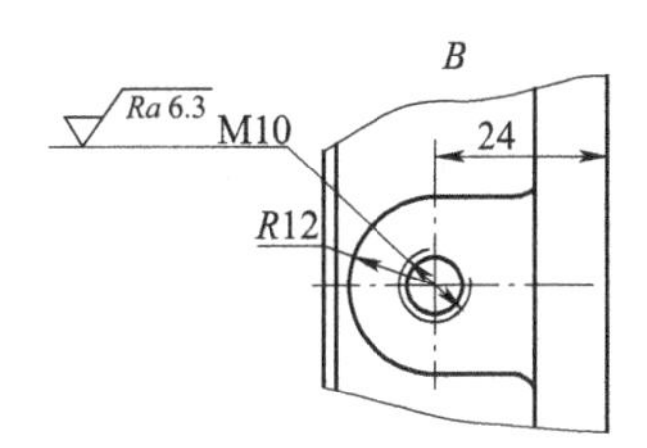

图 8-51 零件图尺寸标注练习 2

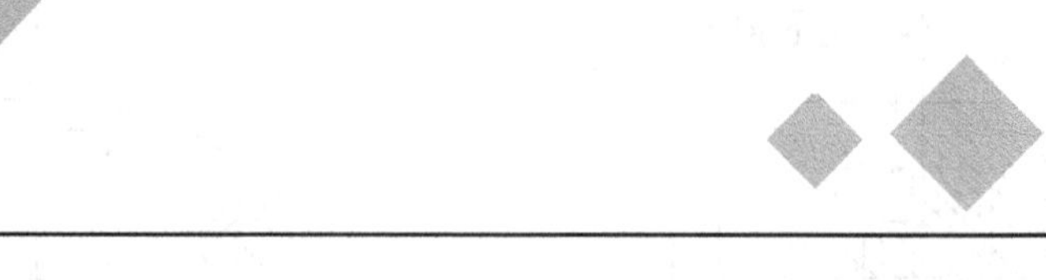

第九章

Inventor与AutoCAD的协同工作

本章学习导读

目的与要求：了解 Inventor 与 AutoCAD 协同建模，掌握由非关联与关联的 DWG 文件创建 Inventor 零件的方法，掌握结合 Inventor 和 AutoCAD 制作工程图的方法。

内容：将 AutoCAD 关联与非关联文件导入 Inventor；利用导入的 DWG 文件建立 Inventor 模型；结合 Inventor 和 AutoCAD 制作工程图。

第一节　从 AutoCAD 几何图元创建模型

协同设计是现代工业设计技术的发展趋势之一。Inventor 可以利用现有 AutoCAD 几何图元，无需从头开始，将现有的 DWG 文件导入到 Inventor，快速、准确地创建三维模型。

用户可以利用 Inventor 打开或导入 DWG 文件。当 DWG 文件是以打开方式进入 Inventor 时，其对象的显示与在 AutoCAD 中完全相同，但只具有查看、打印和测评文件内容等功能，不能参与 Inventor 协同建模。当 DWG 文件是以导入方式进入 Inventor 时，可以参与建模。并且若 DWG 文件与 Inventor 零件或部件关联，更改 AutoCAD 的二维几何图元，在 Inventor 中创建的三维模型会进行关联更新。若在部件中导入 DWG 文件，可以使用“链接”和“约束”命令在 DWG 参考底图几何图元与零件或部件之间创建关联。

一、导入非关联 DWG 文件创建 Inventor 零件

1. 导入非关联 DWG 文件

导入与 Inventor 非关联的 DWG 文件主要有两种方式：

1）“文件”菜单▷“打开”▷“导入 DWG”文件或“导入 CAD 格式”。

2）“快速入门”选项卡▷“启动”面板▷“导入 CAD 格式”。

导入 CAD 格式将打开“DWG/DXF 文件向导”对话框，单击“下一步”按钮进入“图层和对象导入选项”对话框，如图 9-1 所示。对话框列出了 DWG 文件图层的所有二维几何图元，用户可以选择需要导入的图层。再单击“下一步”按钮，进入如图 9-2 所示的“导入目标选项”对话框。该对话框自动检测导入对象是三维模型还是二维图元，并且分别导入零件或二维草图。

2. 实例

用给定的 DWG 文件（图 9-3）创建 Inventor 零件。创建过程的视频可通过扫描视频 9-1 的二维码观看。

视频 9-1
轴的建模
（非关联协同）

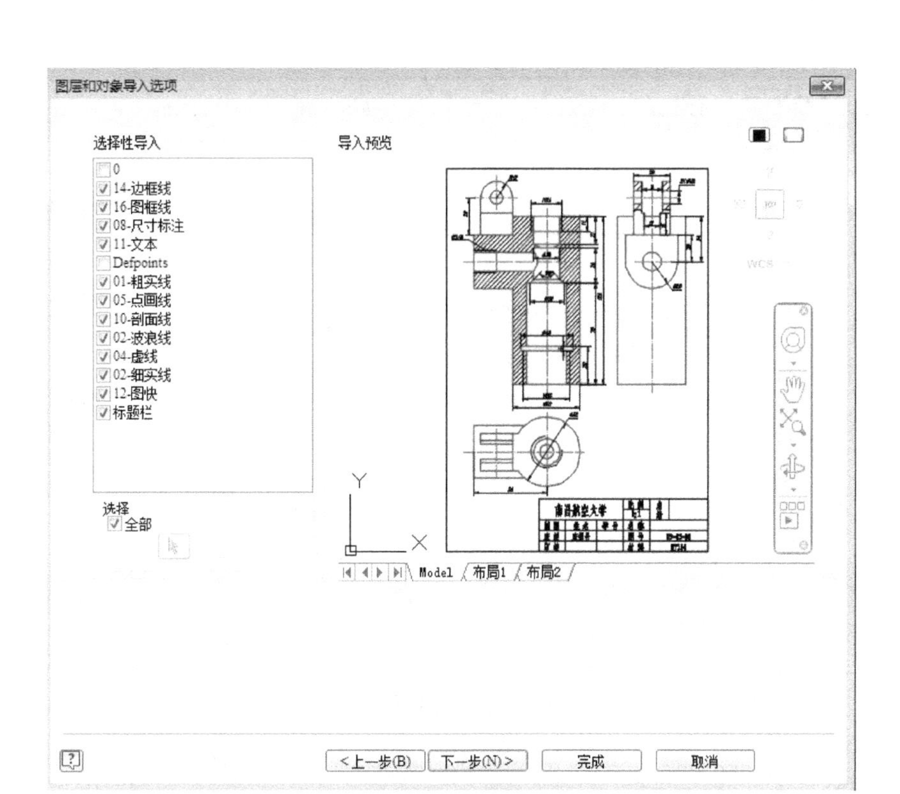

图 9-1　“图层和对象导入选项”对话框

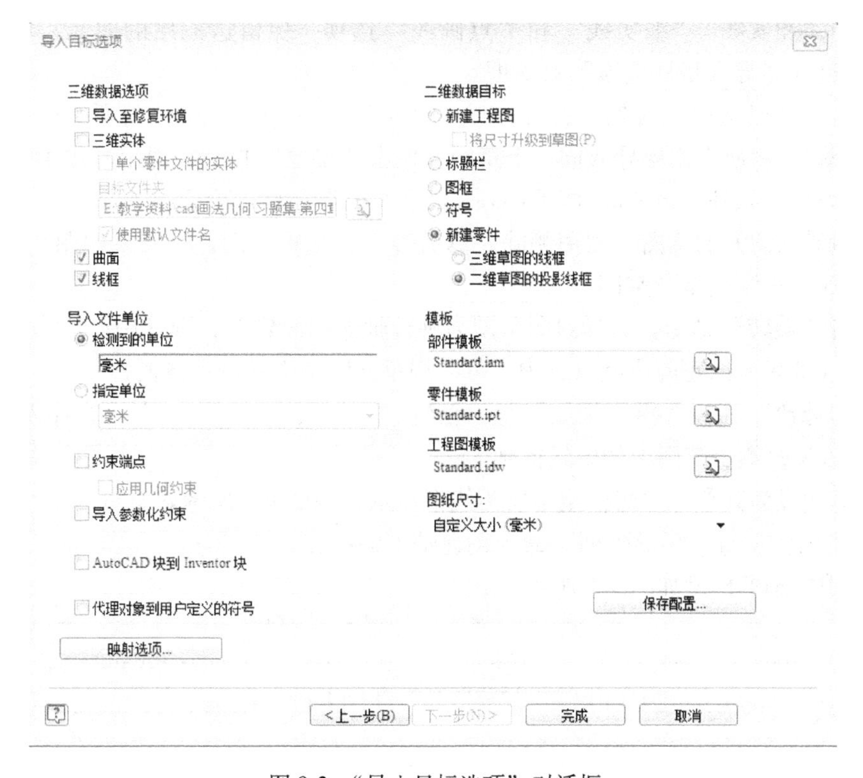

图 9-2　“导入目标选项”对话框

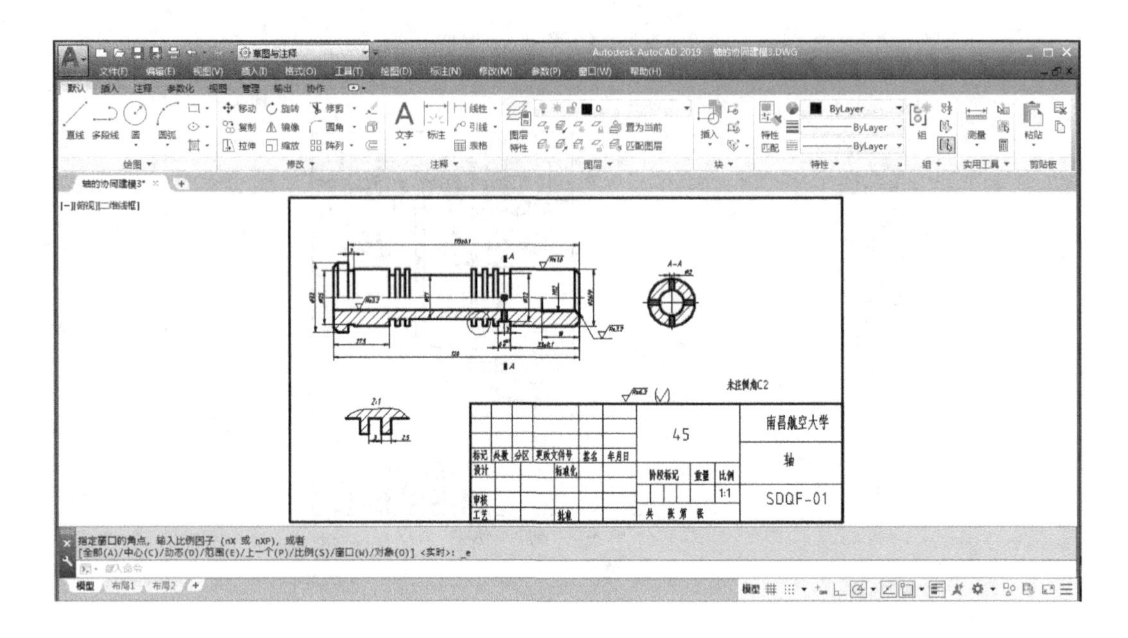

图 9-3　给定的 DWG 文件

操作步骤：

1）启动“导入 CAD 格式”命令，进入“DWG/DXF 文件向导”对话框；单击“下一步”按钮，进入如图 9-1 所示的“图层和对象导入选项”对话框。

2）选中“粗实线”“细实线”和“点画线”选项，保留这三层的图元。单击“下一步”按钮，进入“导入目标选项”对话框。

3）单击“映射选项”按钮，打开“映射选项”对话框，选中“将所有图层和尺寸映射到单一草图”，将所有图层导入同一个草图。单击“确定”按钮，退出“映射选项”对话框；单击“完成”按钮，Inventor 将 DWG 图元导入其草图的“XY”平面。

4）激活导入图元的草图，利用删除、修剪等工具编辑草图，其结果如图 9-4 所示。退出草图，回到“三维模型”空间。

5）单击“旋转”命令，选择封闭草图为旋转轴的截面轮廓，选择中心线为旋转轴，创建轴的模型（如果截面轮廓不能被选中，可以用草图医生工具进行修复）。

6）在“修改”面板选择“螺纹”，创建右端的螺纹特征。由于没有导入尺寸图层，螺纹长度可以通过测量草图中的图线得到。

7）将草图设为共享，并将模型切换为线框显示，如图 9-5 所示。

8）用“拉伸”与“环形阵列”命令创建轴上的小孔。

最后创建的轴的模型如图 9-6 所示。

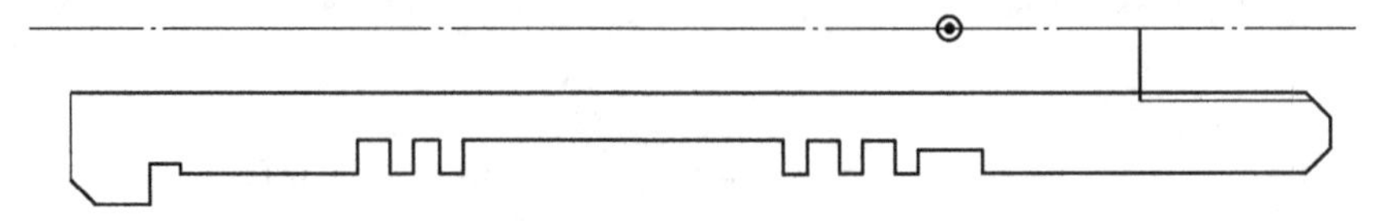

图 9-4　旋转轴的截面轮廓

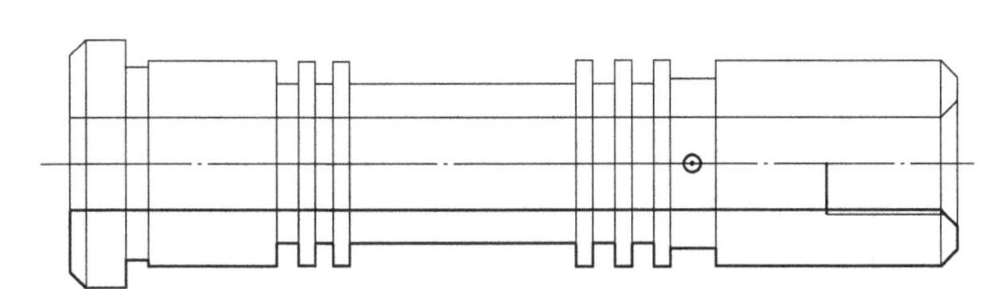

图 9-5 轴的线框显示

二、导入关联的 DWG 文件创建 Inventor 零件

1. 导入关联的 DWG 文件

导入与 Inventor 零件关联的 DWG 文件主要有两种方式：

1）“三维模型”选项卡▷“创建”面板▷“导入”。

2）“管理”选项卡▷“插入”面板▷“导入”。

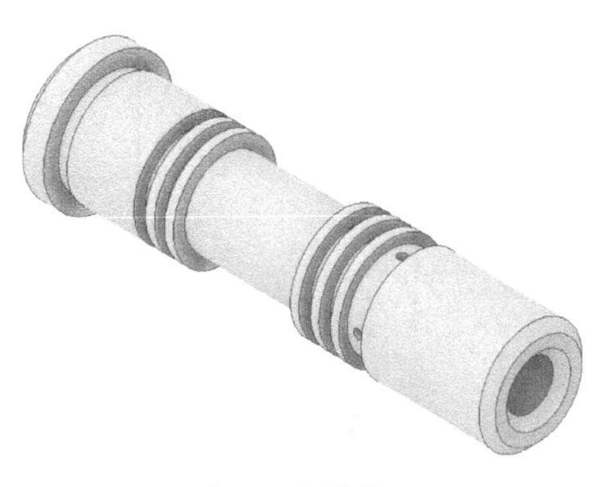

图 9-6 轴的模型

上述两种方式导入的 DWG 文件可作为参考底图创建与三维 Inventor 模型关联的零件。用户可以使用“投影 DWG 几何图元”命令投影 DWG 几何图元、多段线、开放或封闭的回路和 DWG 块，然后使用投影草图元素创建造型特征。当二维几何图元在 AutoCAD 中更改时，基于 DWG 几何图元的三维 Inventor 模型将会更新。

2. 实例

使用给定的 DWG 文件（图 9-7）创建 Inventor 零件。创建过程的视频可通过扫描视频 9-2 的二维码观看。

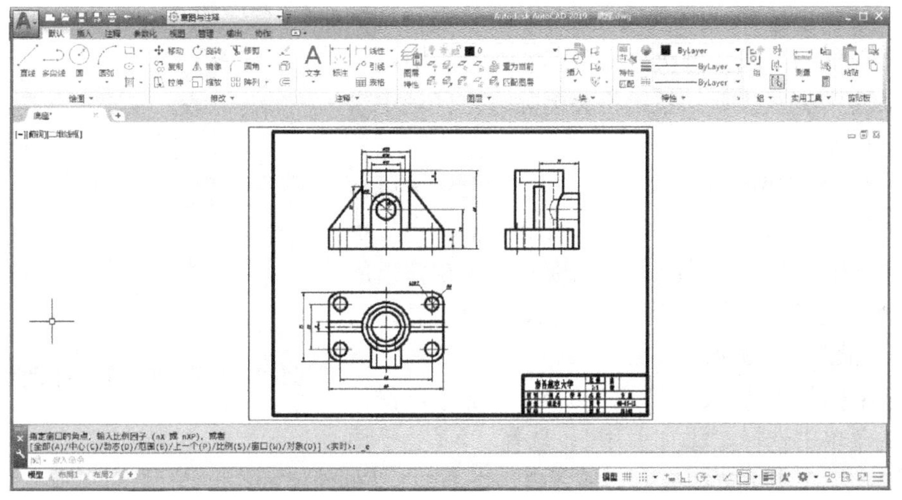

图 9-7 底座的 DWG 图形

视频9-2
底座的建模
（关联协同）

操作步骤：

1）启动“导入”DWG 文件的命令，选择“XZ”平面放置文件。

2）指定草图的坐标原点放置 DWG 图形，导入的关联 DWG 参考底图将会显示在浏览器中，且文件名左侧有带图钉的图标，如图 9-8 所示（若 DWG 参考底图与模型不关联，则显示为不带图钉的图标）。

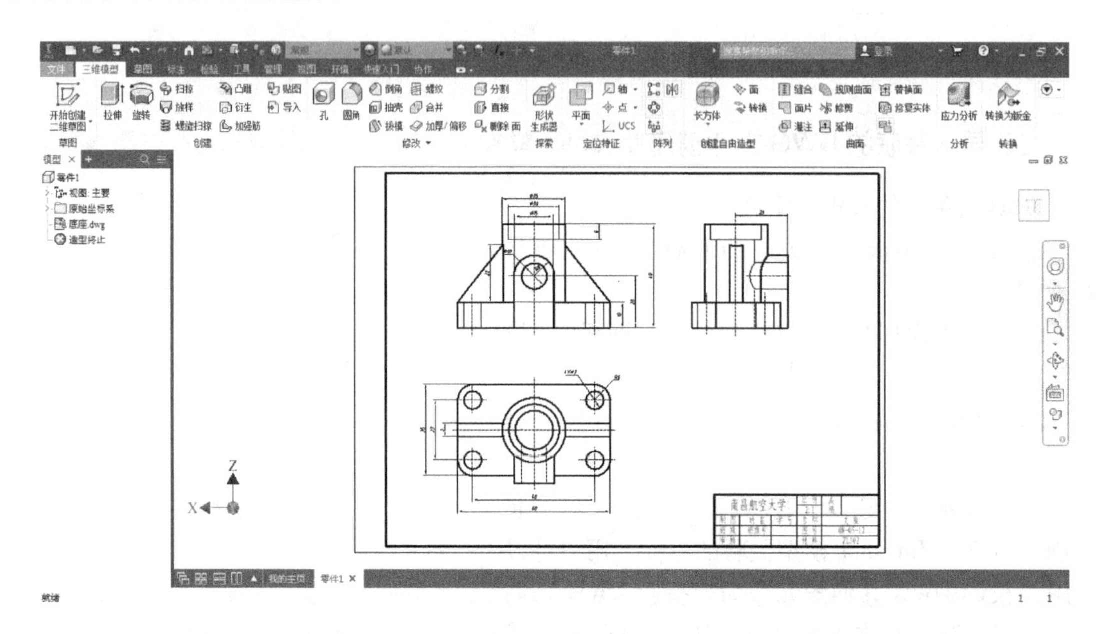

图 9-8　导入的底座 DWG 图元

3）右键单击浏览器中的“底座 . dwg”，在弹出的菜单中选择“图层可见性”，打开如图 9-9 所示的“图层可见性”对话框。只选择“粗实线”复选框，将其设为可见。

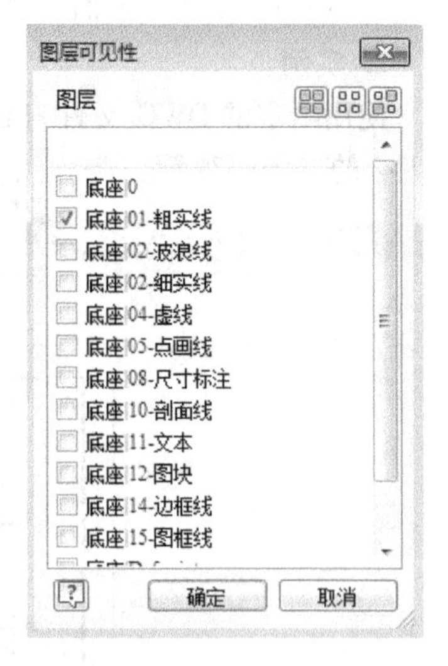

图 9-9　“图层可见性”对话框

4）在浏览器中的 DWG 文件“底座 . dwg”上单击鼠标右键，在弹出的菜单中选择“修剪”；在图形中单击，只框选主视图作为要保留的区域，再次单击鼠标右键，在弹出的菜单中选择“确定”完成修剪。系统将会删除选定区域中未包含的任何几何图元。

5）在浏览器中的 DWG 文件“底座 . dwg”上单击鼠标右键，在弹出的菜单中选择“转换”，空间坐标轴将会显示在 DWG 文件的现有原点处；再次单击鼠标右键，在弹出的快捷菜单中选择“定位”，用光标将新的原点定位于底部轮廓线的中点处，如图 9-10 所示。

6）在浏览器中的 DWG 文件“底座 . dwg”上单击鼠标右键，在弹出的菜单中选择“添加引用”；选择“XY”平面作为文件放置平面，再单击草图原点，插入另一个 DWG 文件的副本。

7）对副本使用“修剪”命令，只保留副本的俯视图。

8）对副本使用“转换”命令，将副本原点定位于中间圆心处；重定位后的 DWG 图形如图 9-11 所示。

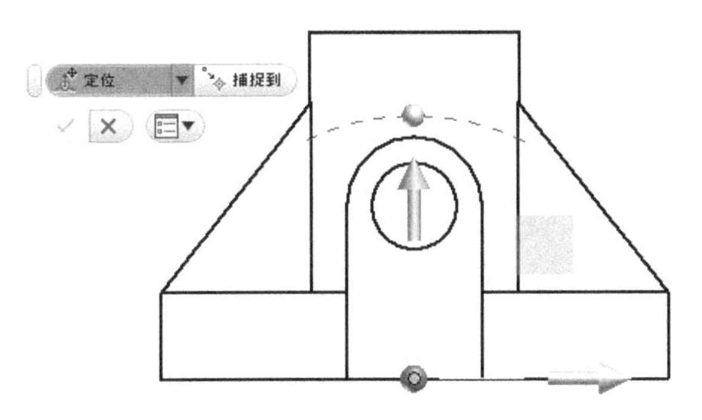

图 9-10 重新定位 DWG 文件原点

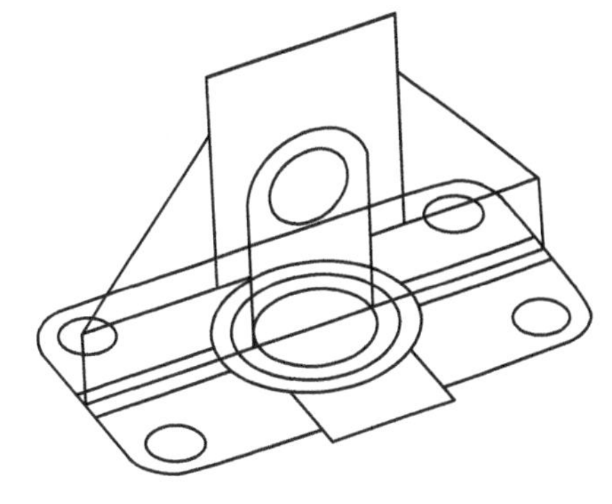

图 9-11 定位后的 DWG 图形

9）以“XY”平面创建二维草图，使用“投影 DWG 几何图元”命令将底座底板的图元投影至草图，并使用“直线”命令封闭底板轮廓，以便执行“拉伸”操作，如图 9-12 所示。

10）拉伸底板。由于没有导入尺寸图层，底板的拉伸距离可以通过测量主视图底板高度的轮廓线得到，距离为 20mm。拉伸结果如图 9-13 所示。

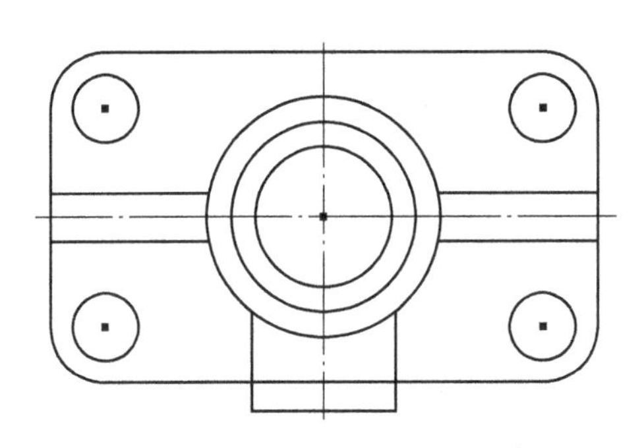

图 9-12 投影的底板图元及封闭的轮廓

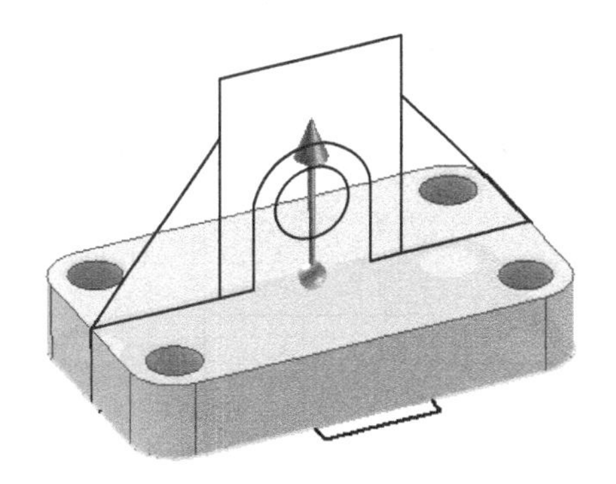

图 9-13 拉伸的底板

11）通过底板草图的圆拉伸圆柱，距离为 80mm，结果如图 9-14 所示。

12）以“XZ”平面创建草图，将拱形凸台与肋板轮廓线投影至该草图，如图 9-15 所示。

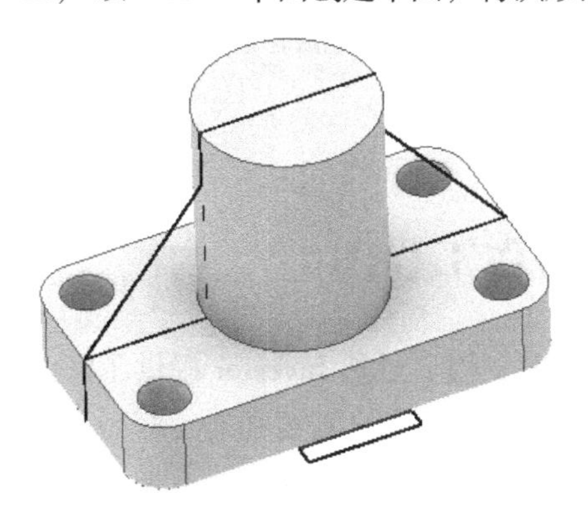

图 9-14 拉伸的圆柱

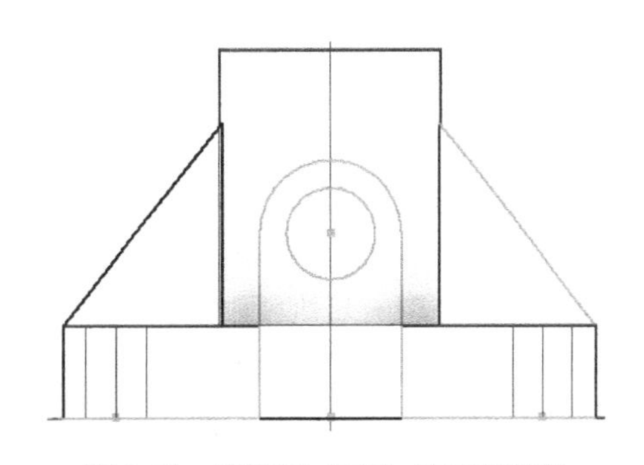

图 9-15 投影至“XZ”平面的草图

13）拉伸拱形凸台，距离 41mm；创建肋板，厚度 10mm；镜像肋板，结果如图 9-16 所示。

14）用“沉头孔”命令创建阶梯孔，孔直径可以通过测量俯视图的圆得到，沉头孔深度为 6mm。

15）拉伸拱形凸台的孔。最后创建的底座如图 9-17 所示。

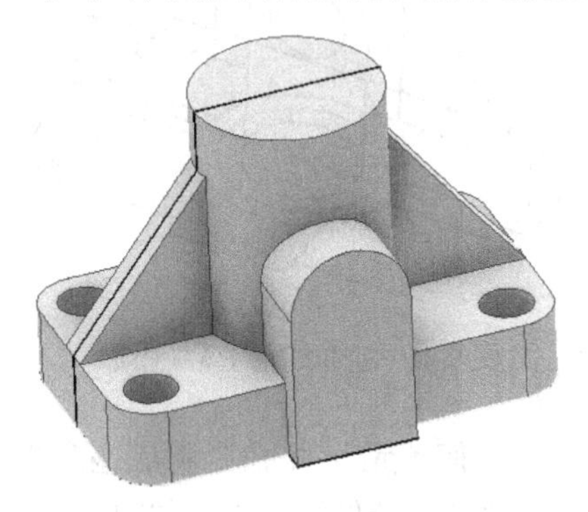

图 9-16　创建凸台与肋板

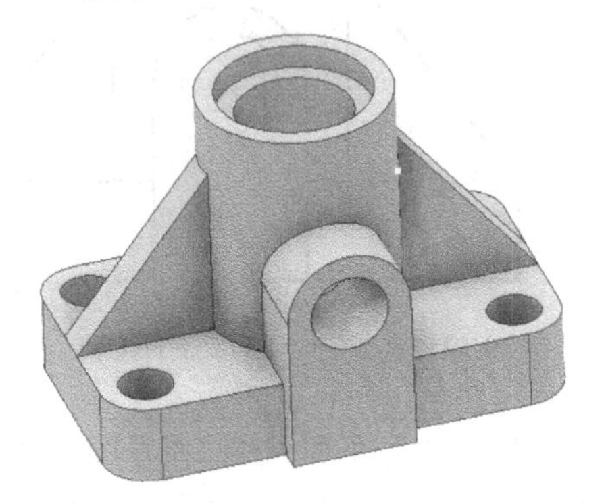

图 9-17　底座模型

注：当底座的二维几何图元在 AutoCAD 中更改时，基于 DWG 几何图元的三维 Inventor 模型将会更新。例如，右键单击浏览器中的“底座 . dwg”，在弹出的菜单中选择“在 AutoCAD 中打开”，打开底座 DWG 图形。在主视图上，如图 9-18a 所示，将圆的直径由 $\phi10$ 改为 $\phi14$，并保存文件。在 Inventor 中，单击“快速访问”工具栏上的“更新”按钮，如图 9-18b 所示，模型的孔也相应变为 $\phi14$。

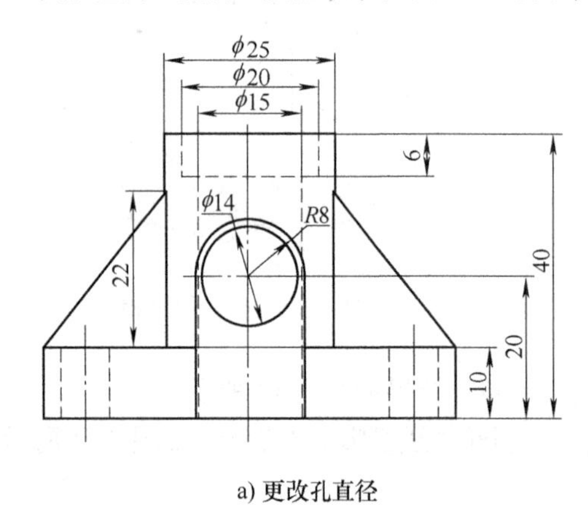

a) 更改孔直径

b) 更新后的模型

图 9-18　模型更新

第二节　结合 Inventor 和 AutoCAD 制作工程图

在工程设计中，二维工程图是必不可少的重要技术文档。虽然 Inventor 提供了很多创建零件及部件装配的工程图工具及命令，但不同部门、行业根据自身需要都对图样做了大量的人为规定。而 Inventor 只是按照平行投影规则生成视图，对是否符合规则并不加以判断。为提高工程图设计、绘图和修改等工作的效率和质量，用户可以采用 Inventor 制作三维模型，再将其转换成二维工程图，然后由 AutoCAD 输出人们所熟悉的工程图。本节将以实例的形式，介绍 Inventor 和 AutoCAD 相结合，制作工程图的方法与技巧。

绘制如图 9-19 所示的直齿圆柱齿轮 Inventor 模型的零件图。

操作步骤：

1）将齿轮模型使用 Inventor 生成工程图。按照我国国家标准规定，齿轮属于常用件，轮齿部分应按规定画法绘制。主视图当以齿轮轴线作为侧垂线的方位剖视表达时，轮齿部分应按不剖绘制；齿顶圆和齿顶线用粗实线绘制，分度圆和分度线用点画线绘制。主视图的剖视图中，齿根线用粗实线绘制，左视图中，齿根圆应用细实线绘制或省略不画。在标注中需要标注齿轮分度圆直径；还需绘制制造齿轮所需的参数和公差值列表。这些规定画法在 Inventor 中很难直接表达，而使用 AutoCAD 绘制非常方便。因此第一步先利用 Inventor 绘制工程图，如图 9-20 所示，使其大致接近最终的零件图。这可以缩短绘图时间，减少投影错误。

图 9-19 齿轮 Inventor 模型

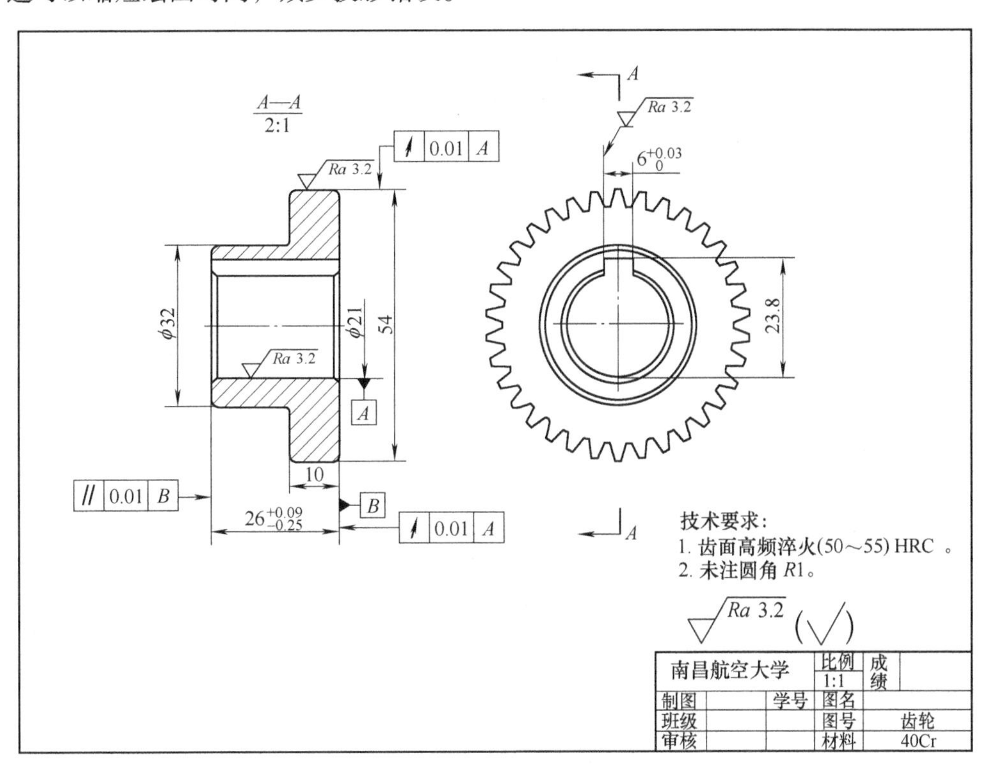

图 9-20 齿轮的 Inventor 工程图

2）在“文件”菜单中，选择“另存为”▷“保存副本为”▷“Autocad DWG 文件”命令，将工程图另存为 DWG 文件。

3）用 AutoCAD 软件打开齿轮 DWG 文件。DWG 文件会继承 Inventor 工程图的图层、文字样式、标注样式等。

4）使用 AutoCAD 绘制和编辑齿轮图形，使其符合齿轮规定画法，如图 9-21 所示。

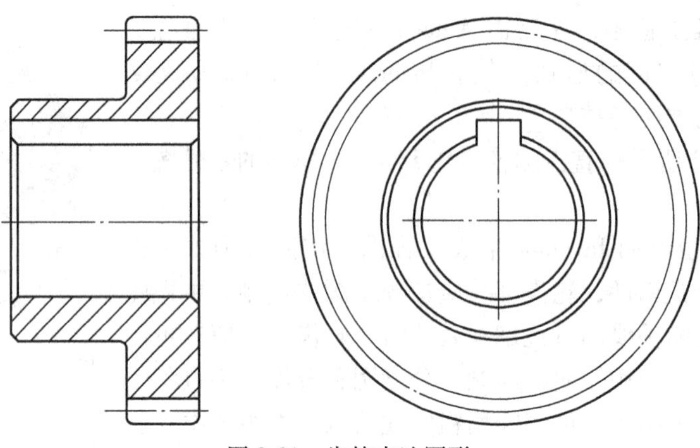

图 9-21 齿轮表达图形

5）在“注释”工具面板，打开“文字样式”管理器，将从 Inventor 工程图中继承的“标签文本（ISO）”和“注释文本（ISO）”的文字样式修改为“gbeitc. shx”➢“gbcbig. shx”，使字体更符合国标要求。打开“标注样式”管理器，将“默认（GB）”样式修改为更接近国标的样式。具体操作可参见第八章第四节的标注样式设置内容。

6）利用“快速引线”命令补充或修改倒角和几何公差的标注。

7）绘制齿轮参数和公差值列表。

最终的齿轮零件图如图 9-22 所示。

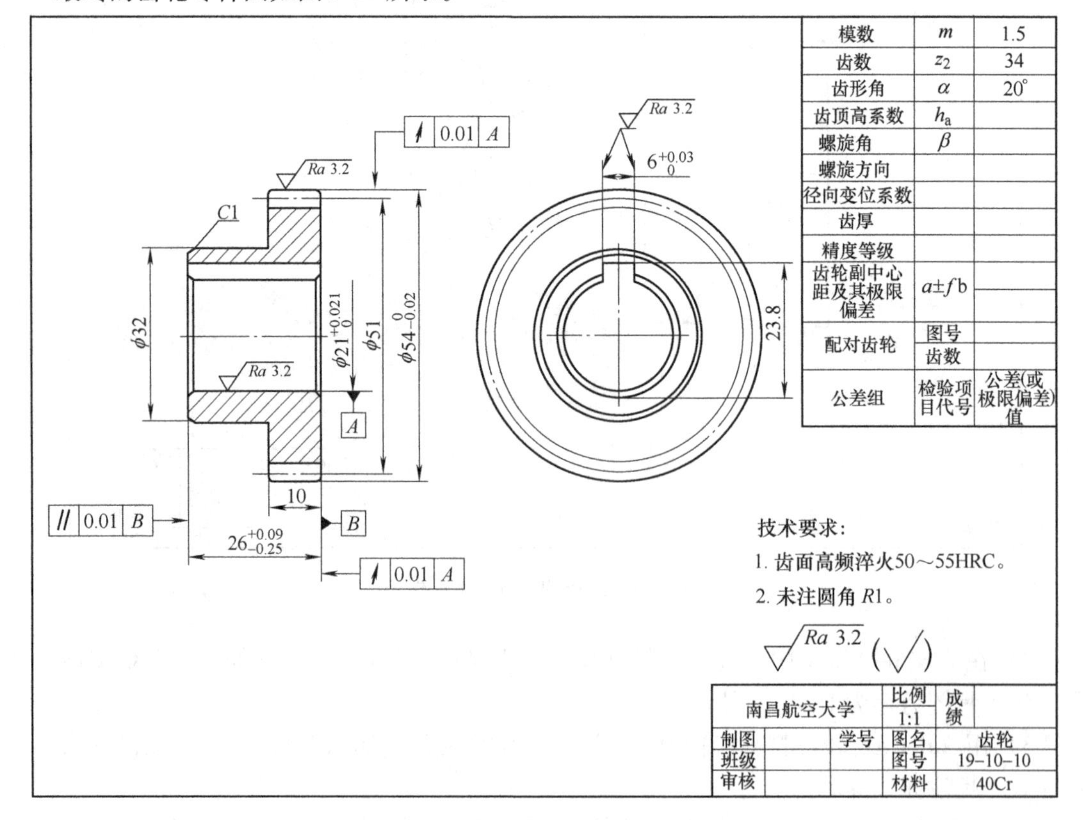

图 9-22 齿轮零件图

课 后 练 习

1. 将如图 9-23 所示阀杆的 DWG 文件导入 Inventor 并创建其模型。

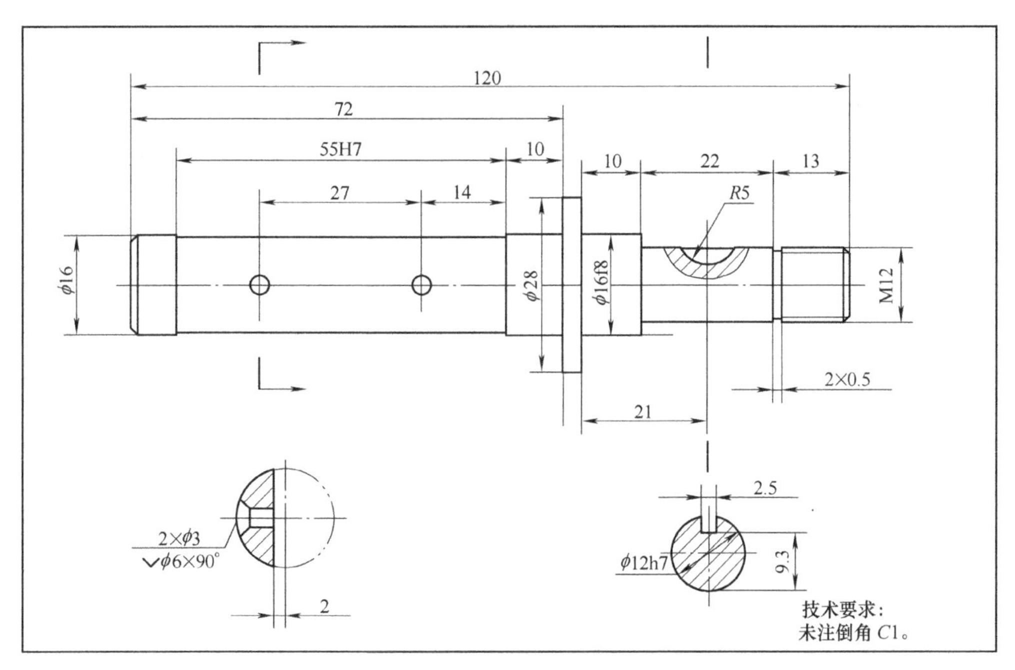

图 9-23 阀杆

2. 将如图 9-24 所示底座的 DWG 文件导入 Inventor 并创建其模型。

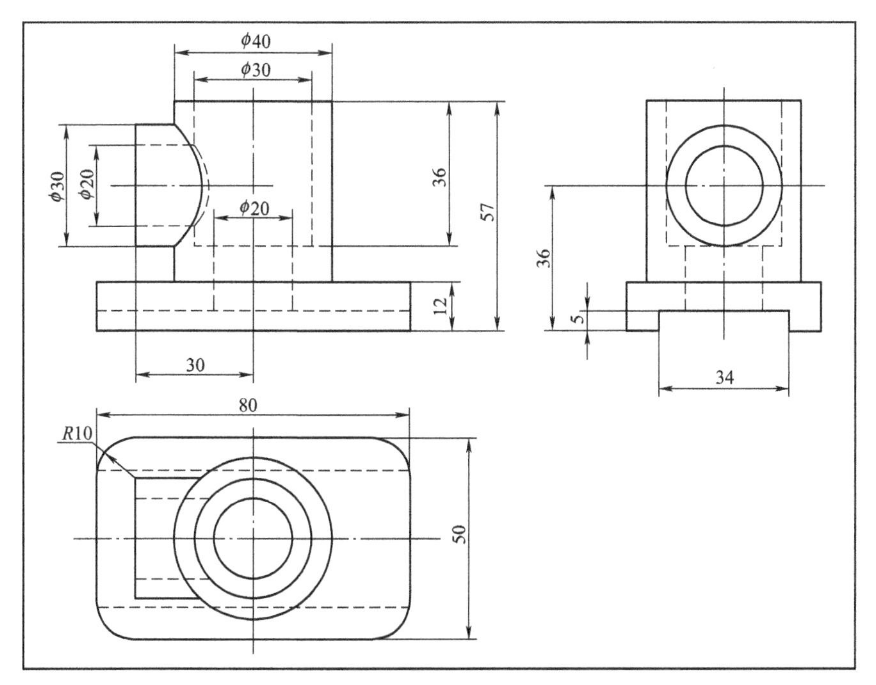

图 9-24 底座

参 考 文 献

[1] 陈伯雄. Inventor 机械设计解析与实战 [M]. 北京：化学工业出版社，2013.
[2] ACAA 教育. Autodesk Inventor 2019 官方标准教程 [M]. 北京：电子工业出版社，2019.
[3] 缪君，张桂梅，刘毅，等. 计算机绘图 [M]. 浙江：浙江大学出版社，2014.
[4] 王建华，程绪琦. AutoCAD 2019 官方标准教程 [M]. 北京：电子工业出版社，2019.
[5] 侯洪生. 计算机绘图实用教程 [M]. 北京：科学出版社，2011.